高等学校计算机专业系列教材

Python语言程序设计

王恺 王志 李涛   朱洪文   编著
南开大学   哈尔滨工业大学

The Fundamentals
Of Python Programming

机械工业出版社
CHINA MACHINE PRESS

图书在版编目（CIP）数据

Python 语言程序设计 / 王恺等编著 . —北京：机械工业出版社，2019.3（2024.6 重印）
（高等学校计算机专业系列教材）

ISBN 978-7-111-62012-9

I. P… II. 王… III. 软件工具 - 程序设计 - 高等学校 - 教材 IV. TP311.561

中国版本图书馆 CIP 数据核字（2019）第 031659 号

本书以 Python 为平台介绍程序设计的基础知识。书中结合每个知识点提供了相关程序实例，向读者直观地展示了如何利用 Python 语言编写程序，方便读者理解 Python 编程的基本方法和相关概念，使读者在有限的时间内快速掌握 Python 编程并初步具备利用 Python 语言解决实际应用问题的能力。本书也提供了一些数据分析实例，使读者能够对数据分析方法及基于 Python 的编程实现有初步的认识和掌握，为读者后继使用 Python 编程语言解决更复杂的数据分析问题打下良好的基础。此外，多数章节后面附有习题，读者可通过习题检验自己的学习情况。

本书可以作为高校计算机专业学生和理工科非计算机专业学生学习 Python 编程课程的教材，也可作为 Python 开发人员的参考用书。

出版发行：机械工业出版社（北京市西城区百万庄大街 22 号　邮政编码：100037）
责任编辑：赵亮宇　　　　　　　　　　　　　　责任校对：李秋荣
印　　刷：三河市国英印务有限公司　　　　　版　　次：2024 年 6 月第 1 版第 10 次印刷
开　　本：185mm×260mm　1/16　　　　　　　印　　张：17.25
书　　号：ISBN 978-7-111-62012-9　　　　　　定　　价：49.00 元

客服电话：(010) 88361066　68326294

版权所有 • 侵权必究
封底无防伪标均为盗版

前　言

在 Python 开发者社群流行着一句话："人生苦短，我用 Python。"虽是一句戏言，但却揭示了 Python 语言的优势。Python 是一种体现简单主义思想的语言，可以使用尽量少的代码完成更多工作。Python 使开发者能够专注于解决问题而不是去搞明白语言本身。另外，Python 有简单易懂的说明文档和丰富的第三方库，初学者很容易上手。

除了简单易学以外，Python 还具有免费开源、跨平台性、高层语言、面向对象、丰富的库、胶水语言等优点，因此，在系统编程、图形界面开发、科学计算、文本处理、数据库编程、网络编程、Web 开发、自动化运维、金融分析、多媒体应用、游戏开发、人工智能等方面得到广泛应用。不仅大量计算机专业人员选择使用 Python 进行快速开发，非计算机专业人员也纷纷选择 Python 帮助自己解决专业问题。根据 TIOBE 的最新排名，Python 已超越 C#，与 Java、C、C++ 一起成为全球前四大流行语言。

Python 的发展也给高校编程课程的教学带来了新的方向，很多高校纷纷开设相关课程。目前，Python 的教程很多，但从高校本科教学需求出发，真正体现通过编程解决实际问题的理念的教程还不多。本书正是基于这样的思路和理念，由南开大学计算机学院的教师结合多年教学和项目开发实践经验编写而成，希望能够为高校理工科学生提供一本理论和实践兼备的 Python 编程入门教材。

在编写上，我们强调通过问题的解决过程向读者展示程序设计的本质以及 Python 程序的编写方法，使读者能够在有限时间内快速掌握 Python 编程并初步具备利用 Python 语言解决实际应用问题的能力。本书的特色包括：

1）针对每一个知识点提供了相关程序实例，实例的规模循序渐进，使读者更直观地理解 Python 编程语言的基本语法和程序设计方法，并逐步提升解决问题的能力。

2）针对重点和难点知识，通过大量"提示"和"注意"向读者强调并详细说明不易理解或容易混淆的内容。

3）大多数章节提供了课后习题，供读者检验自己的学习情况，及时发现学习过程中存在的问题。

4）为学生和老师提供较为丰富的学习和教学资源，降低学习和教学的门槛。

本书共分为 10 章，各章主要内容如下。

第 1 章首先给出程序设计和 Python 语言的简单介绍，包括编译型语言和解释型语言的区别、Python 发展史及其特点和应用领域。然后，以 Windows 和 Linux 平台为例介绍了 Python 3.7.0 的安装步骤。接着，通过一个简单的 HelloWorld 程序使读者对 Python 程序的运行方式、注释方法、编写规范和标准输入/输出方法有初步认识。最后，介绍了 Python 自带的 IDLE 开发环境的使用方法。

第 2 章首先给出变量的定义方法和 Number、String、List 等常用的 Python 数据类型，通过这部分内容，读者可掌握利用计算机存储数据的方法。然后，介绍常用的运算符，包括占位运算符、算术运算符、赋值运算符、比较运算符、逻辑运算符、位运算符、身份运算符、成员运算符和序列运算符。通过这部分内容，读者可掌握不同类型数据所支持的运算及运算规则。最后，介绍条件和循环两种语句结构。通过这部分内容，读者可以设计程序来解决具有更复杂逻辑结构的问题。

第 3 章首先介绍函数的定义与调用方法，以及与函数定义和调用相关的参数列表、返回值等内容。然后，介绍模块和包的概念与作用，以及模块和包的使用方法。接着，介绍变量的作用域，包括全局变量、局部变量的定义和使用方法以及 global、nonlocal 关键字的作用。最后，介绍函数相关的高级应用，包括递归函数、高阶函数、lambda 函数、闭包和装饰器。

第 4 章首先介绍类与对象的概念以及它们的定义和使用方法，并给出 Python 类中包括构造方法和析构方法在内的常用内置方法的作用。然后，介绍继承与多态的概念与作用，并给出它们的具体实现方法。最后，介绍类与对象相关的高级应用，包括与类相关的 3 个内置函数（isinstance、issubclass 和 type）、类方法、静态方法、动态扩展类与实例、__slots__、@property、元类、单例模式和鸭子类型。

第 5 章首先介绍可变类型与不可变类型的概念和区别。然后，在第 2 章内容的基础上进一步介绍列表、元组、集合和字典这些数据类型的更多使用方法。最后，介绍关于序列、集合和字典的一些高级应用，包括切片、列表生成式表达式、生成器和迭代器。

第 6 章在第 2 章内容的基础上进一步介绍字符串的使用方法，包括字符串常用操作、格式化方法及正则表达式。在正则表达式部分将给出一个简单的爬虫程序示例，供读者参考。

第 7 章首先介绍 os 模块的使用，通过 os 模块可以方便地使用操作系统的相关功能，如创建目录、删除目录等。然后，介绍文件读写操作，利用文件进行数据的长期保存。接着，介绍一维数据和二维数据的概念，以及对可用于存储一维/二维数据的 CSV 格式文件的操作方法。最后，介绍异常相关的内容，包括异常的定义、分类和处理。

第 8 章介绍 Python 多线程与多进程编程的一些基本方法。使用多线程模块 threading 提供的 Thread、Lock、Condition、Queue、Barrier 等类，实现多线程创建、线程间的同步和通信。使用多进程模块 multiprocessing 提供的 Process、Pool、Queue、Pipe、Lock 等类，实现子进程创建、进程池（批量创建子进程并管理子进程数量上限）以及进程间通信。

第 9 章基于图书管理系统、图形化界面计算器、电影推荐模型的设计和开发过程，综合运用前 8 章学习到的 Python 编程知识，例如函数、类、文件操作、正则表达式、多线程等，并且增加了 Python 的网络编程和图形用户界面的编程操作。

第 10 章首先给出了 Python 绘制图像的模块（turtle）和获取随机数的模块（random）这两个库的简介及使用方法，然后介绍 Python 常用的内置函数功能。最后，介绍一些流行的第三方库的功能、安装及使用方法。

在利用本书学习 Python 编程时，建议读者一定要多思考、多分析、多动手实践。当看到一个具体问题时，首先要自己分析该问题，设计求解该问题的算法；然后梳理程序结构，编写程序实现算法；最后运行程序，尝试通过系统的错误提示或通过程序调试方法解决程序中存在的语法错误和逻辑错误。只有这样，才能真正掌握一门程序设计语言，进而在实际中真正做到熟练运用程序设计语言解决具体应用问题。

本书配套MOOC课程"Python编程基础"已在"中国大学MOOC"网站上线（https://www.icourse163.org/course/NKU-1205696807），读者可配合MOOC学习本书。本书还提供了在线实验，读者可登录华育学院college.ithyxy.com/reg进行在线实验，进一步增强应用Python解决实际问题的能力。

本书由南开大学计算机学院的任课教师和华育兴业科技有限公司的企业专家共同编写完成，具体分工如下：李涛负责第1～3章的编写；王恺负责第4～7章、第7章和第8章的课后习题、第9章的电影推荐模型案例的编写，并负责全书的统稿和定稿；王志负责第8章和第10章、第9章的图书管理系统实例和图形化界面计算器实例的编写；朱洪文负责第1～6章习题的编写。

本书在编写过程中得到了很多人的帮助。北京华育兴业科技有限公司的企业专家对本书的结构和内容提出了很多建议，并通过"教育部－华育兴业产学合作协同育人"项目在课程和教学资源的建设方面提供了大力支持。机械工业出版社的朱劼和赵亮宇编辑对本书的出版提供了很多意见和建议，在此表示真诚的感谢！

在本书编写过程中，吸收了很多Python语言方面的网络资源、书籍中的观点，在此向这些作者一并致谢。限于作者的时间和水平，书中难免有疏漏之处，恳请各位同行和读者指正。

编　者

2018年12月于南开园

目 录

前言

第1章 初识Python ……………… 1
1.1 Python的基本概念 …………… 1
1.1.1 编译型语言与解释型语言 … 1
1.1.2 Python的发展史 …………… 3
1.1.3 Python的特点及应用领域 … 4
1.2 Python语言环境的安装 ……… 7
1.2.1 在Windows平台上安装Python语言环境 …………… 8
1.2.2 在Linux平台上安装Python语言环境 …………… 10
1.3 第一个Python程序：HelloWorld …………… 13
1.3.1 中文编码 …………… 14
1.3.2 单行注释 …………… 14
1.3.3 多行注释 …………… 15
1.3.4 书写规范 …………… 15
1.3.5 输入和输出 …………… 16
1.4 IDLE环境 …………… 18
1.4.1 启动IDLE …………… 18
1.4.2 创建Python脚本 …………… 18
1.4.3 常用的编辑功能 …………… 20
1.5 本章小结 …………… 21
1.6 课后习题 …………… 21

第2章 Python的基础语法 …………… 23
2.1 变量 …………… 23
2.1.1 定义一个变量 …………… 23
2.1.2 同时定义多个变量 …………… 24
2.2 数据类型 …………… 25
2.2.1 Number …………… 25
2.2.2 String …………… 26
2.2.3 List …………… 28
2.2.4 Tuple …………… 30
2.2.5 Set …………… 31
2.2.6 Dictionary …………… 32
2.3 运算符 …………… 33
2.3.1 占位运算符 …………… 33
2.3.2 算术运算符 …………… 34
2.3.3 赋值运算符 …………… 35
2.3.4 比较运算符 …………… 36
2.3.5 逻辑运算符 …………… 37
2.3.6 位运算符 …………… 37
2.3.7 身份运算符 …………… 39
2.3.8 成员运算符 …………… 40
2.3.9 序列运算符 …………… 41
2.3.10 运算符优先级 …………… 41
2.4 条件语句 …………… 42
2.4.1 if、elif、else …………… 44
2.4.2 pass …………… 45
2.5 循环语句 …………… 46
2.5.1 for循环 …………… 47
2.5.2 while循环 …………… 48
2.5.3 索引 …………… 49
2.5.4 break …………… 50
2.5.5 continue …………… 51
2.5.6 else …………… 51
2.6 本章小结 …………… 52
2.7 课后习题 …………… 52

第3章 函数 …………… 57
3.1 函数的定义与调用 …………… 57

3.2 参数列表与返回值 …………… 58
　3.2.1 形参 ……………………… 59
　3.2.2 实参 ……………………… 59
　3.2.3 默认参数 ………………… 60
　3.2.4 关键字参数 ……………… 61
　3.2.5 不定长参数 ……………… 62
　3.2.6 拆分参数列表 …………… 64
　3.2.7 返回值 …………………… 65
3.3 模块 …………………………… 66
　3.3.1 import …………………… 67
　3.3.2 from import ……………… 70
　3.3.3 包 ………………………… 71
　3.3.4 猴子补丁 ………………… 72
　3.3.5 第三方模块的获取与安装 … 73
3.4 变量的作用域 ………………… 73
　3.4.1 局部变量 ………………… 74
　3.4.2 全局变量 ………………… 74
　3.4.3 global 关键字 …………… 75
　3.4.4 nonlocal 关键字 ………… 76
3.5 高级应用 ……………………… 77
　3.5.1 递归函数 ………………… 77
　3.5.2 高阶函数 ………………… 78
　3.5.3 lambda 函数 ……………… 78
　3.5.4 闭包 ……………………… 79
　3.5.5 装饰器 …………………… 80
3.6 本章小结 ……………………… 83
3.7 课后习题 ……………………… 83

第4章 面向对象 …………………… 87

4.1 类与对象 ……………………… 87
　4.1.1 类的定义 ………………… 87
　4.1.2 创建实例 ………………… 88
　4.1.3 类属性定义及其访问 …… 89
　4.1.4 类中普通方法定义及调用 … 91
　4.1.5 私有属性 ………………… 92
　4.1.6 构造方法 ………………… 93
　4.1.7 析构方法 ………………… 95
　4.1.8 常用内置方法 …………… 96

4.2 继承与多态 …………………… 98
　4.2.1 什么是继承 ……………… 98
　4.2.2 如何继承父类 …………… 99
　4.2.3 方法重写 ………………… 100
　4.2.4 super 方法 ……………… 101
4.3 高级应用 ……………………… 103
　4.3.1 内置函数 isinstance、issubclass 和 type ……………… 103
　4.3.2 类方法 …………………… 104
　4.3.3 静态方法 ………………… 104
　4.3.4 动态扩展类与实例 ……… 105
　4.3.5 __slots__ ………………… 106
　4.3.6 @property ………………… 107
　4.3.7 元类 ……………………… 108
　4.3.8 单例模式 ………………… 109
　4.3.9 鸭子类型 ………………… 111
4.4 本章小结 ……………………… 112
4.5 课后习题 ……………………… 112

第5章 序列、集合和字典 ………… 116

5.1 可变类型与不可变类型 ……… 116
5.2 列表 …………………………… 117
　5.2.1 创建列表 ………………… 117
　5.2.2 拼接列表 ………………… 118
　5.2.3 复制列表元素 …………… 119
　5.2.4 查找列表元素 …………… 120
　5.2.5 插入列表元素 …………… 121
　5.2.6 删除列表元素 …………… 121
　5.2.7 获取列表中的最大元素 … 122
　5.2.8 获取列表中的最小元素 … 122
　5.2.9 统计元素出现的次数 …… 122
　5.2.10 计算列表长度 ………… 123
　5.2.11 列表中元素排序 ……… 123
5.3 元组 …………………………… 124
　5.3.1 创建元组 ………………… 125
　5.3.2 创建具有单个元素的元组 ………………………… 125
　5.3.3 拼接元组 ………………… 126

5.3.4 获取元组中的最大元素 …… 126
5.3.5 获取元组中的最小元素 …… 126
5.3.6 元组的不变性 …………… 126
5.4 集合 ………………………… 127
　5.4.1 创建集合 ………………… 127
　5.4.2 元素唯一性 ……………… 127
　5.4.3 插入集合元素 …………… 127
　5.4.4 交集 ……………………… 128
　5.4.5 并集 ……………………… 128
　5.4.6 差集 ……………………… 129
　5.4.7 对称差集 ………………… 129
　5.4.8 子集 ……………………… 129
　5.4.9 父集 ……………………… 130
5.5 字典 ………………………… 130
　5.5.1 创建字典 ………………… 130
　5.5.2 初始化字典中的元素 …… 130
　5.5.3 修改/插入字典元素 …… 131
　5.5.4 删除字典中的元素 ……… 132
　5.5.5 计算字典中元素的个数 … 133
　5.5.6 清除字典中的所有元素 … 133
　5.5.7 判断字典中是否存在键 … 133
　5.5.8 拼接两个字典 …………… 134
　5.5.9 获取字典中键的集合 …… 135
　5.5.10 获取字典中值的集合 …… 135
　5.5.11 获取字典中的元素数组 … 135
　5.5.12 浅拷贝 …………………… 136
　5.5.13 深拷贝 …………………… 137
5.6 高级应用 …………………… 138
　5.6.1 切片 ……………………… 138
　5.6.2 列表生成表达式 ………… 138
　5.6.3 生成器 …………………… 139
　5.6.4 迭代器 …………………… 140
5.7 本章小结 …………………… 142
5.8 课后习题 …………………… 142

第 6 章　字符串 ………………… 146
6.1 字符串常用操作 …………… 146
　6.1.1 创建字符串 ……………… 146
　6.1.2 单引号、双引号、三引号之间的区别 …………………… 146
　6.1.3 字符串比较 ……………… 148
　6.1.4 字符串切割 ……………… 149
　6.1.5 字符串检索 ……………… 150
　6.1.6 替换字符串中的字符 …… 150
　6.1.7 去除字符串空格 ………… 151
　6.1.8 复制字符串 ……………… 152
　6.1.9 连接字符串 ……………… 152
　6.1.10 获取字符串长度 ………… 152
　6.1.11 大小写转换 ……………… 153
　6.1.12 测试字符串的组成部分 … 153
6.2 格式化方法 ………………… 154
　6.2.1 占位符 …………………… 154
　6.2.2 format 方法 ……………… 154
6.3 正则表达式 ………………… 155
　6.3.1 基础语法 ………………… 155
　6.3.2 re 模块的使用 …………… 157
6.4 本章小结 …………………… 165
6.5 课后习题 …………………… 165

第 7 章　I/O 编程与异常 ……… 169
7.1 os 模块的使用 ……………… 169
　7.1.1 查看系统平台 …………… 169
　7.1.2 获取当前系统平台路径分隔符 ………………………… 169
　7.1.3 获取当前工作目录 ……… 170
　7.1.4 获取环境变量值 ………… 170
　7.1.5 获取文件和目录列表 …… 170
　7.1.6 创建目录 ………………… 171
　7.1.7 删除目录 ………………… 171
　7.1.8 获取指定相对路径的绝对路径 ………………………… 172
　7.1.9 获取指定路径的目录名或文件名 …………………… 172
　7.1.10 判断指定路径目标是否为文件 …………………… 173

7.1.11 判断指定路径目标是否为目录 …… 173
7.1.12 判断指定路径是否存在 ‥ 174
7.1.13 判断指定路径是否为绝对路径 …… 174
7.1.14 分离文件扩展名 …… 174
7.1.15 路径连接 …… 175
7.1.16 获取文件名 …… 175
7.1.17 获取文件路径 …… 175
7.2 文件读写 …… 176
  7.2.1 open 函数 …… 176
  7.2.2 with 语句 …… 177
  7.2.3 文件对象方法 …… 177
7.3 数据的处理 …… 180
  7.3.1 一维数据 …… 180
  7.3.2 二维数据 …… 181
  7.3.3 使用 CSV 格式操作一维、二维数据 …… 181
7.4 异常的定义和分类 …… 183
  7.4.1 异常的定义 …… 183
  7.4.2 异常的分类 …… 183
7.5 异常处理 …… 184
  7.5.1 try except …… 185
  7.5.2 else …… 185
  7.5.3 finally …… 186
  7.5.4 raise …… 187
  7.5.5 断言 …… 187
  7.5.6 自定义异常 …… 188
7.6 本章小结 …… 188
7.7 课后习题 …… 188

第 8 章 多线程与多进程 …… 191
8.1 线程与进程的定义 …… 191
  8.1.1 线程 …… 191
  8.1.2 进程 …… 191
8.2 多线程 …… 192
  8.2.1 多线程的创建和启动 …… 192
  8.2.2 多线程的合并 …… 195
  8.2.3 守护线程 …… 196
  8.2.4 多线程的同步 …… 197
8.3 多进程 …… 206
  8.3.1 创建多进程 …… 206
  8.3.2 多进程间的通信 …… 207
  8.3.3 多进程间的同步 …… 207
  8.3.4 Pool 对象 …… 208
  8.3.5 Manager 对象 …… 210
  8.3.6 Listener 与 Client 对象 …… 210
8.4 本章小结 …… 211
8.5 课后习题 …… 212

第 9 章 综合实例 …… 213
9.1 图书管理系统 …… 213
  9.1.1 实例问题描述 …… 213
  9.1.2 服务器的搭建 …… 213
  9.1.3 定义图书类 …… 214
  9.1.4 注册图书信息 …… 214
  9.1.5 查询图书信息 …… 215
  9.1.6 删除图书信息 …… 216
  9.1.7 系统的远程交互过程 …… 217
  9.1.8 系统的完整代码 …… 218
9.2 图形化界面计算器 …… 221
  9.2.1 实例问题描述 …… 221
  9.2.2 Python 标准 GUI 库 Tkinter …… 221
  9.2.3 图形界面计算器的完整代码 …… 222
9.3 电影推荐模型 …… 225
  9.3.1 基于用户相似度的推荐算法 UserCF …… 225
  9.3.2 基于物品相似度的推荐算法 ItemCF …… 226
  9.3.3 算法实现 …… 226
  9.3.4 实验过程及结果 …… 234
9.4 本章小结 …… 234

第 10 章　Python 常用库 ……………… 235

10.1　Python 标准库 ……………… 235
10.1.1　turtle 模块 ……………… 235
10.1.2　random 模块 ……………… 237
10.2　常用的 Python 内置函数 …… 238
10.2.1　数学内置函数 …………… 238
10.2.2　数据类型转换 …………… 239
10.2.3　序列操作 ………………… 242
10.2.4　对象操作 ………………… 243
10.2.5　反射操作 ………………… 245
10.2.6　变量操作 ………………… 247
10.2.7　编译执行 ………………… 247
10.3　第三方库 …………………… 248
10.3.1　安装第三方库 …………… 248
10.3.2　PyInstaller ………………… 248
10.3.3　jieba ……………………… 250
10.3.4　Scrapy ……………………… 251
10.3.5　Django …………………… 252
10.3.6　NumPy …………………… 255
10.3.7　Pandas …………………… 261
10.3.8　Matplotlib ………………… 261
10.3.9　Pygame …………………… 264
10.4　本章小结 …………………… 264

参考文献 ……………………………… 265

第1章 初识 Python

Python 具有简单易学、免费开源、跨平台、高层语言、面向对象、丰富的库、胶水语言等优点，已在系统编程、图形界面开发、科学计算、文本处理、数据库编程、网络编程、Web 开发、自动化运维、金融分析、多媒体应用、游戏开发、人工智能、网络爬虫等方面有着非常广泛的应用。

本章首先给出了程序设计和 Python 语言的简单介绍，包括编译型语言和解释型语言的区别、Python 发展史及其特点和应用领域。然后，以 Windows 和 Linux 平台为例介绍了 Python 3.7.0 的安装步骤。接着，通过一个简单的 HelloWorld 程序使读者对 Python 程序的运行方式、注释方法、编写规范和标准输入/输出方法有初步认识。最后，介绍了 Python 自带的 IDLE 开发环境的使用方法。

1.1 Python 的基本概念

每台计算机都有自己的指令（instruction）集合，每条指令可以让计算机完成一个最基本的操作。程序（program）则是由一系列指令根据特定规则组合而成，在计算机上执行程序的过程实质上就是组成程序的各条指令按顺序依次执行的过程。

从根本上说，计算机是由数字电路组成的运算机器，只能对数字做运算（包括算术运算和逻辑运算）。程序之所以能处理声音、文本、图像、视频等数据，是因为它们在计算机内部也是用数字表示的。这些数字经过专门的硬件设备转换成人们可以获取的声音、文本、图像和视频。

对于程序来说，其功能通常可以抽象为图 1-1 所示形式，包括输入（input）数据、输出（output）数据和数据处理（data processing）。

- 输入数据：从键盘、文件或者其他设备获取待处理数据。
- 输出数据：把处理后的结果数据输出到屏幕、文件或其他设备。
- 数据处理：对输入数据进行各种运算，得到输出结果。

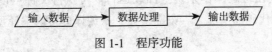

图 1-1 程序功能

1.1.1 编译型语言与解释型语言

程序设计语言可以分为高级程序设计语言和低级程序设计语言。高级程序设计语言包括 Python、C/C++、Java 等，低级程序设计语言包括汇编语言和机器语言。假设有这样一个功能：将 b 与 1 的加法运算结果赋给 a，表 1-1 所示分别为 Python 语言、汇编语言和机器语言对该功能的不同实现方式。

通过表 1-1 可以看到,在编写程序的难易程度上,机器语言最困难,需要记住大量二进制命令;其次是汇编语言,可以用一些助记符代替二进制命令,但仍然需要逐条编写指令;Python 语言最容易,可通过我们习惯的方式来实现相应运算。另外,由于不同系统所使用的指令集会有所不同,所以使用一个系统上的指令集编写的低级语言程序在另一个具有不同指令集的系统上无法正常运行,即用低级语言编写的程序不具有跨平台性。高级程序设计语言由于具有简单易用、跨平台性强等优点,目前已被广泛使用。

表 1-1　3 种编程语言对同一个功能的不同实现方式

编程语言	表示形式
Python 语言	a=b+1
汇编语言	mov　0x804a01c,%eax add　$0x1,%eax mov　%eax,0x804a018
机器语言	a1 1c a0 04 08 83 c0 01 a3 18 a0 04 08

提示　在计算机中,任何数据都是采用二进制方式进行表示和存储,即计算机中的数据都是由 0 和 1 组成的。位(bit)是计算机中最小的数据单位,一个二进制位就是一个位,简记为 b。字节(Byte)是计算机中存储数据的最小单位,一个字节包含 8 个二进制位,简记为 B。除了字节外,还有更大的数据单位,如 KB、MB、GB、TB、PB 等,低一级单位到高一级单位的换算关系是 2^{10}(等于 1024),即

$1KB=2^{10}B$,$1MB=2^{10}KB$,$1GB=2^{10}MB$,$1TB=2^{10}GB$,$1PB=2^{10}TB$

通常要用很长的二进制数才能表示一个数据,为了书写简便,实际运用中可以使用二进制的压缩表示形式——十六进制,例如,表 1-1 中机器语言第一条语句中的 a1 就是一个十六进制数,其对应的二进制数是 10100001。关于计算机中的常用数制及各数制之间的转换方法,读者可参阅其他资料。

使用高级程序设计语言编写程序,虽然简化了我们的程序编写工作,但这些程序对于计算机来说则无法理解。因此,对于用高级程序设计语言编写的程序,必须将其先翻译为计算机能够理解的机器语言程序,才能够在计算机上运行。把高级语言翻译为机器语言的方式有两种:一种是编译,一种是解释。下面分别介绍。

1. 编译

用高级语言编写的程序称为源代码(source code)或源文件。编译(compile)是将源代码全部翻译成机器指令,再加上一些描述信息,生成一个新的文件。这个新的文件称为可执行文件,可以直接在特定操作系统上加载运行。可执行文件可以在计算机上多次运行,因此,在不修改源代码的情况下,只需要做一次编译即可。编译型语言的编译执行过程如图 1-2 所示。

图 1-2　编译型语言的编译执行过程

2. 解释

解释（interpret）是在程序运行时才对源代码进行逐条语句的翻译并运行。解释型语言编写的程序每执行一次，就要翻译一次，翻译结果不会像编译型语言一样保存在可执行文件中，因此效率较低。解释型语言的解释执行过程如图 1-3 所示。

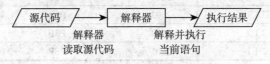

图 1-3　解释型语言的解释执行过程

> 提示　Python 是一种解释型语言，但为了提高运行效率，Python 程序在执行一次之后会自动生成扩展名为 .pyc 的字节码文件（主程序文件不会生成字节码文件，只有调用的模块文件才会生成字节码文件）。下次再运行同一个 Python 程序时，只要源代码没有做过修改，Python 就会直接将字节码文件翻译成机器语言再执行。
>
> 字节码不同于机器语言，但很容易转换为机器语言，所以通常直接翻译字节码，而不是去翻译源代码，这会大大提高 Python 程序的运行效率。

1.1.2　Python 的发展史

Python 于 20 世纪 90 年代初由荷兰 CWI（Centrum Wiskunde & Informatica，数学和计算机研究所）的 Guido van Rossum 基于 C 语言开发，并作为一种称为 ABC 的语言的继承。在 Python 的开发过程中，虽然也有其他开发者做了许多贡献，但 Guido 被认为是 Python 的主要作者。之所以选择 Python（"蟒蛇"的意思）作为该编程语言的名字，是因为 Guido 是室内情景幽默剧《Monty Python's Flying Circus》的忠实观众。

1995 年，Guido 在弗吉尼亚州雷斯顿的 CNRI（Corporation for National Research Initiatives，国家研究计划公司）继续他的 Python 开发工作，并发布了 Python 的几个版本。

2000 年 5 月，Guido 和 Python 核心开发团队转移到 BeOpen.com，组建了 BeOpen PythonLabs 团队。同年 10 月，PythonLabs 团队转移到 Digital Creations（现为 Zope 公司）。2001 年，Python 软件基金会（PSF，请参阅 https://www.python.org/psf/）成立，这是一个专门为拥有与 Python 相关的知识产权而创建的非营利组织。Zope 公司是 PSF 的赞助商之一。

所有 Python 版本都是开源的，大多数（但不是全部）Python 版本也与 GPL（GNU General Public License，GNU GPL/GPL）兼容。表 1-2 中总结了 Python 各个版本的信息。

表 1-2　Python 各版本信息

发布版本	源　　自	发布年份	所　有　者	是否 GPL 兼容
0.9.0～1.2	无	1991—1995	CWI	是
1.3～1.5.2	1.2	1995—1999	CNRI	是
1.6	1.5.2	2000	CNRI	否
2.0	1.6	2000	BeOpen.com	否
1.6.1	1.6	2001	CNRI	否

(续)

发布版本	源自	发布年份	所有者	是否 GPL 兼容
2.1	2.0+1.6.1	2001	PSF	否
2.0.1	2.0+1.6.1	2001	PSF	是
2.1.1	2.1+2.0.1	2001	PSF	是
2.1.2	2.1.1	2002	PSF	是
2.1.3	2.1.2	2002	PSF	是
2.2 及以上	2.1.1	2001 至今	PSF	是

提示 目前使用的 Python 版本主要有 Python 2.x 和 Python 3.x 两种。Python 3.x 并不完全兼容 Python 2.x 的语法,因此,在 Python 2.x 环境中编写的程序不一定能在 Python 3.x 环境中正常运行。2018 年 3 月,Python 语言的作者在邮件列表上宣布将于 2020 年 1 月 1 日终止对 Python 2.7 的支持。用户如果想在这个日期之后继续得到与 Python 2.7 有关的支持,则需要付费给商业供应商。如果没有特殊的应用需求,建议使用 Python 3.x。

GPL 兼容许可并不意味着在 GPL 许可下发布 Python。与 GPL 许可不同,所有 Python 许可允许用户在不公开其修改代码的基础上发布一个修改后的版本。GPL 兼容许可使得 Python 可以与其他 GPL 许可下发布的软件相结合。

1.1.3 Python 的特点及应用领域

学习一门编程语言,应该了解其特点及适用领域。Python 语言的特点及应用领域如下。

1. 特点

(1)优点

- 简单易学:在开发者社群流行着一句玩笑——"人生苦短,我用 Python。"这句话实际上并非戏言,Python 是一种代表简单主义思想的语言,可以使用尽量少的代码完成更多工作。Python 使开发者能够专注于解决问题而不是去搞明白语言本身。另外,Python 有极其简单的说明文档,使得初学者很容易上手。
- 免费开源:FLOSS(Free/Libre and Open Source Software)的中文含义是自由、开源软件,其已被证实为当今最好的开放、合作、国际化产品和开发样例之一,已经为政府、企业、学术研究团体和开源领域机构带来巨大的利益。Python 是 FLOSS,使用者可以自由地发布这个软件的副本,阅读它的源代码,对它做改动,把它的一部分用于新的自由软件中。
- 跨平台性:由于 Python 的开源本质,它已经被移植到许多平台上,在 Linux、Windows、Macintosh(Mac OS)、Android 等平台上都可以运行用 Python 语言编写的程序。
- 高层语言:与 C/C++ 语言不同,使用 Python 语言编写程序时无须考虑诸如"如何管理你的程序使用的内存"之类的底层细节，从而使得开发者可以在忽略底层细节的情况下专注于如何使用 Python 语言解决问题。

- 面向对象：Python 既支持面向过程的编程，也支持面向对象的编程。面向过程的编程方法是对要解决的问题进行逐层分解，对每个分解后的子问题分别求解，最后再将各子问题的求解结果按规则合并形成原始问题的解。面向对象的编程方法则是模仿人类认识客观世界的方式，将软件系统看成由多类对象组成，通过不断创建对象以及实现对象之间的交互完成软件系统的运转。面向对象编程方法更符合人类认识客观世界的方式，因此目前已被广泛使用。但需要注意，面向对象和面向过程并不是完全独立的两种编程方法，当我们使用面向对象方法设计和编写程序时，对于其中涉及的复杂问题也需要采用面向过程的方法，通过"层层分解、逐步求精"的方式分步骤解决。

- 丰富的库：Python 官方提供了非常完善的标准代码库，有助于处理各种工作，包括网络编程、输入输出、文件系统、图形处理、数据库、文本处理等。除了内置库，开源社区和独立开发者为 Python 贡献了丰富的第三方库，如用于科学计算的 NumPy、用于 Web 开发的 Django、用于网页爬虫的 Scrapy 和用于图像处理的 OpenCV 等，其数量远超其他主流编程语言。代码库相当于已经编写完成并打包，以供开发者使用的代码集合，程序员只需通过加载、调用等操作手段即可实现对库中函数、功能的使用，从而省去了自己编写大量代码的过程，让编程工作看起来更像是在"搭积木"。

- 胶水语言：Python 本身被设计成具有可扩展性，提供了丰富的 API 和工具，以便开发者能够轻松使用包括用 C、C++ 等编程语言编写的模块来扩充程序。例如，如果需要一段关键代码运行得更快或者希望某些算法不公开，可以将部分程序用 C 或 C++ 编写，然后在 Python 程序中使用它们。Python 就像胶水一样把用其他编程语言编写的模块黏合过来，让整个程序同时兼备其他语言的优点，起到了黏合剂的作用。正是这种"胶水"的角色让 Python 近几年在开发者团体中声名鹊起，因为互联网与移动互联时代的需求量急速倍增，大量开发者急需一种高速、敏捷的工具来助其处理与日俱增的工作，Python 目前的形态正好满足了这种需求。

（2）缺点

- 单行语句：与 C/C++ 语言不同，Python 语句的末尾不需要写分号，所以一行只能有一条语句，而无法将多条语句放在同一行中书写，例如，import sys;for i in sys.path:print i 这种写法是错误的。而 Perl 和 AWK 中就无此限制，可以较为方便地在 Shell 下完成简单程序，不需要如 Python 一样，必须将程序写入一个 .py 文件。

- 强制缩进：Python 用缩进方式来区分语句之间的关系，给许多用过 C/C++ 或 Java 的开发者带来了困惑。但如果习惯了这种强制缩进写法，开发者就会觉得它非常优雅，能够清晰地体现出各语句的层次关系。

- 运行速度慢：由于 Python 是解释型语言，所以它的运行速度会比 C/C++ 慢一些，对一些实时性要求比较强的程序会有一些影响。但如前所述，Python 是一种"胶水语言",能够非常方便地使用用C/C++语言编写的模块,所以对于速度要求比较高的关键运算模块,可以使用C/C++语言编写。

2. 应用领域

Python适用于以下领域:

- 系统编程:提供API(Application Programming Interface,应用程序编程接口),能方便地进行系统维护和管理,是Linux下标志性语言之一,也是很多系统管理员理想的编程工具。
- 图形界面开发:Python在图形界面开发方面很强大,可以用Tkinter/PyQt框架开发各种桌面软件。
- 科学计算:Python是一门很适合做科学计算的编程语言。从1997年开始,NASA就大量使用Python进行各种复杂的科学运算,随着NumPy、SciPy、Matplotlib、Enthought librarys等众多程序库的开发,使得Python越来越适合进行科学计算并绘制高质量的二维和三维图像。
- 文本处理:Python提供的re模块能支持正则表达式,还提供SGML、XML分析模块,许多程序员利用Python进行XML程序的开发。
- 数据库编程:程序员可通过遵循Python DB-API(数据库应用程序编程接口)规范的模块与Microsoft SQL Server、Oracle、Sybase、DB2、MySQL、SQLite等数据库通信。另外,Python自带一个Gadfly模块,提供了完整的SQL环境。
- 网络编程:Python提供丰富的模块以支持Sockets编程,能方便、快速地开发分布式应用程序。
- Web开发:Python拥有很多免费数据函数库、免费Web网页模板系统以及与Web服务器进行交互的库,可以实现Web开发,搭建Web框架。目前非常流行的Python Web框架是Django,Django官方把Django定义为"the framework for perfectionist with deadlines"(完美主义者使用的高效率Web框架)。用Python开发的Web项目小而精,支持最新的XML技术,而且数据处理功能较为强大。
- 自动化运维:Python是运维人员广泛使用的语言,能满足绝大部分自动化运维需求,包括前端和后端。
- 金融分析:利用NumPy、Pandas、SciPy等数据分析模块,可快速完成金融分析工作。目前,Python是金融分析、量化交易领域里使用得最多的语言。
- 多媒体应用:Python的PyOpenGL模块封装了OpenGL应用程序编程接口,能进行二维和三维图像处理。
- 游戏开发:在网络游戏开发中Python也有很多应用。相比Lua,Python有更高阶的抽象能力,可以用更少的代码描述游戏业务逻辑。另外,Python更适合作为一种Host语言,即将程序的入口点设置在Python那一端会比较好,然后用C/C++写一些扩展。Python非常适合编写代码行数在1万行以上的项目,而且能够很好地把网游项目的规模控制在10万行代码以内。
- 人工智能:NASA和Google早期大量使用Python,为Python积累了丰富的科学运算库。当 AI（Artificial Intelligence，人工智能）时代来临后，Python 从众多编程语言中脱颖而出，各种 AI 算法都基于 Python 编写。在神经网络、深度学习方面，Python 都能够找到比较成熟的包来加以调用。另外，Python 是面向对象的动态语言，且适用于科学计算，这就使得 Python 在 AI 领域备受青睐。

- 网络爬虫：在爬虫领域，Python 几乎处于霸主地位，提供了 Scrapy、Request、BeautifulSoup、urllib 等工具库，将网络中的一切数据作为资源，通过自动化程序进行有针对性的数据采集以及处理。

使用 Python 语言编写程序来实现功能是非常简单的。例如，使用 Python 爬取指定网页上的数据，只需要几行代码即可实现，如下面的代码所示。

```
# 首先，导入 Python 中用于网络爬虫的 urllib.request 模块
from urllib import request
# 然后，通过下面这两条语句就可以将 URL 的源码存储在 content 变量中，其类型为字符串型
url='http://www.nankai.edu.cn'  # 把等号右边的网址赋值给 url
content=request.urlopen(url).read()   # 等号后面的动作是打开源代码页面并阅读
# 最后，可以将获取的 URL 源码通过 print 函数输出
print(content)
```

1.2 Python 语言环境的安装

在 Linux、Windows、Macintosh、Android 等平台上，都可以安装 Python 语言环境以支持 Python 程序的运行，这里仅介绍 Windows 和 Linux 两种平台上的 Python 语言环境安装方法。本书所使用的 Python 版本为 2018 年 6 月 27 日发布的 3.7.0，读者可从 Python 官网（https://www.python.org）的 Downloads 页面下载各平台的安装包，如图 1-4 所示。

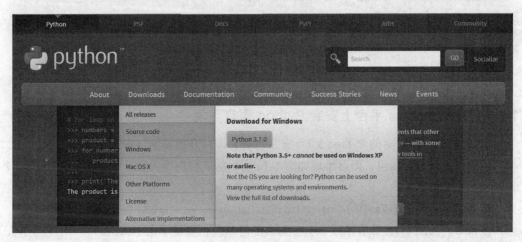

图 1-4　Python 官网

选择图 1-4 中的 All releases 选项，可以看到所有已发布的 Python 版本，如图 1-5 所示。

Release version	Release date		Click for more
Python 3.7.0	2018-06-27	Download	Release Notes
Python 3.6.6	2018-06-27	Download	Release Notes
Python 2.7.15	2018-05-01	Download	Release Notes
Python 3.6.5	2018-03-28	Download	Release Notes
Python 3.4.8	2018-02-05	Download	Release Notes
Python 3.5.5	2018-02-05	Download	Release Notes
Python 3.6.4	2017-12-19	Download	Release Notes

View older releases

图 1-5　Python 已发布的版本列表

单击图 1-5 中的 Python 3.7.0，可以看到该版本下的可下载文件列表，如图 1-6 所示。对于 Windows 用户，可以下载 Windows x86-64 executable installer（64 位版本）或 Windows x86 executable installer（32 位版本）；对于 Linux 用户，可以下载 Gzipped source tarball 版本。

Files

Version	Operating System	Description	MD5 Sum	File Size	GPG
Gzipped source tarball	Source release		41b6595deb4147a1ed517a7d9a580271	22745726	SIG
XZ compressed source tarball	Source release		eb8c2a6b1447d50813c02714af4681f3	16922100	SIG
macOS 64-bit/32-bit installer	Mac OS X	for Mac OS X 10.6 and later	ca3eb84092d0ff6d02e42f63a734338e	34274481	SIG
macOS 64-bit installer	Mac OS X	for OS X 10.9 and later	ae0717a02efea3b0eb34aadc680dc498	27651276	SIG
Windows help file	Windows		46562af86c2049dd0cc7680348180dca	8547689	SIG
Windows x86-64 embeddable zip file	Windows	for AMD64/EM64T/x64	cb8b4f0d979a36258f73ed541def10a5	6946082	SIG
Windows x86-64 executable installer	Windows	for AMD64/EM64T/x64	531c3fc821ce0a4107b6d2c6a129be3e	26262280	SIG
Windows x86-64 web-based installer	Windows	for AMD64/EM64T/x64	3cfdaf4c8d3b0475aaec12ba402d04d2	1327160	SIG
Windows x86 embeddable zip file	Windows		ed9a1c028c1e99f5323b9c20723d7d6f	6395982	SIG
Windows x86 executable installer	Windows		ebb6444c284c1447e902e87381afeff0	25506832	SIG
Windows x86 web-based installer	Windows		779c4085464eb3ee5b1a4fffd0eabca4	1298280	SIG

图 1-6　可下载文件列表

1.2.1　在 Windows 平台上安装 Python 语言环境

下载 Windows 版本的 Python 3.7.0 安装包后，即可开始安装，安装步骤如下：

步骤 1　双击安装包，即可出现如图 1-7a 所示的安装向导界面，选中 Add Python 3.7 to PATH 复选框。

步骤 2　选择图 1-7a 中的 Customize installation 选项，出现图 1-7b 所示界面。

步骤 3　在图 1-7b 所示界面中不需要做任何修改，直接单击 Next 按钮，出现图 1-7c 所示界面。

步骤 4　在图 1-7c 所示界面中可以根据需要设置 Advanced Options（高级选项），此处将 Customize install location（安装路径）设置为 d:\Python\Python37。设置完成后，单击 Install 按钮开始安装，出现图 1-7d 所示的安装进度界面。

步骤 5 安装完成后,出现图 1-7e 所示界面,单击 Close 按钮结束安装。

a)

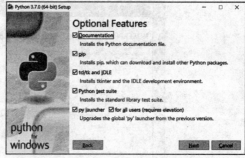

b)

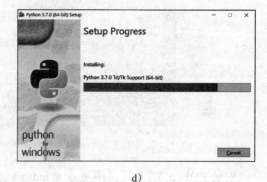

c)   d)

e)

图 1-7 Windows 平台 Python 安装步骤

提示 如果在图 1-7a 所示界面中未选中 Add Python 3.7 to PATH 复选框,则在控制台的命令行提示符下执行 Python、pip 等程序时需要指定程序所在路径,否则系统会找不到可运行的程序。另外一种方法是通过编辑环境变量将 Python 相关程序所在路径添加到路径中,如图 1-8 所示,其中 D:\Python\Python37\ 是图 1-7c 中设置的安装路径,读者应根据实际安装路径做相应修改。

图 1-8　Python 路径设置

安装 Python 3.7.0 后，即可在 Windows 控制台的命令行提示符下输入 python 命令，进入 Python 控制台，Python 提示符为 ">>>"，如图 1-9 所示。

图 1-9　Python 控制台

1.2.2　在 Linux 平台上安装 Python 语言环境

下载 Linux 版本的 Python 3.7.0 安装包并将其上传至安装有 Linux 系统的服务器，之后即可开始安装，安装步骤如下：

步骤 1　登录安装有 Linux 系统的服务器，并切换到 Python 3.7.0 安装包所在目录，执行 tar -xvzf Python-3.7.0.tgz 命令将安装包解压，如图 1-10a 所示。

步骤 2　解压完毕后，将生成一个名为 Python-3.7.0 的目录，执行 cd Python-3.7.0/ 命令进入该目录，如图 1-10b 所示。

步骤 3　执行 ./configure --prefix=/usr/python 命令，将 Python 3.7.0 的安装目录配置为 /usr/python，如图 1-10c 所示。

步骤 4 执行 make 命令编译源码，如图 1-10d 所示。
步骤 5 执行 sudo make install 命令开始安装，如图 1-10e 所示。

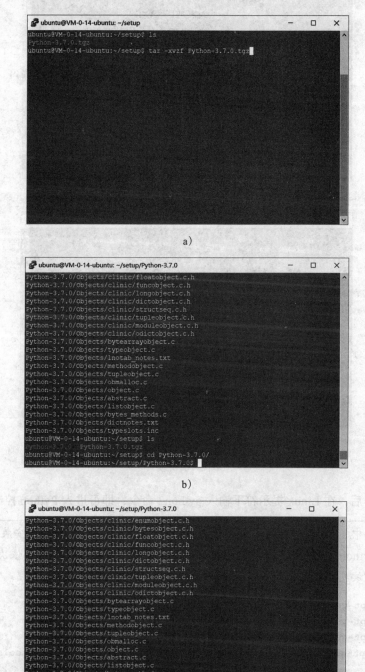

图 1-10 Linux 平台 Python 安装步骤

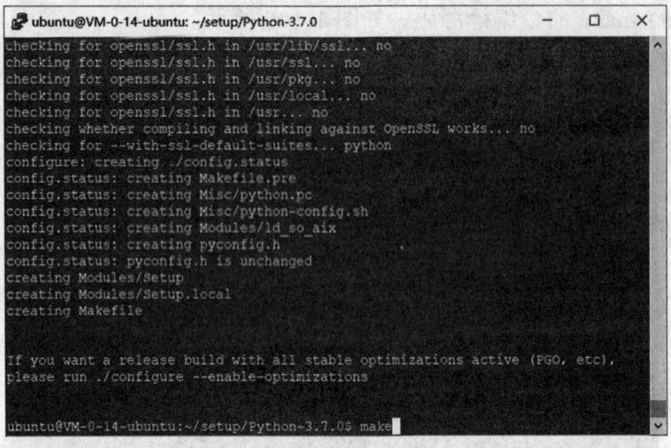

d)

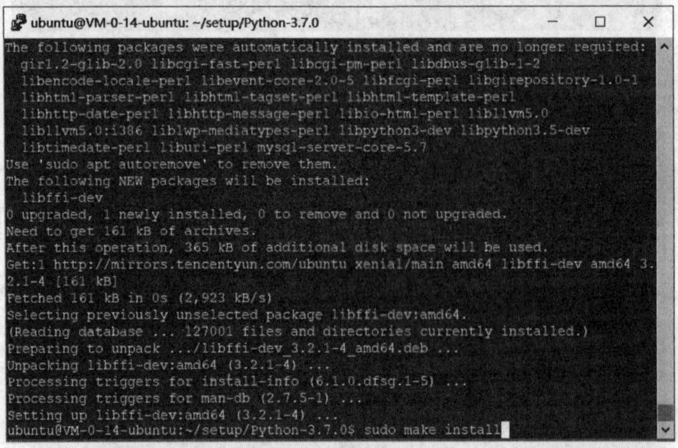

e)

图 1-10（续）

安装完毕后，在 Linux 提示符下输入 python3 命令，即可进入 Python 控制台。

> **提示** 步骤 5 中 sudo 的作用是获取 root 用户权限，以能够在指定目录下安装程序。
>
> Python 3.7.0 需要一个新的包 libffi-devel，在步骤 5 之前需要依次执行以下命令完成该包的安装：

```
sudo apt-get update
sudo apt-get upgrade
sudo apt-get dist-upgrade
sudo apt-get install build-essential python-dev python-setuptools python-pip python-smbus
sudo apt-get install build-essential libncursesw5-dev libgdbm-dev libc6-dev
sudo apt-get install zlib1g-dev libsqlite3-dev tk-dev
sudo apt-get install libssl-dev openssl
sudo apt-get install libffi-dev
```

> 注意　如果系统中已经安装过其他版本的 Python 3，则需要先执行 sudo rm /usr/bin/python3 命令删除原有 Python 3 链接，再执行 sudo ln -s /usr/python/bin/python3 /usr/bin/python3 命令将新安装的 Python 3.7 链接为 Python 3。

1.3　第一个 Python 程序：HelloWorld

Python 程序支持两种运行方式：交互式和脚本式。下面以代码清单 1-1 中所示的 HelloWorld 程序为例介绍这两种运行方式。

代码清单 1-1　HelloWorld 程序

```
1  '''
2  This is my first Python program
3  Author: Kai Wang
4  Create Date: 07/29/2018
5  '''
6  print("Hello World!")  #在屏幕上输出"Hello World!"
```

对于交互式运行方式，可以在操作系统的命令提示符下输入 python 来启动 Python 解释器，然后在 Python 提示符"＞＞＞"后面依次输入每行代码并按 Enter 键，即可看到如图 1-11 所示的结果。

图 1-11　交互式运行结果

对于脚本式运行方式，可以先在文本编辑器（如记事本、Notepad++ 等）中输入代码，然后将其保存为扩展名为 .py 的 Python 脚本文件（这里将该脚本文件命名为 helloworld.py，保存在 D 盘 pythonsamplecode/01/ 目录下），最后在操作系统的命令提示符后面输入如下命令：

```
python d:/pythonsamplecode/01/helloworld.py
```

脚本式运行结果如图 1-12 所示。

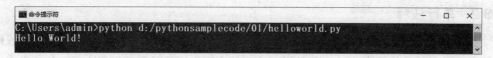

图 1-12　脚本式运行结果

1.3.1 中文编码

在 Python 3.x 的语言环境中，默认使用 UTF-8（8-bit Unicode Transformation Format）编码，因此可以直接支持中文。比如我们将代码清单 1-1 中的代码改为代码清单 1-2 中所示代码：

代码清单 1-2　带中文的 HelloWorld 程序

```
1   '''
2   This is my first Python program
3   Author: Kai Wang
4   Create Date: 07/29/2018
5   '''
6   print("你好,世界!")  # 在屏幕上输出"你好,世界!"
```

代码清单 1-2 在 Python 3.x 环境中可以正常运行并在屏幕上输出"你好，世界！"。

注意　使用 Python 3.x 环境创建 Python 脚本文件时，需要将文件编码格式设置为 UTF-8，否则运行脚本时可能会报错。例如，如果在使用 ANSI 编码的 Python 脚本文件中输入代码清单 1-2 并运行，则会出现如下错误信息提示：

```
SyntaxError: Non-UTF-8 code starting with '\xcd' in file d:/
pythonsamplecode/01/helloworld.py on line 4, but no encoding declared; see
http://python.org/dev/peps/pep-0263/ for details
```

提示　字符在计算机中也是用 0-1 串的编码方式来表示和存储的。最早出现的 ASCII 码（American Standard Code for Information Interchange，美国信息交换标准代码）用一个字节的低 7 位来表示英文字符集的 128 个字符，最高 1 位为 0，因此其取值范围是 0～127，这 128 个字符编码称为基本 ASCII 码；后来将最高 1 位的值设置为 1 以表示附加的 128 个特殊符号字符、外来语字母和图形符号，这些扩充的 128 个字符称为扩展 ASCII 码。ASCII 码最多可表示 256 个字符，这显然无法满足中文和其他语言文字的表示和存储需求。各国陆续提出了自己的编码标准，如我国的 GB2312 编码、日本的 Shift_JIS 编码、韩国的 Euc-kr 编码等，当一个文本中含有多种语言时就可能产生编码冲突问题（即不同语言中的两个字符具有同样的编码）。Unicode 把所有语言都统一到一套编码里，解决了多语言混合文本中的乱码问题。UTF-8 是一种 Unicode 可变长度字符编码方式，用 1～6 个字节编码 Unicode 字符，可以用于表示中文简繁体以及英文、日文、韩文等语言的文字。在 UTF-8 编码中，一个汉字占 3 个字节。

1.3.2 单行注释

注释是为增强代码可读性而添加的描述文字。在代码被编译或解释时，编译器或解释器会自动过滤掉注释文字。也就是说，注释的主要作用就是供开发者查看，使开发者更容易理解代码的作用和含义，在代码运行时不会执行注释文字。

Python 语言提供了单行注释和多行注释两种方式。单行注释以"#"作为开始符，

"#"后面的文字都是注释。例如，在代码清单1-1中，第6行代码中即包含单行注释"在屏幕上输出'Hello World!'"。因此，第6行代码实际上只会执行print("Hello World!")。

```
6    print("Hello World!") #在屏幕上输出"Hello World!"
```

注意 虽然在编写程序时是否对代码添加注释不会影响程序的实际运行结果，但良好的注释将有助于增强程序的可读性，从而提高程序的可维护性。建议读者在进行软件开发时，无论多么简单的功能，也一定要加上一些注释来说明实现的思路以及变量、函数和关键语句的作用，这样不仅可以帮助其他开发者快速理解这些代码，也能够帮助开发者本人在隔了一段时间后仍然能够回忆起当时的实现方法。

1.3.3 多行注释

Python语言的多行注释以连续的3个单引号"'''"或3个双引号""""作为开始符和结束符。例如，在代码清单1-1中，第1～5行代码即为用3个连续单引号"'''"括起来的多行注释。

```
1    '''
2    This is my first Python program
3    Author: Kai Wang
4    Create Date: 07/29/2018
5    '''
```

将其中第1行和第5行的3个连续单引号"'''"改为3个连续双引号""""，也可以起到同样的多行注释作用。

1.3.4 书写规范

Python语言通过缩进方式体现各条语句之间的逻辑关系。如代码清单1-3所示，与第2行相比，第3行和第4行的行首有缩进（此处是输入了4个空格）。因此，从逻辑关系上来说，第3行和第4行是第2行的下一层代码，当第2行的bPrint为True时，第3行和第4行代码才会执行。第5行与第2行代码的行首都没有缩进，所以二者是同一层代码，无论bPrint的值是否为True，第5行代码都会执行。

代码清单1-3　Python语言中的强制缩进

```
1    bPrint = True #为变量bPrint赋值为True
2    if bPrint: #如果bPrint的值为True,则执行bPrint=False和print("Yes")
3        bPrint=False #将bPrint设置为False
4        print("Yes") #输出Yes
5    print(bPrint) #输出bPrint的值
```

运行代码清单1-3中的代码后，将得到如下结果：

```
Yes
False
```

如果将代码清单 1-3 中的第 1 行代码改为：

```
1    bPrint = False # 为变量 bPrint 赋值为 False
```

则运行程序后只会输出 False。

> **注意** Python 语言对于行首缩进的方式没有严格限制，既可以使用空格，也可以使用制表符（Tab 键），常用的对代码进行一个层次缩进的方式有：1 个制表符，2 个空格，或者 4 个空格。对于同一层次的代码，必须使用相同的缩进方式，否则会报错。例如，如果将代码清单 1-3 中第 3 行行首改为缩进 2 个空格，而第 4 行行首仍然保持缩进 4 个空格，则会报如下错误：
>
> ```
> IndentationError: unexpected indent
> ```
>
> 如果将代码清单 1-3 中第 3 行行首改为缩进 1 个制表符，而第 4 行行首仍然保持缩进 4 个空格，则会报如下错误：
>
> ```
> Ind3entationError: unindent does not match any outer indentation level
> ```

> **提示** 本书的行首缩进均采用 4 个空格的方式。即从层次上来说，第 1 层代码没有缩进，第 2 层代码有 4 个空格的缩进，第 3 层代码有 8 个空格的缩进……

1.3.5 输入和输出

任何程序都包括输入、输出和数据处理。数据输入/输出形式多样，这里只介绍键盘输入和屏幕输出，关于文件输入/输出的方法将在后面章节中给出。

1. input 函数

input 函数的功能是接收标准输入数据（即从键盘输入），返回值为 String 类型（字符串），其语法格式如下：

```
input([prompt])
```

其中，prompt 是一个可选参数，用于显示给用户的提示信息。不传该参数，则没有提示信息，用户直接从键盘输入数据。

> **提示** 本书规定，如果一个参数写在一对方括号"[...]"中，则表示该参数是可选参数。实际使用时，既可以传入该参数，也可以不传该参数。

> **注意** Python 2.x 中提供了 2 个用于标准输入的函数：raw_input 和 input。Python 2.x 的 raw_input 函数与这里介绍的 Python 3.x 的 input 函数的功能完全相同。Python 2.x 的 input 函数要求用户输入的数据必须是一个合法的 Python 表达式，如输入一个字符串时必须使用引号将其括起来，否则会引发 SyntaxError 错误。由于 Python 2.x 的 input 函数的功能对用户来说不方便使用，因此该功能在 Python 3.x 中已不被支持。

以下语句调用 input 函数让用户输入姓名,并将输入的姓名保存在 name 中。

```
name=input("请输入你的姓名：") #输入"张三"
```

执行上面的语句后,屏幕上会显示提示信息"请输入你的姓名：",此时从键盘上输入"张三"并按 Enter 键,则会将键盘上输入的"张三"保存在 name 中。

然后,执行以下语句:

```
print(name)
```

此时会在屏幕上显示 name 中保存的数据"张三"。

2. eval 函数

eval 函数的功能是计算字符串所对应的表达式的值,返回表达式的计算结果,其语法格式如下:

```
eval(expression)
```

其中,expression 是字符串类型的参数,对应一个有效的 Python 表达式。

提示　eval 函数的完整语法格式为 eval（expression, globals=None, locals=None）。其中,globals 和 locals 是 2 个可选参数,默认值都为 None,若传入参数,则 globals 必须传入 dictionary；locals 可以是任何 map 对象。在实际使用 eval 函数时,globals 和 locals 参数通常使用默认值 None。

　　本书在介绍各函数的语法格式时,仅给出其常用的使用方法。关于函数的完整语法格式及各参数说明,请读者参考 Python 官方帮助文档。

---

eval 函数可以与 input 函数结合使用,将 input 函数输入的字符串转换为对应的表达式并计算结果,具体使用方法如下面的代码所示:

```
r=eval(input("请输入一个有效的表达式："))
```

运行以上代码后,如果输入 3+5,通过 print(r) 可得到结果 8；如果输入 5*3.5+10,通过 print(r) 可得到结果 27.5；如果输入 5*/3,则会因其不是一个有效的表达式而报 SyntaxError 错误。

3. print 函数

print 函数的功能是将各种类型的数据(字符串、整数、浮点数、列表、字典等)输出到屏幕上,其语法格式如下:

```
print(object)
```

其中,object 是要输出的数据。下面的代码展示了 print 函数的使用方法。

```
1    print("Hello World!") #输出"Hello World!"
2    print(10) #输出 10
3    print(3.5) #输出 3.5
4    print([1,3,5,'list']) #输出 [1, 3, 5, 'list']
5    print({1:'A', 2:'B', 3:'C', 4:'D'}) #输出 {1: 'A', 2: 'B', 3: 'C', 4: 'D'}
```

> 提示　上面代码的第 1～5 行分别输出了字符串、整数、浮点数、列表和字典类型的数据，Python 的数据类型会在后面章节中介绍。

1.4　IDLE 环境

默认情况下，IDLE（Python's Integrated Development and Learning Environment，Python 集成开发和学习环境）会在安装 Python 程序时自动安装，如图 1-7b 所示，td/tk and IDLE 复选框默认是选中状态。在 IDLE 环境下，既可以采用交互式方式运行 Python 语句，也可以采用脚本式方式运行整个 Python 脚本中的代码。

> 提示　对于初学者，进行一些小程序的编写和调试，IDLE 环境完全能够满足需求。对于一些大型程序的编写和调试，可以考虑使用 PyCharm 等集成开发环境。

1.4.1　启动 IDLE

在 Windows 的开始菜单中找到 IDLE 并单击，即可启动 IDLE 开发环境。IDLE 有两种窗口模式：Shell 和 Editor（编辑器）。启动 IDLE 后，默认显示的是 Shell 窗口，如图 1-13 所示。

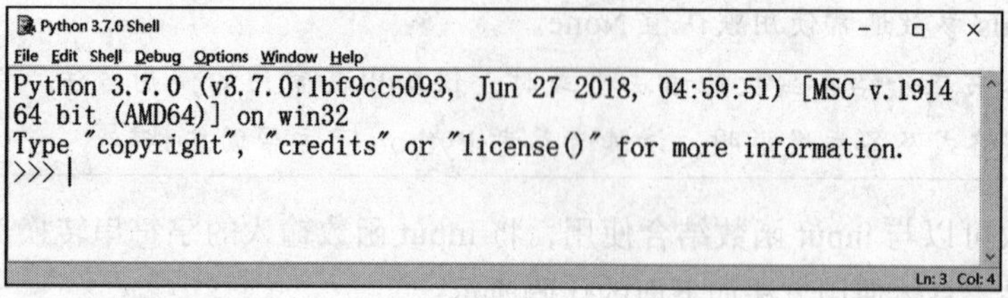

图 1-13　IDLE 的 Shell 窗口

在 Shell 窗口中，可以直接在 Python 提示符"＞＞＞"后输入 Python 语句，通过交互式方式运行 Python 语句，如图 1-14 所示。

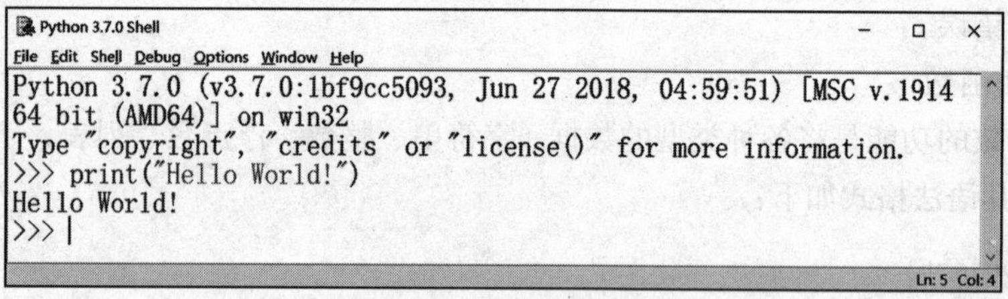

图 1-14　在 IDLE 中交互式运行 Python 语句

1.4.2　创建 Python 脚本

在 IDLE 的 Editor 窗口中可以编辑 Python 脚本文件，下面通过一个具体操作示例展示创建 Python 脚本的方法：

步骤1 选择 Shell 窗口中的 File->New File 菜单项，即可创建一个 Python 脚本文件并自动打开 Editor 窗口，此处将代码清单 1-1 输入到 Editor 窗口中，如图 1-15 所示。

图 1-15　IDLE 的 Editor 窗口

步骤2 选择 Editor 窗口中的 File->Save 菜单项，在出现的"另存为"对话框中选择新创建的 Python 脚本文件保存路径并输入文件名，如图 1-16 所示。

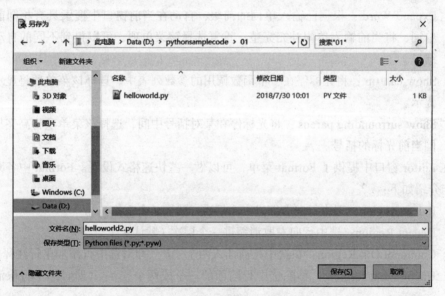

图 1-16　设置 Python 脚本文件保存路径

步骤3 单击图 1-16 中的"保存"按钮，回到 Editor 窗口。在 Editor 窗口选择 Run->Run Module 菜单项，可运行当前脚本文件，并在 Shell 窗口输出运行结果，如图 1-17 所示。

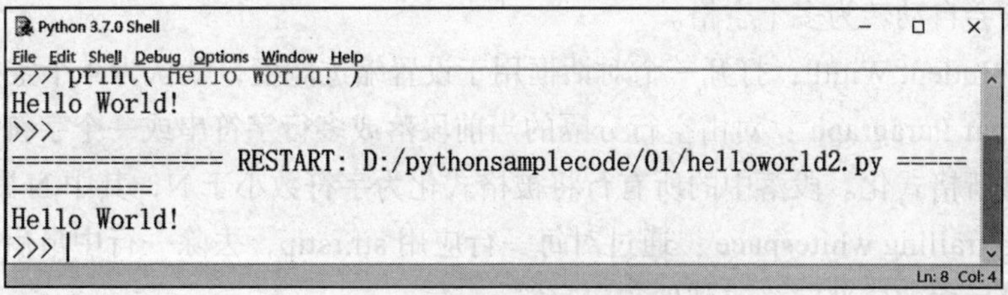

图 1-17　Python 脚本文件运行结果

> **提示** 选择 Shell 窗口或 Editor 窗口的 File->Open 菜单项，可以打开已经创建好的 Python 脚本文件。

1.4.3 常用的编辑功能

在 Shell 窗口和 Editor 窗口中都提供了 Edit 菜单，单击后可出现弹出式菜单，包括 Undo（撤销）、Redo（重做）、Cut（剪切）、Copy（复制）、Paste（粘贴）、Select All（全部选中）、Find（查找）、Find Again（继续查找）、Find Selection（查找选中文本）、Find in Files（在文件中查找）、Replace（替换）、Go to Line（跳转到某行）、Show Completions（显示完成提示）、Expand Word（单词填充）、Show call tip（显示调用提示）、Show surrounding parens（显示括号）。大多数菜单项在很多软件中都存在，这里只介绍以下 4 个菜单项的作用。

- Show Completions：打开一个列表，可以根据已输入单词前缀从该列表中快速选择要输入的关键字和属性。
- Expand Word：根据已输入单词的前缀，自动在当前窗口中搜索具有相同前缀的单词，将当前输入单词补充完整；重复选择该菜单项，可以得到不同的自动补充结果。
- Show call tip：将光标停在一个函数调用的参数列表中，选择该菜单项将显示参数提示。
- Show surrounding parens：将光标停在某对括号中间，选择该菜单项将高亮显示包围当前光标的括号。

在 Editor 窗口中提供了 Format 菜单，可以做一些快速格式设置。Format 中各菜单项的功能介绍如下：

- Indent Region：选中行向右缩进一个层次（默认 4 个空格）。
- Dedent Region：选中行向左取消缩进一个层次（默认 4 个空格）。
- Comment Out Region：在选中行前插入两个"#"（即对选中行添加单行注释）。
- Uncomment Region：移除选中行前面的一个或两个"#"（即对选中行取消单行注释）。
- Tabify Region：一个制表符对应的空格数（建议 4 个）。
- Untabify Region：将所有制表符调整为正确数量的空格。
- Toggle Tabs：在空格缩进和制表符缩进两种方式之间切换，在空格缩进方式下制表符会自动转为多个空格。
- New Indent Width：打开一个对话框用于设置缩进宽度，默认为 4 个空格。
- Format Paragraph：对由空行分隔的当前段落或多行字符串或一个字符串中的选中行重新格式化。段落中的所有行将被格式化为字符数小于 N，其中 N 默认为 72。
- Strip trailing whitespace：通过对每一行应用 str.rstip，去除一行中最后一个非空白字符后面的尾部空格或其他空白字符。

提示 在编写 Python 程序时，主要会遇到两类错误：语法错误和逻辑错误。当执行到有语法错误的代码时，Python 解释器会显示出错信息，开发者可根据提示信息分析错误原因并解决。然而，Python 解释器无法发现逻辑错误，当执行有逻辑错误的代码时，解释器不会报任何错误，但最后的执行结果会与预期的不一致。

为了分析执行结果出现错误的原因，所有编程语言的集成开发环境都会提供调试功能。通过调试可以逐条语句执行程序并查看每条语句执行后各变量的状态，也可以设置断点，让程序执行时遇到断点就暂停执行，停在断点所在的代码处。在 IDLE 的 Shell 窗口中有一个 Debug 菜单，该菜单中的菜单项就是用来调试 Python 程序的。目前编写的程序都比较简单，不容易出现逻辑错误；读者编写复杂程序时如果遇到逻辑错误，可参考网上材料尝试通过调试解决问题。

1.5 本章小结

作为 Python 语言的初学者，往往不清楚应该从哪里开始学习。本章从最简单的 Python 语言基础知识入手，使读者能够在零基础的情况下，了解程序设计和 Python 语言的基本概念，掌握 Python 语言的注释方法、书写规范和标准输入/输出方法，理解本章给出的示例程序并能够搭建 Python 环境运行这些示例程序，为后面章节的学习打下基础。

1.6 课后习题

1. 高级语言翻译为机器语言的方式有两种：一种是编译，一种是解释。Python 属于_____型语言。
2. Python 程序支持两种运行方式：_____和脚本式。
3. Python 的单行注释以符号_____作为开始符，该符号后面的文字都是注释。
4. _____函数的功能是接收标准输入数据（即从键盘输入），返回为 String 类型（字符串）。
5. _____函数的功能是将各种类型（字符串、整数、浮点数、列表、字典等）的数据输出到屏幕上。
6. IDLE 有两种窗口模式：_____和 Editor（编辑器）。
7. 下面不属于 Python 语言的优点的是（　　）。
   A. 简单易学
   B. 免费开源
   C. 强制缩进
   D. 丰富的库
8. 有关 Python 的注释叙述正确的是（　　）。
   A. 单行注释以分号";"开始
   B. 多行注释以 3 个单引号"'''"或 3 个双引号""""""作为开始符和结束符
   C. 多行注释以 3 个"#"作为开始符和结束符
   D. 注释也是程序代码，参与程序的运行
9. 已知语句 r = eval (input (" 请输入一个有效的表达式："))，则运行情况错误的是（　　）。

A. 如果输入 4+7，通过 print(r) 可得到结果 11

B. 如果输入 4*2.5+10，通过 print(r) 可得到结果 20

C. 如果输入 5*/3，则会因其不是一个有效的表达式而报 SyntaxError 错误

D. 如果输入 3+5，通过 print(r) 可得到结果 3+5

10. 简述 Python 语言的优点。

11. 简述 Python 在科学计算、数据库编程、Web 编程和人工智能 4 个领域的应用。

第 2 章　Python 的基础语法

编写程序的主要目的是利用计算机对数据进行自动管理和处理。如何在计算机中存储数据（包括待处理的数据、处理后的结果数据以及处理过程中的中间临时数据）、对数据能够进行哪些计算以及可以采用什么样的逻辑结构来编写程序，是程序开发者初学一门编程语言时必须首先考虑的 3 个问题。

本章首先给出了变量的定义方法和 Number、String、List 等常用的 Python 数据类型，通过这部分内容，读者可掌握利用计算机存储数据的方法。然后，介绍了常用的运算符，包括占位运算符、算术运算符、赋值运算符、比较运算符、逻辑运算符、位运算符、身份运算符、成员运算符和序列运算符，通过这部分内容，读者可掌握对不同类型数据所支持的运算及运算规则。最后，介绍了条件和循环两种语句结构，通过这部分内容，读者可以设计程序解决具有更复杂逻辑结构的问题。

2.1　变量

在编写程序时，表示数据的量可以分为两种：常量和变量。
- 常量，是指在程序运行过程中值不能发生改变的量，如 1、3.5、3+4j、"abc" 等。
- 变量，是指在程序运行过程中值可以发生改变的量。与数学中的变量一样，需要为 Python 中的每一个变量指定一个名字，如 x、y、test 等。

2.1.1　定义一个变量

Python 是一种弱类型的语言，变量的类型由其值的类型决定。变量在使用前不需要先定义，为一个变量赋值后，则该变量会自动创建。

变量的命名规则如下：
- 变量名可以包括字母、数字和下划线，但是数字不能作为开头字符。例如，test1 是有效变量名，而 1test 则是无效变量名。
- 系统关键字不能作为变量名。例如，and、break 等都是系统关键字，不能作为变量名使用。
- Python 的变量名区分大小写。例如，test 和 Test 是两个不同的变量。

提示　Python 3.x 默认使用 UTF-8 编码，变量名中允许包含中文，如 "测试" 是一个有效的变量名。

下面的代码说明了变量的定义和使用方法。

```
1    test='Hello World!'
2    Test=123
3    print(test) # 输出 Hello World!
4    print(Test) # 输出 123
5    test=10.5
6    print(test) # 输出 10.5
```

在上面的代码中：
- 第 1 行代码通过赋值定义了一个名为 test 的变量，其保存了字符串"Hello World!"，因此 test 是一个字符串型变量。
- 第 2 行代码通过赋值定义了一个名为 Test 的变量，其保存了整数 123，因此 Test 是一个整型变量。
- 第 3 行和第 4 行代码通过 print 函数分别输出了 test 和 Test 两个变量的值，输出结果与前面所赋的值一致。
- 第 5 行代码将已有变量 test 重新赋值为浮点数 10.5，此时 test 是一个浮点型变量。也就是说，对于同一个变量名，可以在程序运行的不同时刻用于表示不同类型的变量，以存储不同类型的数据。
- 第 6 行代码通过 print 函数输出 test 的值，输出结果与预期一致。

2.1.2 同时定义多个变量

在一条语句中可以同时定义多个变量，其语法格式如下：

变量 1, 变量 2,..., 变量 n= 值 1, 值 2,..., 值 n

赋值运算符右边的值 1、值 2、...、值 n 会分别赋给左边的变量 1、变量 2、...、变量 n。例如，对于下面的代码：

name,age='张三',18

执行完毕，会定义 2 个变量：name 是一个字符串型变量，其值为"张三"；age 是一个整型变量，其值为 18。

对于已定义的变量，也可以在一条语句中修改多个变量的值。例如，对于下面的代码：

```
1    x,y=5,10
2    x,y=y,x
```

第 1 行代码的作用是定义了 2 个整型变量 x 和 y，它们的值分别是 5 和 10。第 2 行代码的作用是将赋值运算符右边 y 和 x 的值取出并分别赋给左边的 x 和 y，执行完毕，x 的值为 10，y 的值为 5，即将 x 和 y 的值进行了交换。

> 提示　对于赋值运算，会先计算赋值运算符右边的表达式的值，再将计算结果赋给左边的变量。因此，第 2 行代码会先得到赋值运算符右侧的 y 和 x 的值，再将它们分别赋给左边的变量。取出右侧的 y 和 x 的值后，第 2 行代码转换为"x,y=10,5"，然后执行赋值运算，即将 10 赋给 x、将 5 赋给 y。

2.2 数据类型

一种编程语言所支持的数据类型决定了该编程语言所能保存的数据。Python语言常用的内置数据类型包括Number（数字）、String（字符串）、List（列表）、Tuple（元组）、Set（集合）和Dictionary（字典），下面分别介绍。

2.2.1 Number

Python中有3种不同的数字类型，分别是int（整型）、float（浮点型）和complex（复数类型）。

1. 整型

整型数字包括正整数、0和负整数，不带小数点，无大小限制。整数可以使用不同的进制来表示：不加任何前缀为十进制整数；加前缀0o为八进制整数；加前缀0x则为十六进制整数。

例如，对于下面的代码：

```
a,b,c=10,0o10,0x10
```

执行完毕后，a、b、c的值分别是10、8和16。其中，0o10为八进制数，输出时转为十进制数8；0x10为十六进制数，输出时转为十进制数16。

> **提示** Python语言中提供了Boolean（布尔）类型，用于表示逻辑值True（逻辑真）和False（逻辑假）。Boolean类型是整型的子类型，在作为数字参与运算时，False自动转为0，True自动转为1。使用bool函数可以将其他类型的数据转为Boolean类型，当给bool函数传入下列参数时其将会返回False：定义为假的常量，包括None或False；任意值为0的数值，如0、0.0、0j等；空的序列或集合，如""（空字符串）、"()"（空元组）、"[]"（空列表）等。

2. 浮点型

浮点型数字使用C语言中的double类型实现，可以用来表示实数，如3.14159、-10.5、3.25e3等。

> **提示** 3.25e3是科学计数法的表示方式，其中e表示10，因此，3.25e3实际上表示的浮点数是$3.25*10^3$=3250.0。

当前环境中浮点数的取值范围和精度可以通过以下代码查看：

```
import sys  # 导入sys包
sys.float_info  # 查看当前环境中浮点型数字的取值范围和精度
```

执行上面的代码后，可以查看到如下格式的信息：

```
sys.float_info(max=1.7976931348623157e+308, max_exp=1024, max_10_exp=308,
min=2.2250738585072014e-308, min_exp=-1021, min_10_exp=-307, dig=15, mant_dig=53,
epsilon=2.220446049250313e-16, radix=2, rounds=1)
```

其中，min 和 max 是浮点数的最小值和最大值，dig 是浮点数所能精确表示的十进制数字的最大位数。

3. 复数类型

复数由实部和虚部组成，每一部分都是一个浮点数，其书写方法如下：

```
a+bj 或 a+bJ
```

其中，a 和 b 是两个数字，j 或 J 是虚部的后缀，即 a 是实部，b 是虚部。

在生成复数时，也可以使用 complex 函数，其语法格式如下：

```
complex([real[,imag]])
```

其中，real 为实部值，imag 为虚部值，返回值为 real+imag*1j。如果省略虚部 imag 的值，则返回的复数为 real+0j；如果实部 real 和虚部 imag 的值都省略，则返回的复数为 0j。

例如，对于下面的代码：

```
c1,c2,c3,c4,c5=3+5.5j,3.25e3j,complex(5,-3.5),complex(5),complex()
```

执行完毕后，c1～c5 的值分别是（3+5.5j）、3250j、（5-3.5j）、（5+0j）和 0j。

2.2.2 String

Python 语言中只有用于保存字符串的 String 类型，而没有用于保存单个字符的数据类型。Python 中的字符串可以写在一对单引号中，也可以写在一对双引号或一对三双引号中，3 种写法的区别将在后面章节中介绍，目前我们使用一对单引号或一对双引号的写法。

例如，对于下面的代码：

```
s1,s2='Hello World!',"你好，世界！"
```

执行完毕后，s1 和 s2 的值分别是字符串"Hello World!"和"你好，世界！"。

提示　Python 中提供了 int 函数和 float 函数，可以分别把一个字符串转成整数或浮点数。

　　int 函数有两个参数：第一个参数是要转换为整数的字符串（要求必须是一个整数字符串，否则会报错），第二个参数是字符串中整数的数制（不指定则默认为 10）。例如，int('35') 返回整数 35，int('35',8) 返回整数 29，int('35+1') 则会因无法转换而报错。

　　float 函数只有一个参数，即要转换为浮点数的字符串（要求必须是一个整数或浮点数字符串）。例如，float('35') 返回浮点数 35.0，float('35.5') 返回浮点数 35.5，float('35.5+3') 则会因无法转换而报错。

　　这里需要特别注意 int 和 float 这两个函数与第 1 章所学习的 eval 函数的区别，int 函数和 float 函数仅是将字符串中的数字直接转为整数或浮点数，不会做任何运算。当要转换的字符串是一个包含运算的表达式时，int 函数和 float 函数会报错。

不包含任何字符的字符串，如 """（一对单引号）或 """"（一对双引号）称为空字符串（或简称为空串）。

在字符串中，可以使用转义字符，常用的转义字符如表 2-1 所示。

表 2-1 转义字符描述

转义字符	描述	转义字符	描述
\（在行尾时）	续行符	\n	换行
\\	反斜杠符号	\r	回车
\'	单引号	\t	制表符
\"	双引号		

例如，对于下面的代码：

```
1    s1='Hello \
2    World!'  # 上一行以 \ 作为行尾，说明上一行与当前行是同一条语句
3    s2='It's a book.'  # 单引号非成对出现，报 SyntaxError 错误
4    s3='It\'s a book.'  # 使用 \' 说明其是字符串中的一个单引号字符
5    s4="It's a book."  # 使用一对双引号的写法，字符串中可以直接使用单引号，不需要转义
6    s5=" 你好！\n 欢迎学习 Python 语言程序设计！"  # 通过 \n 换行
```

执行完毕后，使用 print 函数依次输出成功创建的各变量的值，则可以得到如下结果：s1 输出"Hello World!"；s2 没有创建成功，所以会报 SyntaxError 错误；s3 和 s4 都输出"It's a book."；s5 输出两行信息，第一行输出"你好！"，第二行输出"欢迎学习 Python 语言程序设计！"。

利用下标"[]"可以从字符串中截取一个子串，其语法格式如下：

s[beg:end]

其中，s 为原始字符串，beg 是要截取子串在 s 中的起始下标，end 是要截取子串在 s 中的结束下标。省略 beg，则表示从 s 的开始字符进行子串截取，等价于 s[0:end]；省略 end，则表示截取的子串中包含从 beg 位置开始到最后一个字符之间的字符（包括最后一个字符）；beg 和 end 都省略，则表示子串中包含 s 中的所有字符。

注意 s[beg:end] 截取子串中包含的字符是 s 中从 beg 至 end-1（不包括 end）位置上的字符。

Python 中，对字符串中字符的下标有两种索引方式：从前向后索引和从后向前索引。如图 2-1 所示，从前向后索引方式中，第 1 个字符的下标为 0，其他字符的下标是前一字符的下标增 1；从后向前索引方式中，最后一个字符的下标为 -1，其他字符的下标是后一字符的下标减 1。在截取子串时，既可以只使用某一种下标索引方式，也可以同时使用两种下标索引方式。

字符串	欢	迎	学	习	P	y	t	h	o	n	语	言	程	序	设	计	！
从前向后索引	0	1	2	3	4	5	6	7	8	9	10	11	12	13	14	15	16
从后向前索引	-17	-16	-15	-14	-13	-12	-11	-10	-9	-8	-7	-6	-5	-4	-3	-2	-1

图 2-1 字符串索引方式示例

例如，对于下面的代码：

```
1   s='欢迎学习Python语言程序设计！'
2   print(s[2:4]  #输出"学习"
3   print(s[-3:-1])  #输出"设计"
4   print(s[2:-1])  #输出"学习Python语言程序设计"
5   print(s[:10])  #输出"欢迎学习Python"
6   print(s[-5:])  #输出"程序设计！"
7   print(s[:])  #输出"欢迎学习Python语言程序设计！"
```

执行完毕后，第2～7行代码可以按每行代码对应注释中的描述输出结果。

如果要截取的子串中只包含1个字符，则也可以采用下面的写法：

```
s[idx]
```

其中，idx是要截取的字符的下标。例如，对于下面的代码：

```
1   s='欢迎学习Python语言程序设计！'
2   print(s[2])  #输出"学"
3   print(s[-1])  #输出"！"
```

执行完毕后，第2行和第3行代码分别按每行代码对应注释中的描述输出结果。

注意 使用下标"[]"可以访问字符串中的元素，但不能修改。例如，对于"s[2]='复'"这样的代码，执行时会报TypeError错误。

2.2.3 List

List（列表）是Python中一种非常重要的数据类型。列表中可以包含多个元素，且元素类型可以不相同。每一元素可以是任一数据类型，包括列表（即列表嵌套）及后面要介绍的元组、集合、字典。所有元素都写在一对方括号"[...]"中，每两个元素之间用逗号分隔。不包含任何元素的列表（即[]）称为空列表。

列表中元素的索引方式与字符串中元素的索引方式完全相同，也支持从前向后索引和从后向前索引两种方式。例如，对于ls=[1, 2.5, 'test', 3+4j, True, [3,1.63], 5.3]这个列表，其各元素的下标如图2-2所示。

列表	1	2.5	'test'	3+4j	True	[3,1.63]	5.3
从前向后索引	0	1	2	3	4	5	6
从后向前索引	-7	-6	-5	-4	-3	-2	-1

图2-2 列表索引方式示例

与字符串相同，利用下标"[]"可以从已有列表中取出其中部分元素形成一个新列表，其语法格式如下：

```
ls[beg:end]
```

其中，ls为列表，beg是要取出的部分元素在ls中的起始下标，end是要取出的部分元素在 ls 中的结束下标。省略 beg，则表示从 ls 中的第一个元素开始，等价于 ls[0:end]；省略 end，则表示要取出的部分元素从 beg 位置开始一直到最后一个元素（包括最后一个元素）；beg 和 end 都省略，则取出 ls 中的所有元素。

例如，对于下面的代码：

```
1    ls=[1, 2.5, 'test', 3+4j, True, [3,1.63], 5.3]
2    print(ls[1:4]) # 输出 [2.5, 'test', (3+4j)]
3    print(ls[-3:-1]) # 输出 [True, [3, 1.63]]
4    print(ls[2:-1]) # 输出 ['test', (3+4j), True, [3, 1.63]]
5    print(ls[:3]) # 输出 [1, 2.5, 'test']
6    print(ls[-2:]) # 输出 [[3, 1.63], 5.3]
7    print(ls[:]) # 输出 [1, 2.5, 'test', (3+4j), True, [3, 1.63], 5.3]
```

执行完毕后，第 2 ~ 7 行代码可以按每行代码对应注释中的描述输出结果。

如果只访问列表 ls 中的某一个元素，则可以使用下面的写法：

ls[idx]

其中，idx 是要访问的元素的下标。例如，对于下面的代码：

```
1    ls=[1, 2.5, 'test', 3+4j, True, [3,1.63], 5.3]
2    print(ls[2]) # 输出 test
3    print(ls[-3]) # 输出 True
```

执行完毕后，第 2 行和第 3 行代码分别按每行代码对应注释中的描述输出结果。

注意 ls[beg:end] 返回的仍然是一个列表；而 ls[idx] 返回的是列表中的一个元素。例如，对于 ls=[1, 2.5, 'test', 3+4j, True, [3,1.63], 5.3]，通过 print(ls[2:3]) 和 print(ls[2]) 输出的结果分别是 ['test'] 和 test。可见，ls[2:3] 返回的是只有一个字符串元素 'test' 的列表，而 ls[2] 返回的则是 ls 中第 3 个元素的值（即字符串 'test'）。

另外，通过下标"[]"不仅可以访问列表中的某个元素，还可以对元素进行修改。例如，对于如下的代码：

```
1    ls=[1, 2.5, 'test', 3+4j, True, [3,1.63], 5.3]
2    print(ls) # 输出 [1, 2.5, 'test', (3+4j), True, [3, 1.63], 5.3]
3    ls[2]=15 # 将列表 ls 中第 3 个元素的值改为 15
4    print(ls) # 输出 [1, 2.5, 15, (3+4j), True, [3, 1.63], 5.3]
5    ls[1:4]=['python',20] # 将列表 ls 中第 2~4 个元素替换为 ['python',20] 中的元素
6    print(ls) # 输出 [1, 'python', 20, True, [3, 1.63], 5.3]
7    ls[2]=['program',23.15] # 将列表 ls 中第 3 个元素替换为 ['program',23.15]
8    print(ls) # 输出 [1, 'python', ['program', 23.15], True, [3, 1.63], 5.3]
9    ls[0:2]=[] # 将列表 ls 中前两个元素替换为空列表 []，即将前两个元素删除
10   print(ls) # 输出 [['program', 23.15], True, [3, 1.63], 5.3]
```

执行完毕后，第 2、4、6、8 行代码分别按每行代码对应注释中的描述输出结果。

注意 在对列表中的元素赋值时，既可以通过 ls[idx]=a 这种方式修改单个元素的值，也

可以通过 ls[beg:end]=b 这种方式修改一个元素或同时修改连续多个元素的值。但需要注意，在通过 ls[beg:end]=b 方式赋值时，b 是另一个列表，其功能是用 b 中各元素替换 ls 中 beg 至 end-1 这些位置上的元素，赋值前后列表元素数量允许发生变化。

例如，上面所示的代码中，第 3 行和第 7 行都是修改列表 ls 中某一个元素的值，在为单个元素赋值时，可以使用任意类型的数据（包括列表，如第 7 行）；第 5 行是将列表 ls 中第 2～4 个元素修改为另一个列表 ['python',20] 中的两个元素；第 9 行是将列表 ls 中前两个元素修改为另一个空列表 "[]" 中的元素，相当于将 ls 中前两个元素删除。

2.2.4 Tuple

Tuple（元组）与列表类似，可以包含多个元素，且元素类型可以不相同，书写时每两个元素之间也是用逗号分隔。与列表的不同之处在于：元组的所有元素都写在一对小括号 "(...)" 中，且元组中的元素不能修改。不包含任何元素的元组（即()）称为空元组。

元组中元素的索引方式与列表中元素的索引方式完全相同。例如，对于 t=(1, 2.5, 'test', 3+4j, True, [3,1.63], 5.3) 这个列表，其各元素的下标如图 2-3 所示。

列表	1	2.5	'test'	3+4j	True	[3,1.63]	5.3
从前向后索引	0	1	2	3	4	5	6
从后向前索引	-7	-6	-5	-4	-3	-2	-1

图 2-3 元组索引方式示例

与列表相同，利用下标 "[]" 可以从已有元组中取出其中部分元素形成一个新元组，其语法格式如下：

t[beg:end]

其中，t 为元组，beg 是要取出的部分元素在 t 中的起始下标，end 是要取出的部分元素在 t 中的结束下标。省略 beg，则表示从 t 中的第一个元素开始，等价于 t[0:end]；省略 end，则表示要取出的部分元素从 beg 位置开始一直到最后一个元素（包括最后一个元素）；beg 和 end 都省略，则取出 t 中的所有元素。

例如，对于下面的代码：

```
1    t=(1, 2.5, 'test', 3+4j, True, [3,1.63], 5.3)
2    print(t[1:4]) # 输出 (2.5, 'test', (3+4j))
3    print(t[-3:-1]) # 输出 (True, [3, 1.63])
4    print(t[2:-1]) # 输出 ('test', (3+4j), True, [3, 1.63])
5    print(t[:3]) # 输出 (1, 2.5, 'test')
6    print(t[-2:]) # 输出 ([3, 1.63], 5.3)
7    print(t[:]) # 输出 (1, 2.5, 'test', (3+4j), True, [3, 1.63], 5.3)
```

执行完毕后，第 2～7 行代码可以按每行代码对应注释中的描述输出结果。

如果只访问元组 t 中的某一个元素，则可以使用下面的写法：

t[idx]

其中，idx 是要访问的元素的下标。例如，对于下面的代码：

```
1    t=(1, 2.5, 'test', 3+4j, True, [3,1.63], 5.3)
2    print(t[2]) # 输出 test
3    print(t[-3]) # 输出 True
```

执行完毕后，第 2 行和第 3 行代码分别按每行代码对应注释中的描述输出结果。

提示 从前面的介绍中可以看到，字符串、列表和元组的使用方法非常相近，它们的元素都是按下标顺序排列，可通过下标直接访问，这样的数据类型统称为序列。其中，字符串和元组中的元素不能修改，而列表中的元素可以修改。

2.2.5 Set

与元组和列表类似，Set（集合）中同样可以包含多个不同类型的元素，但集合中的各元素无序、不允许有相同元素且元素必须是可哈希（hashable）的对象。

提示 可哈希对象是指拥有 __hash()__(self) 内置函数的对象。就目前来说，读者只需要知道列表、集合和字典类型的数据不是可哈希对象，所以它们不能作为集合中的元素。

集合中的所有元素都写在一对大括号"{}"中，各元素之间用逗号分隔。创建集合时，既可以使用"{...}"，也可以使用 set 函数。set 函数的语法格式如下：

set([iterable])

其中，iterable 是一个可选参数，表示一个可迭代对象。

注意 可迭代（iterable）对象是指可以一次返回它的一个元素，如前面学习的字符串、列表、元组都是可迭代的数据类型。

例如，对于下面的代码：

```
1    a={10, 2.5, 'test', 3+4j, True, 5.3, 2.5}
2    print(a) # 输出 {True, 2.5, 5.3, 10, (3+4j), 'test'}
3    b=set('hello')
4    print(b) # 输出 {'e', 'l', 'o', 'h'}
5    c=set([10, 2.5, 'test', 3+4j, True, 5.3, 2.5])
6    print(c) # 输出 {True, 2.5, 5.3, 10, (3+4j), 'test'}
7    d=set((10, 2.5, 'test', 3+4j, True, 5.3, 2.5))
8    print(d) # 输出 {True, 2.5, 5.3, 10, (3+4j), 'test'}
```

执行完毕后，第 2、4、6、8 行代码分别按对应注释中的描述输出结果。从输出结果可以看出：

- 虽然第1行代码中赋值运算符右侧的集合包含了2个值为2.5的元素，但将其赋给a后会将重复元素滤掉，只保留1个，因此输出集合只有1个2.5。另外，输出集合中各元素的顺序也与第1行给a赋值的集合中各元素的顺序不一致，这是因为集合中的元素本来就是无序的，系统会自动将其调整为方便检索的顺序来排列。
- 第3、5、7行代码都是使用set函数创建集合，传入的参数分别是字符串、列表和元组。同样，对于具有重复值的元素，也会自动滤除，只保留一个。

注意 与字符串、列表、元组等序列类型不同，集合中的元素不能使用下标方式访问。集合主要用于做并、交、差等集合运算，以及基于集合进行元素的快速检索。关于集合的具体使用方法将在后面章节给出。如果要创建一个空集合，则需要使用set()（"{}"用于创建空字典，不能用于创建空集合）。

2.2.6 Dictionary

Dictionary（字典）是另一种无序的对象集合。但与集合不同，字典是一种映射类型，每一个元素是一个键（key）：值（value）对。在一个字典对象中，键必须是唯一的，即不同元素的键不能相同；另外，键必须是可哈希数据，即键不能是列表、元组、集合、字典等类型；值可以是任意类型。不包含任何元素的字典（即{}）称为空字典。

创建字典时，既可以使用"{...}"，也可以使用dict函数。如果要创建一个空字典，可以使用"{}"或dict()，如下面的代码所示：

```
1    a={}
2    b=dict()
```

这两条语句的作用相同，执行完毕后，a和b是两个不包含任何元素的空字典。

如果在创建字典的同时，需要给出字典中的元素，则可以使用下面的方法：

```
1    {k1:v1,k2,:v2,…,kn:vn} #ki和vi(i=1,2,…,n)分别是每一个元素的键和值
2    dict(**kwarg) #**kwarg是一个或多个赋值表达式，两个赋值表达式之间用逗号分隔
3    dict(z) #z是zip函数返回的结果
4    dict(ls) #ls是元组的列表，每个元组包含两个元素，分别对应键和值
5    dict(dictionary) #dictionary是一个已有的字典
```

例如，对于下面的代码：

```
1    a={'one':1, 'two':2, 'three':3}
2    b=dict(one=1, two=2, three=3)
3    c=dict(zip(['one','two','three'], [1,2,3]))
4    d=dict([('one',1), ('two',2), ('three',3)])
5    e=dict({'one':1, 'two':2, 'three':3})
```

这5条语句创建的5个字典对象的元素完全相同，使用print函数查看每一个变量，都能得到如下输出结果：

```
{'one': 1, 'two': 2, 'three': 3}
```

提示　zip 函数的参数是多个可迭代的对象（列表等），其功能是将不同对象中对应的元素分别打包成元组，然后返回由这些元组组成的列表。在 Python 3.x 中为了减少内存，zip 函数返回的是一个对象，可以通过 list 函数转换为列表，如通过 list(zip(['one','two','three'], [1,2,3])) 可得到列表 [('one', 1), ('two', 2), ('three', 3)]。

与列表等序列对象不同，在访问字典中的元素时不能通过数字下标方式访问，而是通过键访问。例如，对于下面的代码：

```
1    info={'name':'张三', 'age':19, 'score':{'python':95,'math':92}}
2    print(info['name']) # 输出 "张三"
3    print(info['age']) # 输出 19
4    print(info['score']) # 输出 {'python': 95, 'math': 92}
5    print(info['score']['python']) # 输出 95
6    print(info['score']['math']) # 输出 92
```

执行完毕后，第 2～6 行代码分别按对应注释中的描述输出结果。由于 info['score'] 访问到的仍然是一个字典，所以后面可以再分别通过 info['score']['python'] 和 info['score']['math'] 访问该字典中的元素。

2.3 运算符

在计算机中，数据处理实际上就是对数据按照一定的规则进行运算。在已经掌握 Python 基本数据类型的基础上，我们来看一下对这些类型的数据可以做哪些运算。这里介绍数据处理中一些常用运算符的作用和使用方法。

2.3.1 占位运算符

占位运算符类似于 C 语言中 sprintf 或 printf 函数中使用的占位符，在字符串中可以给出一些占位符用来表示不同类型的数据，而实际的数据值在字符串之外给出。此处仅介绍 3 个常用占位符（如表 2-2 所示），更详细的占位符列表将在第 6 章中给出。

表 2-2　常用占位符

占位符	描述	占位符	描述
%d	有符号整型十进制数	%s	字符串
%f 或 %F	有符号浮点型十进制数		

下面通过具体实例介绍这 3 个占位符的使用方法，如代码清单 2-1 所示。

代码清单 2-1　占位符使用示例

```
1    s1='%s 上次数学成绩 %d, 本次 %d, 成绩提高 %f' %('小明',85,90,5/85)
2    s2='%5s 上次数学成绩 %5d, 本次 %5d, 成绩提高 %.2f' %('小明',85,90,5/85)
3    s3='%5s 上次数学成绩 %05d, 本次 %05d, 成绩提高 %08.2f' %('小明',85,90,5/85)
```

执行完毕后，通过 print 函数分别输出 s1、s2 和 s3，可得到下面的结果：

```
1    小明上次数学成绩 85, 本次 90, 成绩提高 0.058824
```

```
2        小明上次数学成绩     85, 本次    90, 成绩提高 0.06
3        小明上次数学成绩00085, 本次00090, 成绩提高00000.06
```

从输出结果中可以看出占位符的使用方法和使用上的差异：

- 在带有占位符的字符串后面写上 %(…)，在一对小括号中即可指定前面字符串中各占位符所对应的实际数据值，各数据值之间用逗号分开。例如，对于代码清单 2-1 中的 3 行代码，因为前面的字符串中包含 4 个占位符（%s、%d、%d 和 %f），所以在后面的 %(…) 中给出了用逗号分隔的 4 个对应的数据值。
- 对于占位符 %s，可以写成 %xs 的形式（其中 x 是一个整数），x 用于指定代入字符串所占的字符数。如果未指定 x 或 x 小于等于实际代入字符串的长度，则将字符串直接代入；否则，如果 x 大于实际代入字符串的长度，则会在代入字符串前面补空格，使得实际代入字符串的长度为 x。例如，对于代码清单 2-1 中的第 2 行和第 3 行代码，通过 %5s 要求代入字符串占 5 个字符的空间，但实际代入字符串"小明"长度为 2，所以会在"小明"前补 3 个空格。
- 对于占位符 %d，可以写成 %xd 或 %0xd 的形式（其中 x 是一个整数），x 用于指定代入整数的位数。如果未指定 x 或 x 小于等于实际代入整数的位数，则将整数直接代入；否则，如果 x 大于实际代入整数的位数，则会在代入整数前面补空格（%xd）或 0（%0xd），使得实际代入整数的位数是 x。例如，对于代码清单 2-1 中的第 2 行和第 3 行代码，通过 %5d 和 %05d，要求代入整数是 5 位，但实际代入整数 85 和 90 位数都为 2，所以会分别在 85 和 90 前补 3 个空格或 0。
- 对于占位符 %f，可以写成 %x.yf 或 %0x.yf 的形式（其中 x 和 y 都是整数），x 用于指定代入浮点数的位数，y 用于指定代入浮点数的小数位数。如果未指定 x 或 x 小于等于实际代入浮点数的位数，则将浮点数直接代入；否则，如果 x 大于实际代入浮点数的位数，则会在代入整数前面补空格（%x.yf）或 0（%0x.yf），使得实际代入浮点数的位数是 x。如果未指定 y，则默认保留 6 位小数；否则，由 y 决定小数位数，代入浮点数实际小数位数小于 y 时，则在后面补 0。例如，对于代码清单 2-1 中的第 2 行代码，通过 %.2f 指定小数位数为 2，因此实际代入浮点数为 0.06（保留两位小数）；对于第 3 行代码，通过 %08.2f 指定代入浮点数位数为 8，不足补 0，小数位数为 2，因此实际代入浮点数为 00000.06。

提示 由于 % 作为占位符的前缀字符，因此对于有占位符的字符串，表示一个 % 时需要写成 %%。例如，执行 print('优秀比例为 %.2f%%，良好比例为 %.2f%%.'%(5.2,20.35))，输出结果为"优秀比例为 5.20%，良好比例为 20.35%"。

2.3.2 算术运算符

算术运算是计算机支持的主要运算之一，其运算对象是数值型数据。Python 中的算术运算符如表 2-3 所示。

表 2-3 算术运算符

运 算 符	使用方法	功 能 描 述
+（加）	x+y	x 与 y 相加
-（减）	x-y	x 与 y 相减
*（乘）	x*y	x 与 y 相乘
/（除）	x/y	x 除以 y
//（整除）	x//y	x 整除 y，返回 x/y 的整数部分
%（模）	x%y	x 整除 y 的余数，即 x-y*(x//y) 的值
-（负号）	-x	x 的负数
+（正号）	+x	x 的正数（与 x 相等）
**（乘方）	x**y	x 的 y 次幂

这里通过代码清单 2-2 理解各算术运算符的作用和使用方法。

代码清单 2-2 算术运算符使用示例

```
1    i1,i2=10,3
2    f1,f2=3.2,1.5
3    c1,c2=3+4.1j,5.2+6.3j
4    print(i1+i2) # 输出 13
5    print(c1-c2) # 输出 (-2.2-2.2j)
6    print(f1*f2) # 输出 4.800000000000001
7    print(i1/i2) # 输出 3.3333333333333335
8    print(i1//i2) # 输出 3
9    print(i1%i2) # 输出 1
10   print(-f1) # 输出 -3.2
11   print(+f2) # 输出 1.5
12   print(i1**i2) # 输出 1000
```

执行完毕后，第 4 ～ 12 行代码分别按对应注释中的描述输出结果。

提示 计算机实际存储数据时使用二进制方式，我们在输入和查看数据时使用十进制方式，这就涉及二进制和十进制的转换。

在将输入的十进制数据保存在计算机中时，系统会自动做十进制转二进制的操作，然后将转换后的二进制数据保存；当我们查看计算机中保存的数据时，系统会将保存的二进制数据转成十进制，再显示出来。

然而，十进制小数在转换为二进制时有可能产生精度损失，所以在代码清单 2-2 第 6 行和第 7 行的输出中，结果与实际计算结果之间存在偏差，如 f1（3.2）乘以 f2（1.5）应该等于 4.8，但最后输出的数据与实际计算结果存在 0.000000000000001 的偏差。

2.3.3 赋值运算符

赋值运算要求左操作数对象必须是值可以修改的变量，Python 中的赋值运算符如表 2-4 所示。

表 2-4 赋值运算符

运 算 符	使用方法	功 能 描 述
=	y=x	将 x 的值赋给变量 y
+=	y+=x	等价于 y=y+x
-=	y-=x	等价于 y=y-x
*=	y*=x	等价于 y=y*x
/=	y/=x	等价于 y=y/x
//=	y//=x	等价于 y=y//x
%=	y%=x	等价于 y=y%x
**=	y**=x	等价于 y=y**x

这里通过代码清单 2-3 理解赋值运算符的作用和使用方法。

代码清单 2-3 赋值运算符使用示例

```
1    i1,i2=10,3 #i1 和 i2 的值分别被赋为 10 和 3
2    i1+=i2 #i1 的值被改为 13
3    print(i1) # 输出 13
4    c1,c2=3+4.1j,5.2+6.3j #c1 和 c2 的值分别被赋为 3+4.1j 和 5.2+6.3j
5    c1-=c2 #c1 的值被改为 -2.2-2.2j
6    print(c1) # 输出 -2.2-2.2j
7    f1,f2=3.2,1.5 #f1 和 f2 的值分别被赋为 3.2 和 1.5
8    f1*=f2 #f1 的值被改为 4.8
9    print(f1) # 输出 4.8
10   i1,f1=3,0.5 #i1 和 f1 的值分别被赋为 3 和 0.5
11   i1**=f1 #i1 的值被改为 1.7320508075688772(即 3 的 0.5 次幂)
12   print(i1) # 输出 1.7320508075688772
```

执行完毕后,第 3、6、9、12 行代码分别按对应注释中的描述输出结果。读者可在 Python 环境中尝试其他赋值运算符的具体使用。

2.3.4 比较运算符

比较运算的作用是对两个操作数对象的大小关系进行判断,Python 中的比较运算符如表 2-5 所示。

表 2-5 比较运算符

运 算 符	使用方法	功 能 描 述
==(等于)	y==x	如果 y 和 x 相等,则返回 True;否则,返回 False
!=(不等于)	y!=x	如果 y 和 x 不相等,则返回 True;否则,返回 False
>(大于)	y>x	如果 y 大于 x,则返回 True;否则,返回 False
<(小于)	y<x	如果 y 小于 x,则返回 True;否则,返回 False
>=(大于等于)	y>=x	如果 y 大于或等于 x,则返回 True;否则,返回 False
<=(小于等于)	y<=x	如果 y 小于或等于 x,则返回 True;否则,返回 False

这里通过代码清单 2-4 理解各比较运算符的作用和使用方法。

代码清单 2-4　比较运算符使用示例

```
1    i1,i2,i3=25,35,25 #i1、i2和i3分别被赋为25、35和25
2    print(i1==i2) # 输出 False
3    print(i1!=i2) # 输出 True
4    print(i1>i3) # 输出 False
5    print(i1<i2) # 输出 True
6    print(i1>=i3) # 输出 True
7    print(i1<=i2) # 输出 True
```

执行完毕后，第 2～7 行代码分别按对应注释中的描述输出结果。

> **提示**　比较运算返回的结果是布尔值 True 或 False。在执行程序时，程序中的每条语句并不一定按顺序依次执行。比较运算的主要作用是设置条件，某些语句在满足条件时才会执行一次（即条件语句），而某些语句在满足条件时会重复执行多次（即循环语句）。本章后面会详细介绍这两种语句的实现方法。

2.3.5　逻辑运算符

逻辑运算可以将多个比较运算连接起来形成更复杂的条件判断，Python 中的逻辑运算符如表 2-6 所示。

表 2-6　逻辑运算符

运算符	使用方法	功能描述
and（逻辑与）	x and y	如果 x 和 y 都为 True，则返回 True；否则，返回 False
or（逻辑或）	x or y	如果 x 和 y 都为 False，则返回 False；否则，返回 True
not（逻辑非）	not x	如果 x 为 True，则返回 False；如果 x 为 False，则返回 True

这里通过代码清单 2-5 理解各逻辑运算符的作用和使用方法。

代码清单 2-5　逻辑运算符使用示例

```
1    n=80,a=100
2    print(n>=0 and n<=a) # 输出 True，判断 n 是否大于等于 0 且小于等于 a
3    print(n<0 or n>a) # 输出 False，判断 n 是否小于 0 或大于 a
4    print(not(n>=0 and n<=a)) # 输出 False
```

执行完毕后，第 2～4 行代码分别按对应注释中的描述输出结果。

> **提示**　逻辑运算的运算数是布尔型数据，返回结果也是布尔型数据。使用逻辑运算符可以将多个比较运算连接起来，形成更复杂的条件。
>
> 对于代码清单 2-5 第 2 行代码中的 n>=0 and n<=a，也可以写为 0<=n<=a，二者完全等价。

2.3.6　位运算符

位运算是指对二进制数进行逐位运算，因此在给出各位运算符的功能前，先介绍十进制数和二进制数的相互转换方法。由于位运算符要求运算数必须是整数，所以这里只给出整数的转换规则，小数的转换规则读者可参阅其他资料。

十进制整数转换为二进制采用"除基取余法"：用2去除十进制整数，得到商和余数；如果商不为0，则继续用2除，再得到商和余数，重复该步骤直至商为0；最后将余数按照从后至前的顺序排列，即得到转换后的二进制数。

> **提示** "除基取余法"中的"基"是指基数，基数即为一种数制中可用数码的个数。二进制可用的数码只有0和1两个，所以二进制的基数是2。

下面以26转换为二进制数为例说明"除基取余法"的具体步骤。如图2-4所示，首先，用26除以2，商13、余0；然后，对得到的商不断用2除，直至商为0，依次得到如下结果：商6、余1，商3、余0，商1、余1，商0、余1；最后，将得到的余数按照从后向前的顺序排列，得到最后的转换结果，即11010B（以B作为后缀表示这是一个二进制数）。

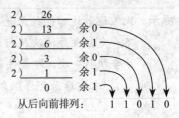

图2-4 十进制整数转二进制示例

二进制数转十进制数的规则是"按权展开求和"，即将二进制数的每一位写成数码乘以位权的形式，再对乘积求和。例如，对于二进制数11010B，其对应的十进制数如下：

$$11010B = 1*2^4 + 1*2^3 + 0*2^2 + 1*2^1 + 0*2^0$$
$$= 1*16 + 1*8 + 0*4 + 1*2 + 0*1$$
$$= 16 + 8 + 0 + 2 + 0$$
$$= 26$$

> **提示** 对于任何一种数制，一个数码在不同的位上所表示的值大小不同，它的值等于数码乘以该数码所在位的位权。位权是基数的整数次幂，小数点左边第一位的位权是基数的0次幂，左边第二位的位权是基数的1次幂，依次类推。
>
> 例如，对于十进制数333，百位上的3表示300（$3*10^2$），而十位和个位上的3分别表示30（$3*10^1$）和3（$3*10^0$）。对于二进制数11010B，从左到右的3个1的值分别是16（$1*2^4$）、8（$1*2^3$）和2（$1*2^1$）。

Python中的位运算符如表2-7所示。

表2-7 位运算符

运算符	使用方法	功能描述
&（按位与）	y&x	如果y和x对应位都为1，则结果中该位为1；否则，该位为0
|（按位或）	y|x	如果y和x对应位都为0，则结果中该位为0；否则，该位为1
^（按位异或）	y^x	如果y和x对应位不同，则结果中该位为1；否则，该位为0
<<（左移位）	y<<x	将y左移x位（右侧补0）
>>（右移位）	y>>x	将y右移x位（左侧补0）
~（按位取反）	~x	如果x的某位为1，则结果中该位为0；否则，该位为1

这里通过代码清单2-6理解各位运算符的作用和使用方法。

代码清单2-6　位运算符使用示例

```
1    i1,i2=3,6  #i1对应的二进制数是11B，i2对应的二进制数是110B
2    print(i1&i2)   # 输出2。计算方法：011B&110B=010B=2
3    print(i1|i2)   # 输出7。计算方法：011B|110B=111B=7
4    print(i1^i2)   # 输出5。计算方法：011B^110B=101B=5
5    print(i1<<1)   # 输出6。计算方法：11B<<1=110B=6
6    print(i1>>1)   # 输出1。计算方法：11B>>1=1B=1
```

执行完毕后，第2～6行代码分别按对应注释中的描述输出结果。这里以第2行代码为例说明位运算的具体方法，如下所示：i1和i2对应的二进制数分别是11B和110B；首先，按小数点将两个运算数对齐，缺少的位补0；然后，对于每一个二进制位分别做"与"运算，两个运算数只有右数第2位的值都为1，所以运算结果中只有右数第2位的值为1，其他位的值均为0；最后，将二进制结果010B转为十进制数2。

$$
\begin{array}{r}
011B \\
\&\ 110B \\
\hline
010B
\end{array}
$$

2.3.7　身份运算符

身份运算用于比较两个对象是否对应同样的存储单元，Python的身份运算符如表2-8所示。

表2-8　身份运算符

运算符	使用方法	功能描述
is	x is y	如果x和y对应同样的存储单元，则返回True；否则，返回False
is not	x is not y	如果x和y不对应同样的存储单元，则返回True；否则，返回False

提示　程序在运行时，输入数据和输出数据都存放在内存中。内存中的一个存储单元可以存储一个字节的数据，每个存储单元都有一个唯一的编号，称为内存地址。根据数据类型不同，其所占用的内存大小也不同。一个数据通常会占据内存中连续多个存储单元，起始存储单元的地址称为该数据的内存首地址。利用id函数可以查看一个数据的内存首地址。

　　x is y 等价于 id(x)==id(y)，即判断 x 和 y 的内存首地址是否相同；x is not y 等价于 id(x)!=id(y)，即判断 x 和 y 的内存首地址是否不相同。

这里通过代码清单2-7理解身份运算符的作用和使用方法。

代码清单2-7　身份运算符使用示例

```
1    x,y=15,15
2    print(x is y)     # 输出True
3    print(x is not y) # 输出False
4    print(x is 15)    # 输出True
```

```
5    x,y=[1,2,3],[1,2,3]
6    print(x is y) # 输出 False
7    print(x==y) # 输出 True
8    print(x is [1,2,3]) # 输出 False
9    x=y
10   print(x is y) # 输出 True
```

执行完毕后，第 2～4、6～8、10 行代码分别按对应注释中的描述输出结果，从中可以得到以下信息：

- 根据第 2～4 行的输出结果，对于数值类型的数据，无论是常量还是变量，只要其值相同，就对应同样的存储单元。
- 从第 6～8 行的输出结果可以看到，对于列表类型的数据，无论是常量还是变量，虽然其值相同，但对应的存储单元不同，因此，第 6 行和第 8 行中的 is 运算都会返回 False。而 "==" 运算只是单纯进行值的比较，只要值相等就会返回 True（如第 7 行代码）。
- 如果赋值运算符 "=" 的右操作数也是一个变量，则赋值运算后左操作数变量和右操作数变量会对应同样的存储单元（如第 10 行代码）。

2.3.8 成员运算符

成员运算用于判断一个可迭代对象（序列、集合或字典）中是否包含某个元素，Python 中的成员运算符如表 2-9 所示。

表 2-9 成员运算符

运算符	使用方法	功能描述
in	x in y	如果 x 是可迭代对象 y 的一个元素，则返回 True；否则，返回 False
not in	x not in y	如果 x 不是可迭代对象 y 的一个元素，则返回 True；否则，返回 False

这里通过代码清单 2-8 理解成员运算符的作用和使用方法。

代码清单 2-8 成员运算符使用示例

```
1    x,y=15,['abc',15,True]
2    print(x in y) # 输出 True
3    x=20
4    print(x not in y) # 输出 True
5    y=(20,'Python')
6    print(x in y) # 输出 True
7    x,y='Py','Python'
8    print(x in y) # 输出 True
9    x,y=20,{15,20,25}
10   print(x in y) # 输出 True
11   x,y='one',{'one':1,'two':2,'three':3}
12   print(x in y) # 输出 True
13   print(1 in y) # 输出 False
```

执行完毕后，第 2、4、6、8、10、12、13 行代码分别按对应注释中的描述输出结果。

> **提示** 使用成员运算符判断一个数据是否是字典中的元素,实际上就是判断该数据是否是字典中某个元素的键。如代码清单2-8的第12、13行代码所示,'one'是y中第一个元素的键,因此 x in y 返回True;而1虽然是y中第一个元素的值,但不是任何一个元素的键,因此 1 in y 返回False。

2.3.9 序列运算符

这里介绍两个用于序列的运算符:"+"和"*",如表2-10所示。

表2-10 序列运算符

运算符	使用方法	功能描述
+(拼接)	x+y	将序列x和序列y中的元素连接,生成一个新的序列
*(重复)	x*n	将序列x中的元素重复n次,生成一个新的序列

这里通过代码清单2-9理解序列运算符的作用和使用方法。

代码清单2-9 序列运算符使用示例

```
1   x,y=[12,False],['abc',15,True]
2   z=x+y #x和y拼接后的结果赋给z
3   print(z) # 输出 [12, False, 'abc', 15, True]
4   s1,s2='我喜欢学习','Python'
5   s=s1+s2 #s1和s2拼接后的结果赋给s
6   print(s) # 输出"我喜欢学习Python"
7   x_3=x*3 #将序列x的元素重复3次,生成一个新序列并赋给x_3
8   print(x_3) # 输出 [12, False, 12, False, 12, False]
9   s_3=s*3 #将字符串s重复3次,生成一个新字符串并赋给s_3
10  print(s_3) # 输出"我喜欢学习Python我喜欢学习Python我喜欢学习Python"
```

执行完毕后,第3、6、8、10行代码分别按对应注释中的描述输出结果。

2.3.10 运算符优先级

在一个表达式中,通常会包含多个运算,这就涉及运算的顺序,其由两个因素确定:运算符的优先级和运算符的结合性。

- 对于具有不同优先级的运算符,会先完成高优先级的运算,再完成低优先级的运算。例如,表达式3+5*6中,"*"优先级高于"+",因此会先计算5*6,再计算3+30。
- 对于具有相同优先级的运算符,其运算顺序由结合性来决定。结合性包括左结合和右结合两种,左结合是按照从左向右的顺序完成计算,而右结合是按照从右向左的顺序完成计算。例如,表达式5-3+6中,"-"和"+"优先级相同,它们是左结合的运算符,因此会先计算5-3,再计算2+6;表达式a=b=1中,"="是右结合的运算符,因此会先计算b=1,再计算a=b。

前面所介绍的各运算符的优先级如表2-11所示。优先级的值越小,表示优先级越高。

表 2-11 运算符优先级

优先级	运算符	描述
1	**	乘方
2	~、+、-	按位取反、正号、负号
3	*、/、//、%	乘/序列重复、除、整除、模
4	+、-	加/序列连接、减
5	>>、<<	右移位、左移位
6	&	按位与
7	^	按位异或
8	|	按位或
9	>、<、>=、<=、==、!=、is、is not、in、not in	比较运算符、身份运算符、成员运算符
10	=、+=、-=、*=、/=、//=、%=、**=	赋值运算符
11	not	逻辑非
12	and	逻辑与
13	or	逻辑或

提示 如果不确定优先级和结合性,或者希望不按优先级和结合性规定的顺序完成计算,可以使用小括号改变计算顺序。例如,对于 3+5*6,如果希望先算"+"、再算"*",则可以写为 (3+5)*6。

2.4 条件语句

通过设置条件,可以使得某些语句在条件满足时才会执行。例如,如果一名学生某门课程的成绩小于 60 分,则输出"不及格",否则不输出任何信息,那么可以按图 2-5a 所示流程编写程序。当然,在实际使用中,我们希望能给及格的学生也反馈一些信息,所以可以按图 2-5b 所示流程编写程序:当一名学生某门课程的成绩小于 60 分时,则输出"不及格",否则输出"及格"。

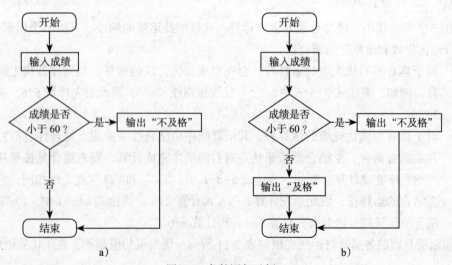

图 2-5 条件语句示例 1

对于图 2-5a 和图 2-5b 所示的流程图，也可以分别改成如代码清单 2-10 和代码清单 2-11 中所示的伪代码来描述。

代码清单 2-10　图 2-5a 对应的伪代码

```
1    输入成绩并保存到变量 score 中
2    如果 score 小于 60
3        输出 "不及格"
```

代码清单 2-11　图 2-5b 对应的伪代码

```
1    输入成绩并保存到变量 score 中
2    如果 score 小于 60
3        输出 "不及格"
4    否则
5        输出 "及格"
```

接下来我们考虑更复杂的情况，进一步将大于等于 60 分的学生成绩分为优秀（90～100分）、良好（80～89分）、中等（70～79分）和及格（60～69分）。此时，就按图 2-6 所示的流程进行程序编写。

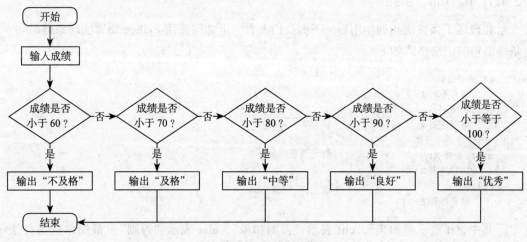

图 2-6　条件语句示例 2

对于图 2-6 所示的流程，也可以改成如代码清单 2-12 所示的伪代码来描述。

代码清单 2-12　图 2-6 对应的伪代码

```
1    输入成绩并保存到变量 score 中
2    如果 score 小于 60
3        输出 "不及格"
4    否则，如果 score 小于 70
5        输出 "及格"
6    否则，如果 score 小于 80
7        输出 "中等"
8    否则，如果 score 小于 90
9        输出 "良好"
```

```
10    否则，如果 score 小于等于 100  # 显然，可以将条件去掉，直接改为"否则"
11        输出"优秀"
```

提示 在解决一个实际问题时，可以先使用流程图、自然语言或伪代码等形式描述数据处理流程（即算法设计），再按照设计好的流程（即算法）编写程序。这样，在设计算法时可以忽略具体代码实现，而专注于如何解决问题，有利于避免程序的逻辑错误。

在绘制流程图时，要求必须从"开始"出发，经过任何处理后必然能到达"结束"。另外，对流程图中使用的图形符号有着严格规定，"开始"和"结束"一般放在圆角矩形或圆中，数据处理放在矩形框中，而条件判断放在菱形框中。

代码清单 2-12 的第 4 行代码"否则，如果 score 小于 70"中，虽然没有写"score 大于等于 60"，但因为是第 2 行代码"如果 score 小于 60"不成立才执行的第 4 行代码的判断，所以在执行第 4 行代码时 score 必然是大于等于 60 的。对于第 6、8、10 行代码的判断也是类似的。在编写程序时，应尽量减少这种冗余的判断，以尽可能提高程序执行效率。

2.4.1 if、elif、else

在理解了条件语句的作用后，下面我们来看一下如何使用 Python 语言实现条件语句。条件语句的语法格式如下：

```
if 条件 1:
    语句序列 1
[elif 条件 2:
    语句序列 2
……
elif 条件 K:
    语句序列 K]
[else:
    语句序列 K+1]
```

其中，if 表示"如果"，elif 表示"否则如果"，else 表示"否则"。最简单的条件语句只有 if，elif 和 else 都是可选项，根据需要决定是否使用。

下面给出代码清单 2-10 ~ 代码清单 2-12 对应的 Python 实现，具体参见代码清单 2-13 ~ 代码清单 2-15。

代码清单 2-13　代码清单 2-10 对应的 Python 实现

```
1    score=eval(input('请输入成绩（0~100 之间的整数）: '))
2    if score<60:  # 注意要写上":"
3        print('不及格')
```

代码清单 2-14　代码清单 2-11 对应的 Python 实现

```
1    score=eval(input('请输入成绩（0~100 之间的整数）: '))
2    if score<60:
```

```
3        print('不及格')
4   else:  #注意else后也要写上":"
5        print('及格')
```

代码清单 2-15　代码清单 2-12 对应的 Python 实现

```
1   score=eval(input('请输入成绩（0~100之间的整数）: '))
2   if score<60:
3        print('不及格')
4   elif score<70:  #注意elif后也要写上":"
5        print('及格')
6   elif score<80:
7        print('中等')
8   elif score<90:
9        print('良好')
10  elif score<=100:  #也可以改为"else:"
11       print('优秀')
```

提示　每一个语句序列中可以包含一条或多条语句。例如，将代码清单 2-13 改写为如下形式：

```
1   score=eval(input('请输入成绩（0~100之间的整数）: '))
2   if score<60:
3        print('你的成绩是%d'%score)
4        print('不及格')
```

则第 3 行和第 4 行代码都是只有在 score<60 这个条件成立时才执行。

这里需要注意 if 语句序列中的这两条语句需要有同样的缩进，如果误写为

```
1   score=eval(input('请输入成绩（0~100之间的整数）: '))
2   if score<60:
3        print('你的成绩是%d'%score)
4   print('不及格')  #缺少缩进
```

则无论 score<60 这个条件是否成立，第 4 行代码都会执行。

2.4.2　pass

pass 表示一个空操作，只起到一个占位作用，执行时什么都不做。例如，可以将代码清单 2-13 改为如下写法，参见代码清单 2-16。

代码清单 2-16　使用 pass 改写代码清单 2-13

```
1   score=eval(input('请输入成绩（0~100之间的整数）: '))
2   if score>=60:
3        pass  #什么都不做
4   else:
5        print('不及格')
```

> **提示** 在某些必要的语句（如条件语句中的各语句序列）还没有编写的情况下，如果要运行程序，则可以先在这些必要语句处写上 pass，使得程序不存在语法错误，能够正常运行。
>
> 实际上，pass 与条件语句并没有直接关系，在程序中所有需要的地方都可以使用 pass 作为占位符。比如，在后面将要学习的循环语句中，也可以使用 pass 作为占位符。

2.5 循环语句

通过循环，可以使某些语句重复执行多次。例如，我们要计算从 1～n 的和，可以使用一个变量 sum=0 保存求和结果，并设置一个变量 i、让其遍历 1～n 这 n 个整数；对于 i 的每一个取值，执行 sum+=i 的运算；遍历结束后，sum 中即保存了求和结果。

> **提示** "遍历"这个词在计算机程序设计中经常会用到，其表示对某一个数据中的数据元素按照某种顺序进行访问，使得每个数据元素访问且仅访问一次。例如，对于列表 ls=[1, 'Python', True] 中的 3 个元素，如果按照某种规则（如从前向后或从后向前）依次访问了 1、'Python'、True 这 3 个元素，且每个元素仅访问了一次，则可以说对列表 ls 完成了一次遍历。

循环语句的执行过程如图 2-7 所示。其中，语句序列 1 和语句序列 3 分别是循环语句前和循环语句后所执行的操作。循环条件判断和语句序列 2 构成了循环语句：只要满足循环条件，就会执行语句序列 2；执行语句序列 2 后，会再次判断是否满足循环条件。

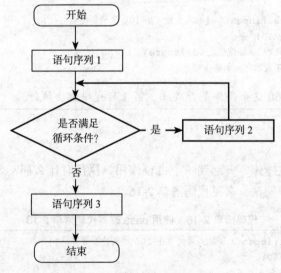

图 2-7 循环语句执行过程

这里介绍 Python 的两种循环语句的使用方法：for 循环和 while 循环。

2.5.1 for 循环

与 C/C++ 语言不同，Python 语言中的 for 循环用于遍历可迭代对象中的每一个元素，并根据当前访问的元素做数据处理，其语法格式如下：

```
for 变量名 in 可迭代对象：
    语句序列
```

变量依次取可迭代对象中每一个元素的值，在语句序列中可以根据当前变量保存的元素值进行相应的数据处理。例如，代码清单 2-17 可以将一个列表中各元素的值依次输出。

代码清单 2-17 使用 for 循环输出列表中的元素

```
1    ls=['Python','C++','Java']
2    for k in ls:
3        print(k)
```

执行完毕后，输出下面的结果：

```
Python
C++
Java
```

再如，下面的代码可以将一个字典中各元素的键和值依次输出。

```
1    d={'Python':1,'C++':2,'Java':3}
2    for k in d: #注意for后要写上":"
3        print('%s:%d'%(k,d[k]))
```

执行完毕后，输出下面的结果：

```
Python:1
C++:2
Java:3
```

> **提示** 使用 for 遍历字典中的元素时，每次获取的是元素的键，通过键可以再获取元素的值。

使用 for 循环时，如果需要遍历一个数列中的所有数字，则通常利用 range 函数生成一个可迭代对象。range 函数的语法格式如下：

```
range([beg],end,[step])
```

其中，beg 表示起始数值，end 表示终止数值（生成对象中不包含 end），step 为步长（允许为负值）。如果 step 省略，则默认以 1 为步长；如果 beg 也省略，则默认从 0 开始。下面的代码展示了 range 函数的使用方法。

```
1    print(list(range(1,5,2))) #输出[1, 3]
2    print(list(range(5,-1,-2))) #输出[5, 3, 1]
3    print(list(range(1,5))) #输出[1, 2, 3, 4]
4    print(list(range(5))) #输出[0, 1, 2, 3, 4]
```

提示 range 函数返回的是一个可迭代对象，通过 list 函数可将该对象转换为列表。

代码清单 2-18 展示了求 1～n 的和的计算方法。

代码清单 2-18　使用 for 循环实现 1～n 的求和

```
1    n=eval(input('请输入一个大于 0 的整数：'))
2    sum=0
3    for i in range(1,n+1):  #range 函数将生成由 1～n 这 n 个整数组成的可迭代对象
4        sum+=i
5    print(sum)  #输出求和结果
```

执行程序后，如果输入 10，则输出 55；如果输入 100，则输出 5050。

如果希望计算从 1～n 之间所有奇数的和，则可以编写代码清单 2-19 所示的代码。

代码清单 2-19　使用 for 循环实现 1～n 之间所有奇数的和

```
1    n=eval(input('请输入一个大于 0 的整数：'))
2    sum=0
3    for i in range(1,n+1,2):  #步长 2，因此会生成奇数 1、3、5……
4        sum+=i
5    print(sum)  #输出求和结果
```

执行程序后，如果输入 10，则输出 25；如果输入 100，则输出 2500。

思考 如果希望计算从 1～n 之间所有是 3 的倍数的数字的和，应该如何编写程序呢？如果要计算 n 的阶乘呢？

2.5.2　while 循环

Python 中 while 循环的使用方法与 C/C++ 语言类似，其语法格式如下：

```
while 循环条件：
    语句序列
```

当循环条件返回 True 时，则执行语句序列；执行语句序列后，再判断循环条件是否成立。例如，对于从 1～n 的求和计算，也可以使用 while 循环实现，如代码清单 2-20 所示。

代码清单 2-20　使用 while 循环实现 1～n 的求和

```
1    n=eval(input('请输入一个大于 0 的整数：'))
2    i,sum=1,0  #i 和 sum 分别赋值为 1 和 0
3    while i<=n:  #当 i≤n 成立时继续循环，否则退出循环
4        sum+=i
5        i+=1  #注意该行也是 while 循环语句序列中的代码，与第 4 行代码应有相同缩进
6    print(sum)  #输出求和结果
```

其与代码清单 2-18 的功能完全相同，执行程序后，如果输入 10，则输出 55；如果输入 100，则输出 5050。

如果希望使用 while 循环计算从 1～n 之间所有偶数的和，则可以编写如代码清单 2-21 所示的代码。

代码清单 2-21　使用 while 循环实现 1～n 之间所有偶数的求和

```
1    n=eval(input('请输入一个大于 0 的整数：'))
2    i,sum=2,0
3    while i<=n:
4        sum+=i
5        i+=2
6    print(sum) #输出求和结果
```

执行程序后，如果输入 10，则输出 30；如果输入 100，则输出 2550。

思考　在代码清单 2-21 中，为什么第 2 行代码将 i 赋值为 2？为什么第 5 行代码每次循环将 i 加 2？

2.5.3　索引

对于 2.5.1 节的代码清单 2-17，如果希望不仅获取每一个元素的值，而且能获取每一个元素的索引，则可以改成代码清单 2-22 中所示方式，即通过 len 函数获取可迭代对象中的元素数量，再通过 range 函数生成由所有元素索引组成的可迭代对象。

代码清单 2-22　同时访问索引和元素值

```
1    ls=['Python','C++','Java']
2    for k in range(len(ls)): #k 为每一个元素的索引
3        print(k,ls[k]) #通过 ls[k] 可访问索引为 k 的元素
```

执行完毕后，输出结果如下：

```
0 Python
1 C++
2 Java
```

即先输出每个元素的索引，再输出该元素的值。

除了上面的实现方式外，还可以通过一种更简洁的方式利用 enumerate 函数来访问每个元素的索引，如下面的代码所示。

```
1    ls=['Python','C++','Java']
2    for k,v in enumerate(ls): #k 保存当前元素索引，v 保存当前元素值
3        print(k,v)
```

执行完毕后，输出结果与代码清单 2-22 完全相同。

enumerate 函数的功能是将一个可迭代对象组成一个索引序列（enumerate）对象，利用这个索引序列对象可以同时获得每个元素的索引和值。enumerate 函数还可以指定索引的起始值，如代码清单 2-23 所示。

代码清单 2-23　enumerate 函数指定索引起始值

```
1    ls=['Python','C++','Java']
2    for k,v in enumerate(ls,1): #索引从1开始（默认为0）
3        print(k,v)
```

执行完毕后，输出结果如下：

```
1 Python
2 C++
3 Java
```

思考　在代码清单 2-23 中，将 enumerate(ls,1) 改为 enumerate(ls,3)，则程序执行完毕后会输出什么结果呢？

2.5.4　break

break 语句用于跳出 for 循环或 while 循环。对于多重循环情况，break 语句跳出它所在的最近的那重循环。例如，对于代码清单 2-24 中所示的代码，其功能是求 2～100 之间的素数。

代码清单 2-24　求 2～100 之间的素数

```
1    for n in range(2,101): #n在2～100之间取值
2        m=int(n**0.5) #m等于根号n取整
3        i=2
4        while i<=m:
5            if n%i==0: #如果n能够被i整除
6                break # 跳出while循环
7            i+=1
8        if i>m: # 如果i>m，则说明对于i从2～m上的取值，都不能整除n，所以n是素数
9            print(n,end=' ') # 输出n
```

执行完毕后，输出结果为 2 3 5 7 11 13 17 19 23 29 31 37 41 43 47 53 59 61 67 71 73 79 83 89 97。

提示　在代码清单 2-24 的第 9 行代码中，将 print 函数的 end 参数设置为 " "（仅包含一个空格的字符串），表示将结束符由默认的回车改为了空格，使得多个素数能够输出到同一行。

在代码清单 2-24 中，有两重循环：第 1 行的 for 循环是外重循环，第 4 行的 while 循环是内重循环。break 语句位于这两重循环中，但离 break 语句最近的那重循环是第 4 行的 while 循环。因此，当 n%i==0 成立时，通过第 6 行的 break 语句会跳出 while 循环（即结束当前 n 值的素数判断），而不会跳出 for 循环（即不会结束后面 n 值的素数判断）。

思考 请分别结合 n=5 和 n=10 这两种取值情况,分析一下代码清单 2-24 中第 2～9 行代码的执行过程。

2.5.5 continue

continue 语句用于结束本次循环并开始下一次循环。与 break 类似,对于多重循环情况,continue 语句作用于它所在的最近的那重循环。例如,对于代码清单 2-25,其功能是将用户输入的所有整数中是 3 的倍数的整数求和,用户输入 0 时结束程序。

代码清单 2-25 3 的倍数的整数求和

```
1   sum=0
2   while True:  # 因为循环条件设置为 True,所以无法通过条件不成立退出循环
3       n=eval(input('请输入一个整数(输入 0 结束程序): '))
4       if n==0:  # 如果输入的整数是 0,则通过 break 跳出循环
5           break
6       if n%3!=0:  # 如果 n 不是 3 的倍数,则不做求和运算
7           continue  # 通过 continue 结束本次循环,开始下一次循环,即转到第 2 行代码
8       sum+=n  # 将 n 加到 sum 中
9   print('所有是 3 的倍数的整数之和为 %d'%sum)
```

执行程序时,依次输入 10、15、20、25、30、0,则最后输出 45(即 15+30 的结果)。

提示 在代码清单 2-25 中,循环条件设置为 True,我们通常称这种循环为"永真循环",即不可能通过条件不成立退出循环。对于这种永真循环,循环的语句序列中必然包含 break 等能跳出永真循环的语句,否则将导致死循环,程序无法正常退出。

2.5.6 else

在 for 循环和 while 循环后面可以有 else 分支,当 for 循环已经遍历完列表中所有元素或 while 循环的条件为 False 时,就会执行 else 分支中的语句。例如,对于代码清单 2-26 所示的代码:

代码清单 2-26 素数判断

```
1   n=eval(input('请输入一个大于 1 的整数: '))
2   m=int(n**0.5)  #m 等于根号 n 取整
3   for i in range(2,m+1):  #i 在 2～m 之间取值
4       if n%i==0:  # 如果 n 能够被 i 整除
5           break  # 跳出 for 循环
6   else:  # 注意这个 else 与第 3 行的 for 具有相同的缩进,所以它们是同一层次的语句
7       print('%d 是素数 '%n)
```

执行程序时,如果输入 5,则会输出"5 是素数";如果输入 10,则不会输出任何信息。

> **提示** 如果是通过 break 语句跳出，则循环后的 else 分支不会执行。例如，在代码清单 2-26 中，程序执行时如果输入 10，则 for 循环就会通过 break 语句跳出循环，此时就不会执行 else 分支下的第 7 行代码。

2.6 本章小结

本章主要介绍了 Python 的基础语法。通过本章的学习，读者应熟记 Python 的常用数据类型，能够定义并使用变量保存程序中的各种数据，掌握各运算符的作用，利用 Python 中支持的这些运算完成数据的处理，理解条件语句和循环语句的作用，在实际编写程序时能够灵活运用不同结构的语句完成实际问题的自动求解。

利用本章所学的知识，读者应该已经能编写程序解决一些较复杂的问题。当运行程序过程中遇到逻辑错误时，读者需要具备利用调试工具发现问题、解决问题的能力，为后面进一步的学习打下坚实基础。

2.7 课后习题

1. _____ 是指在程序运行过程中值可以发生改变的量。
2. 已知 s="Python 语言程序设计 "，则 print(s[2:4]) 的输出结果为_____，print(s[-4:-2]) 的输出结果为_____。
3. 已知 t=(3.5, 2, 'abcd', 4+5j, True, [3,3.5], 5.3)，print(t[3]) 的输出结果为_____，print(t[-3]) 的输出结果为_____。
4. 10/4 的结果为_____，10//4 的结果为_____，10%4 的结果为_____，10**4 的结果为_____。
5. 已知 x=50，则 10<=x and x<=30 的结果为_____。
6. 已知 x,y=4,5，则 x|y 的结果为_____，x^y 的结果为_____。
7. 下面选项中，正确的变量名是（　　）。
    A. 2sum
    B. for
    C. 圆面积2
    D. it is
8. 执行 Python 语句 "name,age='张三', 20" 之后，下面说法正确的是（　　）。
    A. name 的值为 "张三"，age 的值为 20，两个变量的类型不一定
    B. 程序报错，因为两个变量没有定义，不能直接赋值
    C. 定义两个变量，name 是字符串类型，值为 "张三"，age 是整型，值为 20
    D. 不能同时给两个变量赋值，程序报错
9. 已知语句：a,b,c=12,0o12,0x12，则 print(a,b,c) 的输出结果是（　　）。
    A. 12 10 18
    B. 12 12 12

C. 10 8 16

D. 12 18 10

10. 已知 a={10, 2.5, 'test', 3+4j, True, 5.3, 2.5}，则 print(a) 的输出结果是（　　）。

　　A. {10, 2.5, 'test', 3+4j, True, 5.3, 2.5}

　　B. { True, 2.5, 5.3, 10, 3+4j, 'test'}

　　C. 10 2.5 'test' 3+4j True 5.3 2.5

　　D. True 2.5 5.3 10 3+4j 'test'

11. print(" 姓名：%5s，年龄：%5d，成绩：%6.2f"%("tom",19,86.5)) 的输出结果是（　　）。

　　（注：选项中□表示一个空格。）

　　A. 姓名：tom，年龄：19，成绩：86.5

　　B. 姓名：tom□□，年龄：19□□□，成绩：86.50 □

　　C. 姓名：□□tom，年龄：□□□19，成绩：86.5

　　D. 姓名：□□tom，年龄：□□□19，成绩：□86.50

12. 已知 x,y=10,[10,20,30]，则 x is y 和 x in y 的结果分别为（　　）。

　　A. True True

　　B. False False

　　C. True False

　　D. False True

13. 写出下面程序的运行结果。

```
s1,s2="abc","def"
z1,z2=[1,2,"zhang"],[2.2,3.3,"wang"]
x1=[1, 2.5, 'test', 3+4j, True, [3,1.63], 5.3]
print(s1+s2)
print(z1+z2)
print(s1*3)
print(z1[:])
print(x1[:3])
print(x1[3:-1])
```

14. 已知程序段的功能是用户输入数字 1 ～ 7，输出对应的星期几的字符串，如输入 4，输出星期四。请将程序填写完整。

　　week=" 星期一星期二星期三星期四星期五星期六星期日 "

　　n=eval(_____(" 请输入星期数字（1 ～ 7）"))

　　pos=(n-1)*3

　　print(week[pos:_____])

15. 通过设置_____，可以使某些语句在条件满足时才会执行。

16. 通过_____，可以使得某些语句重复执行多次。

17. 下面的程序段循环次数为_____，循环结束后 i 的值是_____。

```
i=10
while i>=0:
    i-=1
print(i)
```

18. 已知程序段：

    ```
    score=eval(input('请输入成绩（0～100之间的整数）: '))
    if score<60:
        print('不及格')
    elif score<70:
        print('及格')
    elif score<80:
        print('中等')
    elif score<90:
        print('良好')
    elif score<=100:
        print('优秀')
    ```

    若输入 77，则输出结果为_____。

19. 已知程序段：

    ```
    score=eval(input('请输入成绩（0～100之间的整数）: '))
    if score<60:
        print('你的成绩是 %d'%score)
    print('不及格')
    ```

    若输入 55，则输出结果是（   ）。

    A. 你的成绩是 55

       不及格

    B. 你的成绩是 55

    C. 不及格

    D. 无输出

20. 已知程序段：

    ```
    score=eval(input('请输入成绩（0～100之间的整数）: '))
    if score>=60:
        pass
    else:
        print('不及格')
    ```

    若输入 55，则输出结果为（   ）。

    A. 无输出

    B. 不及格

    C. pass

    D. 程序报错

21. 已知程序段：

    ```
    n=eval(input('请输入一个整数: '))
    if n%2==0:
        print("偶数")
    else:
        print("奇数")
    ```

    若输入 -5，则输出结果是（   ）。

    A. 无输出

B. 奇数

C. 偶数

D. 偶数

　　奇数

22. 已知语句段：

```
d={'Python':1,'C++':2,'Java':3}
for k in d:
    print('%s:%d'%(k,d[k]))
```

则输出结果是（　　）。

A. Python

　　C++

　　Java

B. 1:Python

　　2:C++

　　3:Java

C. Python:1

　　C++:2

　　Java:3

D. 以上都不对

23. 下面程序段的输出结果是（　　）。

```
ls=['Python','C++','Java']
for k,v in enumerate(ls,3):
    print(k,v)
```

A. Python

　　C++

　　Java

B. 1 Python

　　2 C++

　　3 Java

C. Python 1

　　C++ 2

　　Java 3

D. 3 Python

　　4 C++

　　5 Java

24. 已知程序段的功能是用户输入数字 n，利用 for 循环求 n！。请将程序填写完整。

```
n=eval(input('请输入一个大于 0 的整数：'))
s=_____
for i in range(1,_____):
```

```
    s=_____
print(s)
```

25. 下面程序的功能是求 100 以内能被 7 整除的最大整数，请将程序填写完整。

```
n=100
while_____
    if n%7==0:
        print(n)
        _____
    n-=1
```

26. 判断素数的程序，请将程序填写完整。

```
for n in_____(2,101):
    m=int(n**0.5)
    i=2
    while_____
        if n%i==0:
            _____
        i+=1
    if i>m:
        print(n,end=' ')
```

27. 水仙花数是 3 位整数（100～999），它的各位数字立方和等于该数本身。下面的程序求水仙花数，请写出程序运行结果。

```
for n in range(100,1000):
    bai=n//100
    shi=n//10%10
    ge=n%10
    if bai**3+shi**3+ge**3==n:
        print(n)
```

28. 下面的程序输出九九乘法表，请将程序补充完整。

```
for i in range(1,10):
    for j in range(1,_____):
        print(j,"*",i,"=",i*j,end=' ')
    print(_____)
```

第 3 章 函 数

在完成一项较复杂的任务时,我们通常会将一个任务分解成若干个子任务,通过完成这些子任务逐步实现任务的整体目标。实际上,这里采用的就是结构化程序设计方法中的模块化思想。在利用计算机解决实际问题时,也通常是将原始问题分解成若干个子问题,对每个子问题分别求解后再根据各子问题的解求得原始问题的解。

在 Python 中,函数是实现模块化的工具。本章将首先介绍函数的定义与调用方法,以及与函数定义及调用相关的参数列表、返回值等内容。然后,介绍模块和包的概念与作用,以及模块和包的使用方法。接着,介绍变量的作用域,包括全局变量、局部变量的定义和使用方法以及 global、nonlocal 关键字的作用。最后,介绍函数相关的高级应用,包括递归函数、高阶函数、lambda 函数、闭包和装饰器。

3.1 函数的定义与调用

在 Python 语言中,使用函数分为两个步骤:定义函数和调用函数。

- 定义函数,即根据函数的输入、输出和数据处理完成函数代码的编写。定义函数只是规定函数会执行什么操作,但并不会真正去执行。
- 调用函数,即真正执行函数中的代码,是指根据传入的数据完成特定的运算,并将运算结果返回函数调用位置的过程。

Python 语言中的函数定义需要使用 def 关键字,下面先通过一个简单的例子直观地理解函数定义和调用的过程,关于函数的详细信息和更多使用方法将在后面给出。

代码清单 3-1 函数定义和调用示例

```
1    def CalCircleArea(): # 定义名为 CalCircleArea 的函数
2        s=3.14*3*3 # 计算半径为 3 的圆的面积
3        print('半径为 3 的圆的面积为 %.2f'%s) # 将计算结果输出
4    CalCircleArea() # 调用函数 CalCircleArea
```

程序执行完毕后,将在屏幕上输出 28.26。

提示 代码清单 3-1 中,第 1~3 行是 CalCircleArea 函数的定义。其中,CalCircleArea 是函数名;紧跟函数名的一对小括号是函数的形参列表,该函数没有参数(后面将会介绍有参数的函数如何定义和调用);第 2~3 行是函数体,包含了函数调用时实际执行的操作。

第 4 行是 CalCircleArea 函数的调用。其中,CalCircleArea 是要调用的函数的名称;紧跟函数名的一对小括号是函数的实参列表,与函数的形参列表相对应。因为 CalCircleArea 并没有参数，所以调用时实参列表为空。

Python 语言中，开发者在程序中定义的变量名、函数名、类名等都是 Python 语言的自定义标识符，它们的命名规则完全相同。读者可参考第 2 章中关于变量名的命名规则。

对于代码清单 3-1，其执行过程如图 3-1 所示。程序运行后，会直接执行第 4 行代码 CalCircleArea()，然后通过该函数调用转去执行第 1～3 行的代码。CalCircleArea 函数执行结束后，会回到函数调用位置继续执行，因为后面没有其他代码，所以程序结束。

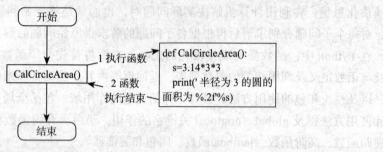

图 3-1　代码清单 3-1 执行过程

思考　如果将代码清单 3-1 中第 4 行代码改为 calCircleArea()，则运行程序后会得到什么结果？读者可上机实验，并根据得到的错误提示信息将程序修改正确。

提示　编写程序时，难免会输入一些错误的代码，如标识符名写错等。平时上机练习时，如果程序报错，应仔细分析报错信息的含义，并根据报错信息分析程序中的错误。通过这样的日常积累，就能够快速定位到错误点并修改正确。

3.2　参数列表与返回值

对于代码清单 3-1 中实现的 CalCircleArea 函数，只能进行半径为 3 的圆面积的计算，而无法用于计算其他半径的圆的面积。另外，在计算圆面积后，只是通过 print 函数将计算结果输出到屏幕上，而无法使用该计算结果再去做其他运算。这里将要介绍的参数列表与返回值实际上就是实现一个函数的输入和输出功能。

- 通过函数的参数列表，可以为函数传入待处理的数据，从而使一个函数更加通用。例如，对于计算圆面积的函数 CalCircleArea，可以将半径 r 作为参数，这样每次调用 CalCircleArea 函数时只要传入不同的半径值，函数就可以自动计算出传入半径所对应的圆的面积。
- 通过返回值，可以将函数的计算结果返回到函数调用的位置，从而可以利用函数调用返回的结果再去做其他运算。例如，我们要计算图 3-2 所示的零件的面积，则需要先计算半径分别为 r1 和 r2 的圆的面积 C1 和 C2，以及边长分别为 d11 和 d12、d21 和 d22 的两个长方形的面积 S1 和 S2，然后通过计算 C1－C2－S1－S2 或

C1-（C2+S1+S2）得到零件面积。

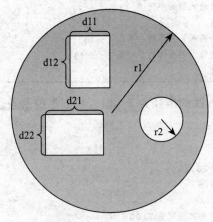

图 3-2 零件示意图

3.2.1 形参

形参的全称是形式参数，即定义函数时函数名后面的一对小括号中给出的参数列表。形参只能在函数中使用，其作用是接收函数调用时传入的参数值（即后面要介绍的实参），并在函数中参与运算。

下面的代码定义了两个函数：计算圆面积的函数 CalCircleArea 和计算长方形面积的函数 CalRectArea。

代码清单 3-2 圆面积函数和长方形面积函数的定义

```
1    def CalCircleArea(r): #定义名为 CalCircleArea 的函数
2        s=3.14*r*r #计算半径为 r 的圆的面积
3        print('半径为%.2f的圆的面积为%.2f'%(r,s)) #将计算结果输出
4    def CalRectArea(a,b): #定义名为 CalRectArea 的函数
5        s=a*b #计算边长分别为 a 和 b 的长方形的面积
6        print('边长为%.2f和%.2f的长方形的面积为%.2f'%(a,b,s)) #将计算结果输出
```

提示 在代码清单 3-2 中，第 1～3 行是 CalCircleArea 函数的定义，其只有一个参数 r，表示要计算面积的圆的半径。第 4～6 行是 CalRectArea 函数的定义，其有两个参数 a 和 b（多个形参需要用逗号分隔），表示要计算面积的长方形的两个边长。

3.2.2 实参

实参的全称是实际参数，即在调用函数时函数名后面的一对小括号中给出的参数列表。当调用函数时，会将实参的值传递给对应的形参，函数中再利用形参做运算，得到结果。

例如，对于代码清单 3-2 中的 CalCircleArea 和 CalRectArea 两个函数，可以通过代码清单 3-3 所示的方式进行调用。

代码清单3-3 圆面积函数和长方形面积函数的调用

```
1    a=eval(input('请输入圆的半径：'))
2    CalCircleArea(a)
3    x=eval(input('请输入长方形的一条边长：'))
4    y=eval(input('请输入长方形的另一条边长：'))
5    CalRectArea(x,y)
```

执行程序后，如果输入圆的半径为3，输入长方形的两条边长分别为3.5和2，则在屏幕上会输出如下结果：

```
请输入圆的半径：3
半径为10.00的圆的面积为28.26
请输入长方形的一条边长：3.5
请输入长方形的另一条边长：2
边长为3.50和2.00的长方形的面积为7.00
```

提示 实参名和形参名不需要相同，在传递时根据位置一一对应。当有多个实参时，各实参之间用逗号分隔。

当实参传递给形参后，如果在函数体中对形参值做修改，则该修改并不会影响实参，即实参值不会改变。但如果实参是列表等对象时，可在函数体中通过形参修改实参列表中对应元素的值。例如，对于下面的代码：

```
1    def ModifyVal(x,y): #ModifyVal函数定义
2        x=y # 将y的值赋给形参x
3    def ModifyListElement(ls,idx,val): #ModifyListElement函数定义
4        ls[idx]=val # 将ls中下标为idx的元素值赋为val
5    a,b=5,10 #a和b的值分别赋为5和10
6    print(a,b) # 输出5和10
7    ModifyVal(a,10) # 调用ModifyVal函数试图将a赋为10，但实际不会修改a的值
8    print(a,b) # 仍输出5和10
9    c=[1,2,3] #c的值赋为[1,2,3]
10   print(c) # 输出[1,2,3]
11   ModifyVal(c,[4,5,6]) # 调用ModifyVal函数试图将c赋为[4,5,6]，但实际不会修改
12   print(c) # 仍输出[1,2,3]
13   ModifyListElement(c,1,5) # 调用ModifyListElement函数将下标为1的元素赋为5
14   print(c) # 输出[1,5,3]
```

程序执行结束后，会在屏幕上输出如下结果：

```
5 10
5 10
[1, 2, 3]
[1, 2, 3]
[1, 5, 3]
```

3.2.3 默认参数

函数的默认参数就是缺省参数，即当调用函数时，如果没有为某些形参传递对应的

实参，则这些形参会自动使用默认参数值。

提示 使用默认参数值的主要目的是使函数使用者能够更加方便地完成一个具有复杂参数列表的函数调用。当编写一个函数时，为了使函数能够适应更多的情况，通常倾向于让这个函数的参数列表中包含很多参数（一部分系统函数就是这种情况）。但这样做会给函数调用造成麻烦，开发者在调用函数时需要弄清楚每一个参数的含义。实际上，这个函数的大部分参数在很多情况下取特定参数值即可。此时，通过给一些通常取特定参数值的形参指定默认参数值，开发者就可以忽略这些具有默认参数值的形参，只需要给那些没有默认参数值的形参传递实参；在默认参数值无法满足开发需求的情况下，再考虑如何给全部或部分带默认参数值的形参传递正确的实参。

下面通过一个例子说明带默认参数的函数的定义方法和调用方法。例如，在中国某高校输入学生信息时，大多数学生所在国家都是中国，所以可以考虑将国家的默认值设置为"中国"；在输入外国留学生信息时，再指定为其他国家，如代码清单 3-4 所示。

代码清单 3-4　带默认参数的函数的定义和调用方法示例

```
1    def StudentInfo(name,country=' 中国 '): # 参数 country 的默认参数值为 " 中国 "
2        print(' 姓名: %s, 国家: %s'%(name,country))
3    StudentInfo(' 李晓明 ') # 这里没有给 country 传实参值，但因为有默认参数，所以不会出错
4    StudentInfo(' 大卫 ',' 美国 ') # 给 country 传了实参，则不再使用默认参数
```

程序执行完毕后，将在屏幕上显示如下结果：

姓名:李晓明, 国家:中国
姓名:大卫, 国家:美国

注意 在代码清单 3-4 的 StudentInfo 函数中，name 并没有默认参数，所以在调用函数时必须为其指定实参，否则运行程序会报错。例如，当执行 StudentInfo() 时，系统会给出如下报错信息：

`TypeError: StudentInfo() missing 1 required positional argument: 'name'`

即 StudentInfo 函数调用时缺少了一个必须的位置参数：name。

3.2.4　关键字参数

在调用函数时，除了前面那种通过位置来体现实参和形参的对应关系的方法（即位置参数），还有一种使用关键字参数的方法，其形式为"形参＝实参"。

在使用关键字参数调用函数时，实参的传递顺序可以与形参列表中形参的顺序不一致。这样，当一个函数的很多参数都有默认值，而我们只想对其中一小部分带默认值的参数传递实参时，就可以直接通过关键字参数的方式来进行实参传递，而不必考虑这些带默认值的参数在形参列表中的实际位置。例如，对于代码清单 3-5：

代码清单 3-5　关键字参数使用方法示例

```
1   def StudentInfo(name, chineselevel='良好', country='中国'):
2       print('姓名: %s, 中文水平: %s, 国家: %s'%(name,chineselevel,country))
3   StudentInfo('李晓明')
4   StudentInfo('大卫', country='美国')
5   StudentInfo(country='美国', chineselevel='一般', name='约翰')
```

程序执行完毕后，将在屏幕上输出如下结果：

姓名: 李晓明, 中文水平: 良好, 国家: 中国
姓名: 大卫, 中文水平: 良好, 国家: 美国
姓名: 约翰, 中文水平: 一般, 国家: 美国

提示　在代码清单 3-5 的 StudentInfo 函数中，chineselevel 和 country 都有默认参数，所以在调用函数时可以只给 name 参数传递实参，如第 3 行代码所示。

　　位置参数和关键字参数可以混合使用，但必须位置参数在前、关键字参数在后，如第 4 行代码所示。如果将第 4 行代码改为 StudentInfo(name='大卫', '良好', '美国')，即第 1 个参数使用了关键字参数形式，后 2 个参数使用了位置参数形式，则系统会给出如下错误提示：

SyntaxError: positional argument follows keyword argument

即位置参数跟在了关键字参数的后面，这种情况在 Python 中是不允许的。

　　可以所有参数都使用关键字参数形式，如第 5 行代码所示，此时可以将这 3 个参数的位置随意调换。

3.2.5　不定长参数

不定长参数，即在调用函数时可以接收任意数量的实参，这些实参在传递给函数时会被封装成元组（位置参数）或字典（关键字参数）形式。一般情况下，不定长参数放在形参列表的最后，前面传入的实参与普通形参一一对应，而后面剩余的实参会在被封装成元组或字典后传给不定长参数。对于使用位置参数形式的不定长参数，Python 也允许将普通形参放在不定长参数后面，但此时要求在调用函数时必须使用关键字参数方式给不定长参数后面的形参传递实参（对于有默认参数的形参，在调用函数时也可以不传入相应实参）。

带不定长参数的函数的定义方法如下所示：

```
def 函数名([普通形参列表,] *不定长参数名 [,普通形参列表]):
    函数体
```

或

```
def 函数名([普通形参列表,] **不定长参数名):
    函数体
```

第一种定义方法使用"*不定长参数名"的方式，表示这个不定长参数对应的是一组

位置参数；而第二种定义方法使用"**不定长参数名"的方式，表示这个不定长参数对应的是一组关键字参数。下面通过一个例子来直观地说明两种方式的区别，具体参见代码清单 3-6。

代码清单 3-6　两种不定长参数使用方法示例

```
1   def StudentInfo1(name, *args):  # 定义函数 StudentInfo1
2       print('姓名: ', name, ', 其他: ', args)
3   def StudentInfo2(name, **args):  # 定义函数 StudentInfo2
4       print('姓名: ', name, ', 其他: ', args)
5   def StudentInfo3(name, *args, country='中国'):  # 定义函数 StudentInfo3
6       print('姓名: ', name, ', 国家: ', country, ', 其他: ', args)
7   StudentInfo1('李晓明', '良好', '中国')
8   StudentInfo2('李晓明', 中文水平='良好', 国家='中国')
9   StudentInfo3('李晓明', 19, '良好')
10  StudentInfo3('大卫', 19, '良好', country='美国')
```

程序执行完毕后，将会输出如下结果：

```
姓名: 李晓明 , 其他: ('良好', '中国')
姓名: 李晓明 , 其他: {'中文水平': '良好', '国家': '中国'}
姓名: 李晓明 , 国家: 中国 , 其他: (19, '良好')
姓名: 大卫 , 国家: 美国 , 其他: (19, '良好')
```

下面分别分析代码清单 3-6 中的 3 个函数：

- 对于第 1 ~ 2 行定义的 StudentInfo1 函数，name 是一个普通参数，而 args 是使用位置参数形式的不定长参数（args 前面只有一个"*"）。在第 7 行调用 StudentInfo1 函数时，共传入 3 个实参，其中第一个实参"'李晓明'"传给了形参 name，之后的 2 个实参将封装成一个元组"('良好', '中国')"传给不定长参数 args。因此，当 StudentInfo1 函数中使用 print 函数输出 args 时，会输出"('良好', '中国')"。

- 对于第 3 ~ 4 行定义的 StudentInfo2 函数，name 是一个普通参数，而 args 是使用关键字参数形式的不定长参数（args 前面有两个"*"）。在第 8 行调用 StudentInfo2 函数时，共传入 3 个实参，其中第一个实参"'李晓明'"传给了形参 name，之后的 2 个关键字参数形式的实参封装成一个字典"{'中文水平': '良好', '国家': '中国'}"传给不定长参数 args。因此，当 StudentInfo2 函数中使用 print 函数输出 args 时，会输出"{'中文水平': '良好', '国家': '中国'}"。

- 对于第 5 ~ 6 行定义的 StudentInfo3 函数，name 和 country 是两个普通参数（其中 country 有默认参数值"'中国'"），而 args 是使用位置参数形式的不定长参数（args 前面仅有 1 个"*"）。在第 9 行调用 StudentInfo3 函数时，共传入 3 个参数，其中第一个实参"'李晓明'"传给了形参 name；后两个实参封装成一个元组"(19, '良好')"传给不定长参数 args；形参 country 在不定长参数 args 后面，所以必须使用关键字参数形式的实参，但后两个参数中都是使用位置参数形式，即没有给 country 传入实参值，因此 country 取默认参数值"'中国'"。

- 在第 10 行调用 StudentInfo3 函数时，共传入 4 个参数，其中第一个实参 "'大卫'" 传给了形参 name；中间两个实参封装成一个元组 "(19,'良好')" 传给不定长参数 args；最后一个关键字参数形式的实参传给了 country，即此时形参 country 的值为 "'美国'"。

注意 如果将调用 StudentInfo1 和 StudentInfo2 这两个函数的形式改为

```
StudentInfo1('李晓明',中文水平='良好',国家='中国')
StudentInfo2('李晓明','良好','中国')
```

则运行程序时系统会给出报错信息。这是由于 StudentInfo1 的 args 只能接收一组位置参数，如果传入关键字参数就会出错；而 StudentInfo2 的 args 只能接收一组关键字参数，如果传入位置参数也会报错。

3.2.6 拆分参数列表

如果一个函数所需要的参数已经存储在列表、元组或字典中，就可以直接从列表、元组或字典中拆分出函数所需要的参数，其中列表、元组拆分出来的结果作为位置参数，而字典拆分出来的结果作为关键字参数。下面先看一个不通过拆分方法传递参数的例子，参见代码清单 3-7。

代码清单 3-7　不通过拆分方法传递参数示例

```
1    def SumVal(*args): # 定义函数 SumVal
2        sum=0
3        for i in args:
4            sum+=i
5        print('求和结果为 ',sum)
6    ls=[3,5.2,7,1]
7    SumVal(ls[0],ls[1],ls[2],ls[3])
```

程序运行结束后，将在屏幕上输出如下结果：

求和结果为 16.2

实际上，代码清单 3-7 中的第 7 行代码可以简写为 SumVal(*ls)，即通过拆分方法传递参数，参见代码清单 3-8。

代码清单 3-8　通过拆分方法传递参数示例

```
1    def SumVal(*args): # 定义函数 SumVal
2        sum=0
3        for i in args:
4            sum+=i
5        print('求和结果为 ',sum)
6    ls=[3,5.2,7,1]
7    SumVal(*ls)
```

程序运行结束后，可得到与代码清单 3-7 完全相同的运行结果。

> **提示** 代码清单 3-8 的第 7 行代码中，*ls 的作用是把列表 ls 中的所有元素拆分出来作为 SumVal 的实参，即等价于 SumVal(3, 5.2, 7, 1)。

下面再通过一个例子说明如何将字典的拆分结果作为函数的关键字参数，参见代码清单 3-9。

代码清单 3-9　字典拆分结果作为函数关键字参数示例

```
1    def StudentInfo(name, chineselevel, country):  #定义函数 StudentInfo
2        print('姓名：%s, 中文水平：%s, 国家：%s'%(name,chineselevel,country))
3    d={'country':'中国','chineselevel':'良好','name':'李晓明'}
4    StudentInfo(**d)
```

程序运行结束后，将在屏幕上输出如下结果：

姓名：李晓明，中文水平：良好，国家：中国

> **提示** 代码清单 3-9 的第 4 行代码中，**d 的作用是把字典 d 中的所有元素拆分出来作为 StudentInfo 的实参，即等价于 StudentInfo(country='中国', chineselevel='良好', name='李晓明')。

3.2.7 返回值

我们在前面的很多例子中都是利用 print 函数将计算结果输出到屏幕上，但无法再获取到这些显示在屏幕上的结果以参与其他运算。如果希望将一个函数的运算结果返回到调用函数的位置，从而可以继续用该运算结果参与其他运算，那么应使用 return 语句。

我们在前面的函数中虽然都没有显式地写 return 语句，但实际上这些函数都有一个隐式的什么数据都不返回的 return 语句，即 return None（或直接写为 return）。下面我们以图 3-2 所示的零件面积计算问题为例，说明如何利用 return 语句将函数中的运算结果返回到函数调用的位置，以及如何使用返回结果参与其他运算，具体实现参见代码清单 3-10。

代码清单 3-10　return 语句使用示例

```
1    def CalCircleArea(r):  #定义函数 CalCircleArea
2        return 3.14*r*r  #通过 return 语句将计算得到的圆面积返回
3    def CalRectArea(a,b):  #定义函数 CalRectArea
4        return a*b  #通过 return 语句将计算得到的长方形面积返回
5    r1,r2,d11,d12,d21,d22=10,1,4,5,6,5
6    C1=CalCircleArea(r1)  #计算大圆的面积
7    C2=CalCircleArea(r2)  #计算小圆的面积
8    S1=CalRectArea(d11,d12)  #计算第一个长方形面积
9    S2=CalRectArea(d21,d22)  #计算第二个长方形面积
10   A=C1-C2-S1-S2  #大圆面积依次减去小圆和两个长方形面积，即得到零件面积
11   print('零件面积为 %.2f'%A)  #将零件面积输出
```

程序执行完毕后，将在屏幕上输出如下结果：

```
零件面积为 260.86
```

> **提示** 这里以代码清单 3-10 的第 8 行代码为例分析函数调用和返回过程。首先，执行函数调用 CalRectArea(d11,d12)，转到 CalRectArea 函数执行，并将实参 d11（=4）和 d12（=5）分别传给形参 a 和 b；然后，执行 return a*b 计算 a*b 的结果（=20）并通过 return 返回函数调用的位置（即将函数调用换成 return 的返回值）；最后，执行 S1=20，将函数返回值赋给 S1。
>
> 对于第 6～10 行代码，也可以写为一行：
>
> ```
> A= CalCircleArea(r1)-CalCircleArea(r2)-CalRectArea(d11,d12)-CalRectArea(d21,d22)
> ```
>
> 即函数的返回值不一定要赋给一个变量保存，也可以直接参与运算。

通过 return 不仅能够返回数值数据，也可以返回字符串、列表、元组等数据。下面的例子展示了如何返回列表和元组数据。

```
1    def GetList():  # 定义函数 GetList
2        return [1,2,3]  # 将包含 3 个元素的列表返回
3    def GetTuple():  # 定义函数 GetTuple
4        return (1,2,3)  # 将包含 3 个元素的元组返回
5    def GetElements():  # 定义函数 GetElements
6        return 1,2,3  # 返回 3 个数值数据，实际上会将这 3 个数据封装成一个元组返回
7    print(type(GetList()))
8    print(GetList())
9    print(type(GetTuple()))
10   print(GetTuple())
11   print(type(GetElements()))
12   print(GetElements())
```

程序执行完毕后，将会在屏幕上输出如下结果：

```
<class 'list'>
[1, 2, 3]
<class 'tuple'>
(1, 2, 3)
<class 'tuple'>
(1, 2, 3)
```

从输出结果可以看到，当调用 GetList 函数时，返回的是列表；当调用 GetTuple 和 GetElements 函数时，返回的都是元组。

3.3 模块

如前面介绍，Python 提供了交互式和脚本式两种运行方式。当要执行的代码比较长且需要重复使用时，我们通常将代码放在扩展名为 .py 的 Python 脚本文件中。当我们要

编写一个规模比较大的程序时，如果将所有代码都放在一个脚本文件中，则不方便维护和多人协同开发。另外，对于可以在多个程序中重用的功能，也最好将其放在单独的脚本文件中，以方便多个程序通过引用该脚本文件来共享这些功能。此时，我们需要按照代码功能的不同，将代码分门别类地放在不同的脚本文件中，这些脚本文件称为模块（module）。

当要使用一个模块中的某些功能时，我们可以通过 import 方式导入该模块。例如，假设模块 A 中定义了一些变量和函数，如果希望在模块 B 中使用它们，则可以在模块 B 中通过 import 将模块 A 导入，此时在模块 B 中就可以使用这些变量并调用模块 A 的所有函数。

3.3.1 import

使用 import 语句导入模块的语法如下：

```
import module1
import module2
    ...
import moduleN
```

也可以在一行内导入多个模块：

```
import module1, module2, ..., moduleN
```

下面通过一个具体的例子说明模块使用的方法。首先，我们定义一个名字为 fibo.py 的脚本文件，其中包括 PrintFib 和 GetFib 两个函数的定义，参见代码清单 3-11。

代码清单 3-11　fibo.py 脚本文件

```
1    def PrintFib(n): #定义函数 PrintFib，输出斐波那契数列的前 n 项
2        a, b = 1, 1 #将 a 和 b 都赋为 1
3        for i in range(1,n+1): #i 的取值依次为 1,2,…,n
4            print(a, end=' ') #输出斐波那契数列的第 i 项
5            a, b = b, a+b #更新斐波那契数列第 i+1 项的值，并计算第 i+2 项的值
6        print() #输出一个换行
7    def GetFib(n): #定义函数 GetFib，返回斐波那契数列的前 n 项
8        fib=[] #定义一个空列表 fib
9        a, b = 1, 1 #将 a 和 b 都赋为 1
10       for i in range(1,n+1): #i 的取值依次为 1,2,…,n
11           fib.append(a) #将斐波那契数列的第 i 项存入列表 fib 中
12           a, b = b, a+b #更新斐波那契数列第 i+1 项的值，并计算第 i+2 项的值
13       return fib #将列表 fib 返回
14   PrintFib(10) #调用 PrintFib 输出斐波那契数列前 10 项
15   ls=GetFib(10) #调用 GetFib 函数获取斐波那契数列前 10 项组成的列表
16   print(ls) #输出列表 ls 中的元素
```

程序执行完毕后，将在屏幕上输出如下结果：

```
1 1 2 3 5 8 13 21 34 55
[1, 1, 2, 3, 5, 8, 13, 21, 34, 55]
```

> **提示** 斐波那契数列（Fibonacci sequence）又称黄金分割数列，因数学家列昂纳多·斐波那契（Leonardoda Fibonacci）以兔子繁殖为例子而引入，故又称为"兔子数列"。斐波那契数列前两项的值都为1，后面每一项的值等于其前两项的和，即 F(1)=F(2)=1，F(n)=F(n−1)+F(n−2)（n>2）。

下面我们再编写一个名为 testfibo.py 的脚本文件，参见代码清单 3-12。

代码清单 3-12　testfibo.py 脚本文件

```
1    import fibo  # 导入 fibo 模块
2    fibo.PrintFib(5)  # 调用 fibo 模块中的 PrintFib 函数，输出斐波那契数列前 5 项
3    ls=fibo.GetFib(5)  # 调用 fibo 模块中的 GetFib 函数，得到斐波那契数列前 5 项的列表
4    print(ls)  # 输出 ls 中保存的斐波那契数列前 5 项
```

程序执行完毕后，将在屏幕上输出如下结果：

```
1 1 2 3 5 8 13 21 34 55
[1, 1, 2, 3, 5, 8, 13, 21, 34, 55]
1 1 2 3 5
[1, 1, 2, 3, 5]
```

> **提示** 导入模块后，如果要使用该模块中定义的标识符，则需要通过"模块名.标识符名"的方式。

从程序的输出结果可以看到，虽然我们只在 testfibo.py 中输出了斐波那契数列的前 5 项，但当执行 import fibo 时，也执行了 fibo.py 中第 14～16 行代码，所以会同时输出斐波那契数列的前 10 项数据。下面我们考虑一下如何避免这个问题，使得一个脚本文件单独运行时就执行这些语句；而作为模块导入时，就不执行这些语句。要实现这个功能，需要用到每个模块中都有的一个全部变量 __name__。__name__ 的作用是获取当前模块的名称，如果当前模块是单独执行的，则其 __name__ 的值就是 __main__；否则，如果是作为模块导入，则其 __name__ 的值就是模块的名字。例如，对于代码清单 3-13 和代码清单 3-14：

代码清单 3-13　module.py 脚本文件

```
1    print(__name__)  # 输出全局变量 __name__ 的值
```

代码清单 3-14　testmodule.py 脚本文件

```
1    import module  # 导入 module 模块
```

当执行 module.py 时，会在屏幕上输出 __main__；而当执行 testmodule.py 时，则会在屏幕上输出 module。也就是说，module.py 单独运行和作为模块导入时，其 __name__ 的值是不同的。因此，我们可以将代码清单 3-11 加以修改，参见代码清单 3-15 中加粗部分。

代码清单 3-15　修改后的 fibo.py 脚本文件

```
1   def PrintFib(n): # 定义函数 PrintFib，输出斐波那契数列的前 n 项
2       a, b = 1, 1 # 将 a 和 b 都赋为 1
3       for i in range(1,n+1): # i 的取值依次为 1,2,…,n
4           print(a, end=' ') # 输出斐波那契数列的第 i 项
5           a, b = b, a+b # 更新斐波那契数列第 i+1 项的值，并计算第 i+2 项的值
6       print() # 输出一个换行
7   def GetFib(n): # 定义函数 GetFib，返回斐波那契数列的前 n 项
8       fib=[] # 定义一个空列表 fib
9       a, b = 1, 1 # 将 a 和 b 都赋为 1
10      for i in range(1,n+1): # i 的取值依次为 1,2,…,n
11          fib.append(a) # 将斐波那契数列的第 i 项存入列表 fib 中
12          a, b = b, a+b # 更新斐波那契数列第 i+1 项的值，并计算第 i+2 项的值
13      return fib # 将列表 fib 返回
14  if __name__=='__main__': # 只有单独执行 fibo.py 时该条件才成立
15      PrintFib(10) # 调用 PrintFib 输出斐波那契数列前 10 项
16      ls=GetFib(10) # 调用 GetFib 函数获取斐波那契数列前 10 项组成的列表
17      print(ls) # 输出列表 ls 中的元素
```

此时，当执行 fibo.py 时，将在屏幕上输出如下结果：

```
1 1 2 3 5 8 13 21 34 55
[1, 1, 2, 3, 5, 8, 13, 21, 34, 55]
```

当执行 testfibo.py 时，将在屏幕上输出如下结果：

```
1 1 2 3 5
[1, 1, 2, 3, 5]
```

即修改后的 fibo.py 中的第 15～17 行代码因条件不成立而没有执行。

除了可以导入自己编写的模块外，也可以直接导入系统提供的模块，使用其中的功能。例如，我们可以通过 sys 模块获取运行 Python 脚本时传入的参数，如代码清单 3-16 所示。

代码清单 3-16　修改后的 testfibo.py 脚本文件

```
1   import fibo # 导入 fibo 模块
2   import sys # 导入系统提供的 sys 模块
3   n=int(sys.argv[1]) # 通过 sys 模块的 argv 获取执行脚本时传入的参数
4   fibo.PrintFib(n) # 调用 fibo 模块中的 PrintFib 函数，输出斐波那契数列前 n 项
5   ls=fibo.GetFib(n) # 调用 fibo 模块中的 GetFib 函数，得到斐波那契数列前 n 项的列表
6   print(ls) # 输出 ls 中保存的斐波那契数列前 n 项
```

在系统控制台下，如果执行 python testfibo.py 5，则会输出如下结果：

```
1 1 2 3 5
[1, 1, 2, 3, 5]
```

如果执行 python testfibo.py 10，则会输出如下结果：

```
1 1 2 3 5 8 13 21 34 55
[1, 1, 2, 3, 5, 8, 13, 21, 34, 55]
```

> **提示** 读者可尝试在一个 Python 脚本文件中导入 sys 模块后,执行 print(sys.argv),即可看到输出的一个列表,其中第一个元素是脚本文件名,后面的元素是运行脚本文件时传入的参数。

3.3.2 from import

除了前面介绍的使用 import 将整个模块导入,也可以使用 from import 将模块中的标识符(变量名、函数名等)直接导入当前环境,这样我们在访问这些标识符时就不再需要指定模块名。其语法格式如下:

```
from 模块名 import 标识符1, 标识符2, ..., 标识符N
```

代码清单 3-17 展示了如何直接导入模块中的标识符。

代码清单 3-17　testfibo2.py 脚本文件

```
1    from fibo import PrintFib, GetFib  # 导入 fibo 模块中的 PrintFib 和 GetFib
2    PrintFib(5)  # 忽略 fibo 模块名直接调用 PrintFib 函数
3    ls=GetFib(5)  # 忽略 fibo 模块名直接调用 GetFib 函数
4    print(ls)  # 输出 ls 中保存的斐波那契数列前 5 项数据
```

程序执行结束后,将在屏幕上输出如下结果:

```
1 1 2 3 5
[1, 1, 2, 3, 5]
```

也可以改为只导入一个模块中的部分标识符,如代码清单 3-18 所示。

代码清单 3-18　testfibo3.py 脚本文件

```
1    from fibo import PrintFib  # 只导入 fibo 模块中的 PrintFib
2    PrintFib(5)  # 忽略 fibo 模块名直接调用 PrintFib 函数
```

程序执行结束后,将在屏幕上输出如下结果:

```
1 1 2 3 5
```

> **提示** 如果要导入一个模块中的所有标识符,也可以使用"from 模块名 import *"的方式。例如,对于代码清单 3-17 中的第 1 行代码,可以直接改为"from fibo import *"。

> **注意** 如果一个模块定义了列表 __all__,则"from 模块名 import *"语句只能导入 __all__ 列表中存在的标识符。例如,对于代码清单 3-15 中定义的 fibo 模块,如果在第一行加入 __all__ 列表的定义"__all__=['PrintFib']",则通过"from fibo import *"只能导入 fibo 模块中的 PrintFib,而不会导入 GetFib。

无论是利用 import 导入模块,还是用 from import 导入模块中的标识符,在导入的同时都可以使用 as 为模块或标识符起别名,如代码清单 3-19 和代码清单 3-20 所示。

代码清单 3-19　testfibo4.py 脚本文件

```
1    import fibo as f   # 导入 fibo 模块,并为 fibo 起别名 f
2    f.PrintFib(5)      # 调用 fibo 模块中的 PrintFib 函数,输出斐波那契数列前 5 项
```

代码清单 3-20　testfibo5.py 脚本文件

```
1    from fibo import PrintFib as pf   # 导入 fibo 模块中的 PrintFib,并重命名为 pf
2    pf(5)    # 调用 fibo 模块中的 PrintFib 函数,输出斐波那契数列前 5 项
```

代码清单 3-19 和代码清单 3-20 运行结束后,都会在屏幕上输出 1 1 2 3 5。

3.3.3　包

Python 中的包(package)的作用与操作系统中文件夹的作用相似,利用包可以将多个关系密切的模块组合在一起,一方面便于进行各脚本文件的管理,另一方面可以有效避免模块命名冲突问题。

定义一个包,就是创建一个文件夹并在该文件夹下创建一个 __init__.py 文件,文件夹的名字就是包名。另外,可以根据需要在该文件夹下再创建子文件夹,在子文件夹中创建一个 __init__.py 文件,则又形成了一个子包。模块可以放在任何一个包或子包中,在导入模块时,需要指定所在的包和子包的名字。例如,如果要导入包 A 中的模块 B,则需要使用 import A.B。

提示　__init__.py 可以是一个空文件,也可以包含包的初始化代码或者设置 __all__ 列表。

下面通过 Python 官方文档中的一个例子理解包的结构和使用方法。此处给出的是关于声音数据处理的包结构,如下所示:

```
sound/              顶级包
    __init__.py     初始化这个声音包
    formats/        文件格式转换子包
        __init__.py
        wavread.py
        wavwrite.py
        aiffread.py
        aiffwrite.py
        auread.py
        auwrite.py
        ...
    effects/        音效子包
        __init__.py
        echo.py
        surround.py
        reverse.py
        ...
    filters/        过滤器子包
        __init__.py
        equalizer.py
```

```
vocoder.py
karaoke.py
...
```

如果要使用 sound 包的 effects 子包的 echo 模块，可以通过下面的方式导入：

```
import sound.effects.echo
```

假设在 echo 模块中有一个 echofilter 函数，则调用该函数时必须指定完整的名字（包括各层的包名和模块名），即：

```
sound.effects.echo.echofilter( 实参列表 )
```

也可以使用 from import 方式导入包中的模块，如：

```
from sound.effects import echo
```

通过这种方式，也可以正确导入 sound 包的 effects 子包的 echo 模块，而且在调用 echo 模块中的函数时不需要加包名，如：

```
echo.echofilter( 实参列表 )
```

使用 from import 也可以直接导入模块中的标识符，如：

```
from sound.effects.echo import echofilter
```

这里直接导入了 echo 模块中的 echofilter 函数，此时调用 echofilter 函数可直接写作：

```
echofilter( 实参列表 )
```

提示 本书作为一本入门级教材，只介绍了包和模块的一些基本用法。读者可通过分析一个开源项目的程序结构和代码实现来掌握应该如何设计和编写较大规模的程序。

3.3.4 猴子补丁

猴子补丁（monkey patch）是指在运行时动态替换已有的代码，而不需要修改原始代码。下面通过一个例子说明猴子补丁的使用方法，参见代码清单 3-21。

代码清单 3-21 猴子补丁示例

```
1   def Sum(a,b): #定义函数 Sum
2       print('Sum 函数被调用！') #通过输出信息显示哪个函数被调用
3       return a+b #返回 a 和 b 的求和结果
4   def NewSum(*args): #定义函数 NewSum
5       print('NewSum 函数被调用！') #通过输出信息显示哪个函数被调用
6       s=0 #s 用于保存求和结果，初始赋为 0
7       for i in args: #i 取传入的每一个参数值
8           s+=i #将 i 加到 s 上
9       return s #将保存求和结果的 s 返回
10  Sum=NewSum #将 NewSum 赋给 Sum，后面再调用 Sum 函数，实际上就是执行 NewSum 函数
11  print(Sum(1,2,3,4,5)) #调用 Sum 函数（实际是执行 NewSum）计算 1～5 的和并输出
```

程序执行完毕后，将在屏幕上输出如下结果：

NewSum 函数被调用！
15

> **提示** 猴子补丁主要用于在不修改已有代码的情况下修改其功能或增加对新功能的支持。例如，在使用第三方模块时，模块中的某些方法可能无法满足我们的开发需求。此时，我们可以在不修改这些方法代码的情况下，通过猴子补丁用一些自己编写的新方法对其进行替代，从而实现一些新的功能。

3.3.5 第三方模块的获取与安装

Python 是一个流行的开源项目，许多第三方开发者也开放了其开发的功能，供其他开发者在开源协议下免费使用。第三方模块大大丰富了 Python 的功能，使开发工作变得更加容易，这也是 Python 如此流行的原因之一。

第三方模块有多种获取与安装方法，其中最推荐的一种方法是使用 pip 工具。这里以用于科学计算的 numpy 模块的安装为例，介绍 pip 的使用方法。在安装 numpy 之前，可以先在 Python 环境中输入 import numpy，此时会得到如下错误信息：

```
ModuleNotFoundError: No module named 'numpy'
```

即没有名字为 numpy 的模块。

下面我们打开系统控制台，并输入如下命令：

```
pip install numpy
```

在联网的情况下，系统就会自动下载安装包并完成安装。

> **提示** 为了加快安装包下载速度，可以指定从国内镜像完成安装包的下载和安装，如将前面安装 numpy 的 pip 命令改为
>
> ```
> pip install numpy -i http://pypi.douban.com/simple --trusted-host=pypi.douban.com
> ```
>
> 则可以更快地完成 numpy 模块的安装。
> 常用第三方模块的介绍请参阅 10.3 节。

成功安装 numpy 模块后，再在 Python 环境中执行 import numpy 则不会报错，可以正常导入。

3.4 变量的作用域

变量的作用域是指变量的作用范围，即定义一个变量后，在哪些地方可以使用这个变量。按照作用域的不同，Python 中的变量可分为局部变量和全局变量，下面分别介绍。

3.4.1 局部变量

在一个函数中定义的变量就是局部变量（包括形参），其作用域是从定义局部变量的位置至函数结束的位置。下面通过一个例子说明局部变量的作用域，参见代码清单3-22。

代码清单3-22　局部变量示例

```
1   def LocalVar1(x): #定义函数LocalVar1，形参x是局部变量
2       print('LocalVar1 中 x 的值为 ',x) # 输出x
3       x=100 #将x的值修改为100
4       print('LocalVar1 中 x 修改后的值为 ',x) # 输出x
5       #print('LocalVar1 中 y 的值为 ',y) # 取消注释后，该行代码报错
6       y=20 #定义局部变量y，将其赋值为20
7       print('LocalVar1 中 y 的值为 ',y) # 输出y
8   def LocalVar2(): #定义函数LocalVar2
9       x=10 #定义局部变量x，将其赋值为10
10      print('LocalVar2 中调用 LocalVar1 前 x 的值为 ',x) # 输出x
11      LocalVar1(15) # 调用LocalVar1函数
12      print('LocalVar2 中调用 LocalVar1 后 x 的值为 ',x) # 输出x
13      #print('LocalVar2 中 y 的值为 ',y) # 取消注释后，该行代码报错
14  LocalVar2() # 调用LocalVar2函数
```

程序执行结束后，将在屏幕上输出如下结果：

```
LocalVar2 中调用 LocalVar1 前 x 的值为 10
LocalVar1 中 x 的值为 15
LocalVar1 中 x 修改后的值为 100
LocalVar1 中 y 的值为 20
LocalVar2 中调用 LocalVar1 后 x 的值为 10
```

从输出结果中可以看到：

- 在LocalVar1和LocalVar2中都有名为x的局部变量。在LocalVar1函数中将x的值先赋为15，再改为100；但在LocalVar2中调用LocalVar1函数后，x的值仍然为10，即在LocalVar1中对x所做的修改不会影响LocalVar2中x的值。在不同的函数中，可以定义相同名字的变量，二者不会冲突，虽然同名但代表不同的变量，所以可以存储不同的数据。
- 在LocalVar1中定义的变量y也是局部变量，其作用域是从定义y的位置到LocalVar1函数结束的位置。如果取消代码清单3-22中第5行代码前面的注释，则系统会给出报错信息"UnboundLocalError: local variable 'y' referenced before assignment"，即在给局部变量y赋值前使用了y；如果取消第13行代码前面的注释，则系统会给出报错信息"NameError: name 'y' is not defined"，即y没有定义。

3.4.2 全局变量

在所有函数外定义的变量就是全局变量，其在整个程序中都可以使用。下面给出一个全局变量的示例，具体参见代码清单3-23。

代码清单 3-23　全局变量示例

```
1    def GlobalVar1(): #定义函数 GlobalVar1
2        print('GlobalVar1 中 x 的值为 ',x) #输出 x
3    def GlobalVar2(): #定义函数 GlobalVar2
4        x=100 #将 x 赋为 100
5        print('GlobalVar2 中 x 的值为 ',x) #输出 x
6    x=20 #定义在所有函数之外，所以 x 是全局变量，赋为 20
7    GlobalVar1() #调用 GlobalVar1 函数
8    GlobalVar2() #调用 GlobalVar2 函数
9    GlobalVar1() #调用 GlobalVar1 函数
```

程序执行结束后，将在屏幕上输出如下结果：

```
GlobalVar1 中 x 的值为  20
GlobalVar2 中 x 的值为  100
GlobalVar1 中 x 的值为  20
```

提示　在代码清单 3-23 中，第 4 行代码实际上是在 GlobalVar2 函数中定义了一个局部变量 x 并将其赋值为 100，而不是修改全局变量 x 的值。因此，在调用 GlobalVar2 函数后，再调用 GlobalVar1 函数时输出的全局变量 x 的值仍然为 20。如果要在函数中对全局变量进行操作，则需要使用 3.4.3 节将介绍的 global 关键字。

3.4.3　global 关键字

要在一个函数中使用 global 关键字，可以声明在该函数中使用的是全局变量，而非局部变量。这里对代码清单 3-23 加以修改，参见代码清单 3-24。

代码清单 3-24　global 关键字使用示例

```
1    def GlobalVar1(): #定义函数 GlobalVar1
2        print('GlobalVar1 中 x 的值为 ',x) #输出全局变量 x
3    def GlobalVar2(): #定义函数 GlobalVar2
4        global x #通过 global 关键字声明在 GlobalVar2 函数中使用的是全局变量 x
5        x=100 #将全局变量 x 赋为 100
6        print('GlobalVar2 中 x 的值为 ',x) #输出全局变量 x
7    x=20 #定义在所有函数之外，所以 x 是全局变量，赋为 20
8    GlobalVar1() #调用 GlobalVar1 函数
9    GlobalVar2() #调用 GlobalVar2 函数
10   GlobalVar1() #调用 GlobalVar1 函数
```

程序执行结束后，将在屏幕上输出如下结果：

```
GlobalVar1 中 x 的值为  20
GlobalVar2 中 x 的值为  100
GlobalVar1 中 x 的值为  100
```

从输出结果可以看到，在 GlobalVar2 函数中将全局变量 x 修改为了 100，因此当第 2 次调用 GlobalVar1 函数时输出的 x 值为 100。

> **提示** 在一个函数中要修改全局变量的值,必须使用 global 关键字声明使用该全局变量。另外,虽然在不修改全局变量值的情况下可以省略 global 声明(如 GlobalVar1 函数在没有 global 声明的情况下直接访问了全局变量 x 的值),但不建议这么做,因为这样会降低程序的可读性。

3.4.4 nonlocal 关键字

在 Python 中,函数的定义可以嵌套,即在一个函数的函数体中可以包含另一个函数的定义。通过 nonlocal 关键字,可以使内层的函数直接使用外层函数中定义的变量。下面通过不使用和使用 nonlocal 关键字的两个例子来说明 nonlocal 关键字的作用,参见代码清单 3-25 和代码清单 3-26。

代码清单 3-25　不使用 nonlocal 关键字示例

```
1    def outer():  # 定义函数 outer
2        x=10  # 定义局部变量 x 并赋为 10
3        def inner():  # 在 outer 函数中定义嵌套函数 inner
4            x=20  # 将 x 赋为 20
5            print('inner 函数中的 x 值为 ',x)
6        inner()  # 在 outer 函数中调用 inner 函数
7        print('outer 函数中的 x 值为 ',x)
8    outer()  # 调用 outer 函数
```

程序执行结束后,将在屏幕上输出如下结果:

```
inner 函数中的 x 值为  20
outer 函数中的 x 值为  10
```

从结果中可以看到,在 inner 函数中通过第 4 行的 x=20 定义了一个新的局部变量 x 并将其赋为 20,而不是将 outer 函数中定义的局部变量 x 修改为 20。

下面对代码清单 3-25 稍作修改:

代码清单 3-26　使用 nonlocal 关键字示例

```
1    def outer():  # 定义函数 outer
2        x=10  # 定义局部变量 x 并赋为 10
3        def inner():  # 在 outer 函数中定义嵌套函数 inner
4            nonlocal x  #nonlocal 声明
5            x=20  # 将 x 赋为 20
6            print('inner 函数中的 x 值为 ',x)
7        inner()  # 在 outer 函数中调用 inner 函数
8        print('outer 函数中的 x 值为 ',x)
9    outer()  # 调用 outer 函数
```

程序执行结束后,将在屏幕上输出如下结果:

```
inner 函数中的 x 值为  20
outer 函数中的 x 值为  20
```

与代码清单 3-25 相比，代码清单 3-26 只是增加了第 4 行代码，通过 nonlocal x 声明在 inner 函数中使用 outer 函数中定义的变量 x，而不是重新定义一个局部变量 x。

3.5 高级应用

本节介绍函数的一些高级应用，包括递归函数、高阶函数、lambda 函数、闭包和装饰器。

3.5.1 递归函数

递归函数是指在一个函数内部通过调用自己来求解一个问题。当我们在进行问题分解时，发现分解之后待解决的子问题与原问题有着相同的特性和解法，只是在问题规模上与原问题相比有所减小，此时，就可以设计递归函数进行求解。比如，对于计算 n! 的问题，可以将其分解为 n! = n*(n-1)!。可见，分解后的子问题 (n-1)! 与原问题 n! 的计算方法完全一样，只是规模有所减小。同样，(n-1)! 这个子问题又可以进一步分解为 (n-1)*(n-2)!，(n-2)! 可以进一步分解为 (n-2)*(n-3)!……直到要计算 1! 时，直接返回 1。下面给出使用递归函数求解 n! 的方法，参见代码清单 3-27。

代码清单 3-27　编写递归函数计算 n！

```
1  def fac(n):  # 定义函数 fac
2      if n==1:  # 如果要计算 1 的阶乘，则直接返回 1（结束递归调用的条件）
3          return 1
4      return n*fac(n-1)  # 将计算 n! 分解为计算 n*(n-1)!
5  print(fac(5))  # 调用 fac 函数计算 5 的阶乘并将结果输出到屏幕
```

程序执行结束后，将在屏幕上输出 120。

fac(5) 的计算过程如下：

fac(5)=>5*fac(4)=>5*(4*fac(3))=>5*(4*(3*fac(2)))=>5*(4*(3*(2*fac(1))))
　　=>5*(4*(3*(2*1)))=>5*(4*(3*2))=>5*(4*6)=>5*24=>120

其中，第一行是逐层调用的过程，第二行是逐层返回的过程。

> **注意**　递归函数在解决某些问题时，代码非常简单明了。但在计算机中，每次函数调用都涉及栈（stack）操作，即用栈保存每一层函数的运行状态（如局部变量的值、当前运行位置等）。当问题规模较大时，递归调用将涉及很多层的函数调用，一方面会由于栈操作影响程序运行速度，另一方面在 Python 中有栈的限制——太多层的函数调用会引起栈溢出问题（如将代码清单 3-27 中第 5 行的 fac(5) 改为 fac(1000) 则会报错）。因此，建议读者在解决规模较大的问题时，不要使用递归函数。

一般来说，递归函数可以改为循环方式实现。例如，对于计算 n! 这个问题，可以采用代码清单 3-28 中所示的非递归方式实现。

代码清单 3-28　使用非递归方式计算 n!

```
1    def fac(n):  #定义函数 fac
2        f=1  #保存阶乘结果
3        for i in range(2,n+1):  #i 依次取值为 2～n
4            f*=i  #将 i 乘到 f 上
5        return f  #将计算结果返回
6    print(fac(5))  #调用 fac 函数计算 5 的阶乘并将结果输出到屏幕
```

程序执行结束后，将在屏幕上输出 120。

3.5.2　高阶函数

高阶函数是指把函数作为参数的一种函数。例如，我们定义一个函数 FunAdd，其功能是先用函数 f 对两个数据 x 和 y 进行处理，再进行求和运算，即实现 f(x)+f(y)，参见代码清单 3-29。

代码清单 3-29　高阶函数示例

```
1    def FunAdd(f,x,y):  #定义函数 FunAdd
2        return f(x)+f(y)  #用传给 f 的函数先对 x 和 y 分别处理后，再求和并返回
3    def Square(x):  #定义函数 Square
4        return x**2  #返回 x 的平方
5    def Cube(x):  #定义函数 Cube
6        return x**3  #返回 x 的立方
7    print(FunAdd(Square,3,-5))  #调用函数 FunAdd，计算 $3^2+(-5)^2$
8    print(FunAdd(Cube,3,-5))  #调用函数 FunAdd，计算 $3^3+(-5)^3$
```

程序执行完毕后，将在屏幕上输出如下结果：

```
34
-98
```

提示　在代码清单 3-29 中，执行第 7 行代码时将 Square 函数作为实参传给了 FunAdd 函数的形参 f，此时在 FunAdd 函数中调用 f(x) 和 f(y) 相当于调用 Square(x) 和 Square(y)；执行第 8 行代码时将 Cube 函数作为实参传给了 FunAdd 函数的形参 f，此时在 FunAdd 函数中调用 f(x) 和 f(y) 就相当于调用 Cube(x) 和 Cube(y)。

　　函数不仅可以赋给形参，也可以赋给普通变量。赋值后，即可以用变量名替代函数名完成函数调用。

3.5.3　lambda 函数

lambda 函数也称为匿名函数，是一种不使用 def 定义函数的形式，其作用是能快速定义一个简短的函数。lambda 函数的函数体只是一个表达式，所以 lambda 函数通常只能实现比较简单的功能。

提示　任何 lambda 函数都可以改成使用 def 来定义，但有时使用 lambda 函数会让代码看起来更简洁。

lambda 函数的定义形式如下所示：

lambda [参数 1[, 参数 2, ..., 参数 n]]：表达式

冒号后面的表达式的计算结果即为该 lambda 函数的返回值。例如，对于代码清单 3-29，可以简写为代码清单 3-30 所示形式。

代码清单 3-30　lambda 函数示例

```
1    def FunAdd(f,x,y):  # 定义函数 FunAdd
2        return f(x)+f(y)  # 用传给 f 的函数先对 x 和 y 分别处理后，再求和并返回
3    print(FunAdd(lambda x:x**2,3,-5))  # 调用函数 FunAdd，计算 $3^2+(-5)^2$
4    print(FunAdd(lambda x:x**3,3,-5))  # 调用函数 FunAdd，计算 $3^3+(-5)^3$
```

程序执行完毕后，将在屏幕上输出如下结果：

```
34
-98
```

提示　代码清单 3-30 的第 3 行代码中，lambda x:x**2 定义了一个 lambda 函数，其有一个参数 x，返回值是 x**2（即 x 的平方）；第 4 行代码中，lambda x:x**3 定义了另一个 lambda 函数，其有一个参数 x，返回值是 x**3（即 x 的立方）。

也可以将 lambda 函数赋给一个变量，然后通过该变量调用相应的 lambda 函数。例如：

```
fun=lambda x:x**2
print(fun(3))  # 输出 9
```

3.5.4　闭包

在介绍 nonlocal 关键字时，我们已经看到 Python 语言的函数可以采用嵌套定义的方式，即在一个函数的函数体中定义另外一个函数。如果内层函数使用了外层函数中定义的局部变量，并且外层函数的返回值是内层函数的引用，就构成了闭包。

定义在外层函数中但由内层函数使用的变量称为自由变量。一般情况下，如果一个函数结束，那么该函数中定义的局部变量都会释放。然而，闭包是一种特殊情况，外层函数在结束时会发现其定义的局部变量将来会在内层函数中使用，此时外层函数就会把这些自由变量绑定到内层函数。因此，所谓闭包，实际上就是将内层函数的代码以及自由变量（由外层函数定义，但会由内层函数使用）打包在一起。

例如，对于代码清单 3-31：

代码清单 3-31　闭包示例

```
1    def outer(x):  # 定义函数 outer
2        y=10  # 定义局部变量 y 并赋为 10
3        def inner(z):  # 在 outer 函数中定义嵌套函数 inner
4            nonlocal x,y  # nonlocal 声明
5            return x+y+z  # 返回 x+y+z 的结果
```

```
6       return inner  #返回嵌套函数 inner 的引用
7   f=outer(5)  #将返回的 inner 函数赋给 f
8   g=outer(50)  #将返回的 inner 函数赋给 g
9   print('f(20) 的值为 ', f(20))
10  print('g(20) 的值为 ', g(20))
11  print('f(30) 的值为 ', f(30))
12  print('g(30) 的值为 ', g(30))
```

程序执行完毕后，将在屏幕上输出如下结果：

f(20) 的值为 35
g(20) 的值为 80
f(30) 的值为 45
g(30) 的值为 90

提示 在代码清单 3-31 的第 7 行代码中，通过 f=outer(5) 将 outer 返回的 inner 函数的引用赋给了 f，此时 outer 函数中的两个局部变量 x（=5）和 y（=10）也同时绑定到返回的 inner 函数，形成了一个闭包；在第 9 行调用 f(20) 时，会将 20 传给 f 所对应的 inner 函数的形参 z，因此 f(20) 最后返回的计算结果为 x+y+z=5+10+20=35；类似地，在第 11 行调用 f(30) 时，会将 30 传给 f 所对应的 inner 函数的形参 z，因此 f(30) 最后返回的计算结果为 x+y+z=5+10+30=45。

在第 8 行代码中，通过 g=outer(50) 将 outer 返回的 inner 函数的引用赋给了 g，此时 outer 函数中的两个局部变量 x（=50）和 y（=10）也同时绑定到返回的 inner 函数，形成了另一个闭包；在第 10 行调用 g(20) 时，会将 20 传给 g 所对应的 inner 函数的形参 z，因此 g(20) 最后返回的计算结果为 x+y+z=50+10+20=80；同样，在第 12 行调用 g(30) 时，会将 30 传给 g 所对应的 inner 函数的形参 z，因此 g(30) 最后返回的计算结果为 x+y+z=50+10+30=90。

闭包的主要作用在于可以封存函数执行的上下文环境。例如，对于代码清单 3-31，就通过两次调用 outer 函数形成了两个闭包，这两个闭包具有相互独立的上下文环境（一个闭包中 x=5，y=10；另一个闭包中 x=50，y=10），且每个闭包可多次调用。

3.5.5 装饰器

利用装饰器，可以在不修改已有函数的情况下向已有函数中注入代码，使其具备新的功能。一个装饰器可以为多个函数注入代码，一个函数也可以注入多个装饰器的代码。下面通过具体例子说明装饰器的使用方法，参见代码清单 3-32。

代码清单 3-32 装饰器示例 1

```
1   def deco1(func):  #定义函数 deco1
2       def inner1(*args, **kwargs):  #定义函数 inner1
3           print('deco1 begin')
4           func(*args, **kwargs)
5           print('deco1 end')
```

```
 6         return inner1 # 返回函数 inner1 的引用
 7    def deco2(func): # 定义函数 deco2
 8         def inner2(*args, **kwargs): # 定义函数 inner2
 9             print('deco2 begin')
10             func(*args, **kwargs)
11             print('deco2 end')
12         return inner2 # 返回函数 inner2 的引用
13    @deco1
14    def f1(a,b): # 定义函数 f1
15         print('a+b=',a+b)
16    @deco1
17    @deco2
18    def f2(a,b,c): # 定义函数 f2
19         print('a+b+c=',a+b+c)
20    if __name__=='__main__': # 当脚本文件独立执行时，则调用 f1 函数和 f2 函数
21         f1(3,5) # 调用 f1 函数
22         f2(1,3,5) # 调用 f2 函数
```

程序执行完毕后，将在屏幕上输出如下结果：

```
deco1 begin
a+b= 8
deco1 end
deco1 begin
deco2 begin
a+b+c= 9
deco2 end
deco1 end
```

下面对代码清单 3-32 进行分析：

- 第 1～6 行代码定义了一个装饰器，第 7～12 行代码定义了另一个装饰器，可见装饰器实际上就是前面所学习的闭包。
- 在装饰器外层函数的形参列表中只有一个形参 func（形参名可以自己设置，满足标识符命名规则即可），接收要装饰的函数，在内层函数中直接调用 func 即表示执行所装饰的函数中的代码。
- 将装饰器内层函数的形参列表写为"*args, **kwargs"，表示要装饰的函数可以具有任意形式的形参列表；对应地，调用要装饰的函数时也要将实参表写为"*args, **kwargs"。
- 在要装饰的函数前面写上"@装饰器名"，即可将装饰器中的代码注入该函数中。例如，对于第 13～15 行代码，会将 deco1 中的代码注入 f1 函数中，deco1 中的 func(*arg, **kwargs) 即对应 f1 函数的调用。因此，在第 21 行调用 f1 函数时，会先输出 deco1 begin，再执行 f1 函数中的代码输出 a+b= 8，最后输出 deco1 end。
- 当一个函数前面有多个"@装饰器名"时，将按照从后至前的顺序依次装饰。例如，对于第 16～19 行代码，先使用 deco2 装饰 f2 函数，即在 f2 函数的代码前注入 print('deco2 begin')，在 f2 函数的代码后注入 print('deco2 end')；然后在前面装

饰的基础上使用 deco1 装饰，即在已装饰代码前注入 print('deco1 begin')，在已装饰代码后注入 print('deco1 end')。f2 函数装饰后，其实际执行的代码如下所示：

```
print('deco1 begin')
print('deco2 begin')
print('a+b+c=',a+b+c)
print('deco2 end')
print('deco1 end')
```

提示 利用装饰器可以将日志处理、执行时间计算等较为通用的代码注入不同的函数中，从而使得代码更加简洁。

如果要注入函数的形参列表形式固定，则在定义装饰器时也可以不使用"*args, **kwargs"这种通用形式，如代码清单 3-33 所示。

代码清单 3-33　装饰器示例 2

```
1   def deco1(func): # 定义函数 deco1
2       def inner1(x,y): # 定义函数 inner1
3           print('deco1 begin')
4           func(x,y)
5           print('deco1 end')
6       return inner1 # 返回函数 inner1 的引用
7   def deco2(func): # 定义函数 deco2
8       def inner2(): # 定义函数 inner2
9           print('deco2 begin')
10          func()
11          print('deco2 end')
12      return inner2 # 返回函数 inner2 的引用
13  @deco1
14  def f1(a,b): # 定义函数 f1
15      print('a+b=',a+b)
16  @deco2
17  def f2(): # 定义函数 f2
18      print('f2 is called')
19  if __name__=='__main__': # 当脚本文件独立执行时，则调用 f1 函数和 f2 函数
20      f1(3,5) # 调用 f1 函数
21      f2() # 调用 f2 函数
```

程序执行完毕后，将在屏幕上输出如下结果：

```
deco1 begin
a+b= 8
deco1 end
deco2 begin
f2 is called
deco2 end
```

此时，deco1 只能用于装饰带两个参数的函数，而 deco2 只能用于装饰没有参数的函数。

3.6 本章小结

本章主要介绍了 Python 中实现结构化程序设计的重要工具——函数。通过本章的学习，读者应理解函数的作用，掌握函数的定义与调用方法，能够区分形参和实参在使用上的不同，理解默认参数、不定长参数和返回值的作用并掌握其使用方法，理解包和模块的概念及作用并掌握模块的定义和使用方法，理解各种作用域下变量的作用范围。此外，对递归函数、高阶函数、lambda 函数、闭包和装饰器这些高级应用也应该有所了解，从而能够在合适的场合运用它们以更高效地编写程序。

学习本章后，读者在编写程序时应多运用函数，将复杂问题拆解成多个简单的子问题，分别利用函数求解，再综合各子问题的解得到原问题的解，以使得程序结构更加清晰，同时也有利于复用一些功能函数，减小编写程序和后期代码维护的工作量。

3.7 课后习题

1. 在 Python 语言中，使用函数分为两个步骤：定义函数和_____。
2. 在 Python 语言中，函数定义需要使用_____关键字。
3. _____是在定义函数时函数名后面的一对小括号中给出的参数列表。
4. _____是在调用函数时函数名后面的一对小括号中给出的参数列表。
5. 能够将一个函数的运算结果返回到调用函数的位置，以便可以继续用该运算结果参与其他运算，此时则应使用_____语句。
6. 使用_____将整个模块导入，也可以使用_____将模块中的标识符直接导入当前环境。
7. 可以使用"from 模块名 import _____"的方式导入一个模块中的所有标识符。
8. 定义一个包，就是创建一个文件夹并在该文件夹下创建一个_____文件，文件夹的名字就是包名。
9. _____是指在运行时动态替换已有的代码，而不需要修改原始代码。
10. 下列说法中错误的是（   ）。
    A. 当调用函数时，如果没有为某些形参传递对应的实参，则这些形参会自动使用默认参数值
    B. 在使用关键字参数调用函数时，实参的传递顺序必须与形参列表中形参的顺序一致
    C. 当普通实参传递给形参后，如果在函数体中对形参值做修改，则该修改并不会影响实参，即实参值不会改变
    D. 如果实参是列表等对象，那么可在函数体中通过形参修改实参列表中对应元素的值
11. 下列关于拆分参数列表的说法正确的是（   ）。
    A. 列表、元组拆分出来的结果作为位置参数，字典拆分出来的结果作为关键字参数
    B. 列表、元组和字典拆分出来的结果都作为关键字参数
    C. 列表、元组和字典拆分出来的结果都作为位置参数
    D. 列表、元组拆分出来的结果作为关键字参数，而字典拆分出来的结果作为位置参数
12. 写出下面程序段的输出结果。

```
def ModifyVal(x,y):
    z=x
```

```
        x=y
        y=z
    def ModifyListElement(ls,idx,val):
        ls[idx]=val
a,b=3,5
print(a,b)
ModifyVal(a,b)
print(a,b)
c=[7,8,9]
print(c)
ModifyListElement(c,1,6)
print(c)
```

13. 写出下面程序段的输出结果。

```
def CircleInfo(radius, color='red'):
    print('半径: %d, 颜色: %s'%(radius,color))
CircleInfo(10)
CircleInfo(20, color='green')
CircleInfo(color='blue', radius=30)
```

14. 函数 Sum 的功能是求参数的和并返回，参数个数不限。请将程序填写完整。

```
def Sum(*args):
    s=0
    for i in _____:
        s+=i
    return_____
print(Sum(1,2,3,4,5))
```

15. 已知模块文件 arithmetic.py 的内容如下：

```
def plus(x,y):
    return x+y
def multi(x,y):
    return x*y
```

编写程序，将模块导入，调用其中的函数，请将程序填写完整。

使用 import 导入：

```
import arithmetic
print(_____(3,5))
print(_____(5,6))
```

使用 from import 依次导入函数：

_____
```
print(plus(3,5))
print(multi(5,6))
```

使用 from import 导入所有标识符：

```
from arithmetic import *
print(_____(3,5))
print(_____(5,6))
```

16. 按照作用域的不同，Python 中的变量可以分为局部变量和_____。

17. 在一个函数中使用_____关键字，可以声明在该函数中使用的是全局变量，而非局部变量。
18. 通过_____关键字，可以使内层的函数直接使用外层函数中定义的变量。
19. _____函数是指在一个函数内部通过调用自己来求解一个问题。
20. _____函数也称为匿名函数，是一种不使用 def 定义函数的形式，其作用是能快速定义一个简短的函数。
21. lambda 函数的函数体只是一个_____，所以 lambda 函数通常只能实现比较简单的功能。
22. 如果内层函数使用了外层函数中定义的局部变量，并且外层函数的返回值是内层函数的引用，就构成了_____。
23. 下列说法中错误的是（   ）。
    A. 在一个函数中定义的变量就是局部变量
    B. 局部变量的作用域是从定义位置到函数结束位置
    C. 在所有函数外定义的变量就是全局变量
    D. 全局变量的作用域是从定义位置到程序结束位置
24. 下列关于装饰器的说法错误的是（   ）。
    A. 利用装饰器，可以在不修改已有函数的情况下向已有函数中注入代码，使其具备新的功能
    B. 一个装饰器可以为多个函数注入代码，一个函数也可以注入多个装饰器的代码
    C. 一个装饰器可以为多个函数注入代码，而一个函数只能注入一个装饰器的代码
    D. 装饰器实际上就是一种闭包
25. 写出下面程序的输出结果。

    ```
    def outer():
        x=100
        global y
        y=200
        def inner():
            nonlocal x
            x=1000
            y=2000
            print('inner 函数中的 x,y 值为 ',x,y)
        inner()
        print('outer 函数中的 x,y 值为 ',x,y)
    x=10
    y=20
    outer()
    print("执行 outer,inner 函数之后 x,y 值为 ",x,y)
    ```

26. 写出下面闭包程序的输出结果。

    ```
    def f(x):
        y = 100
        def inner(z):
            return x * y + z
        return inner
    a10 = f(10)
    a20 = f(20)
    print(a10(29))
    print(a20(29))
    ```

27. 已知高阶函数的程序如下：

```
def FunAdd(f,x):
    return f(x)
def area(r):
    return 3.14*r*r
def perimeter(r):
    return 2*3.14*r
print(FunAdd(area,5))
print(FunAdd(perimeter,5))
```

请将其中的 area 函数和 perimeter 函数改写为 lambda 函数。请将改写后的程序填写完整。

```
def FunAdd(f,x):
    return f(x)
print(FunAdd(_____,5))
print(FunAdd(_____,5))
```

28. 请编写递归函数 fib(n)，实现求斐波那契数列第 n 项的值。

第 4 章 面向对象

面向对象是当前流行的程序设计方法，其以人类习惯的思维方式，用对象来理解和分析问题，使开发软件的方法与过程尽可能接近人类认识世界、解决问题的思维方法与过程。面向对象方法的基本观点是一切系统都是由对象构成的，每个对象都可以接收并处理其他对象发送的消息，它们的相互作用、相互影响，实现了整个系统的运转。

本章首先介绍类与对象的概念以及它们的使用方法，并给出 Python 类中包括构造方法和析构方法在内的常用内置方法的作用。然后，介绍继承与多态的概念与作用，并给出它们的具体实现方法。最后，介绍类与对象相关的高级应用，包括与类相关的 3 个内置函数（isinstance、issubclass 和 type）、类方法、静态方法、动态扩展类与实例、__slots__、@property、元类、单例模式和鸭子类型。

4.1 类与对象

类与对象是面向对象程序设计的两个重要概念。类和对象的关系即数据类型与变量的关系，根据一个类可以创建多个对象，而每个对象只能是某一个类的对象。类规定了可以用于存储什么数据，而对象用于实际存储数据，每个对象可存储不同的数据。例如，有一个学生类，其中包括学号和姓名两个属性，则根据学生类可以创建多个学生对象，每个学生对象可以具有不同的学号和姓名信息，如图 4-1 所示。

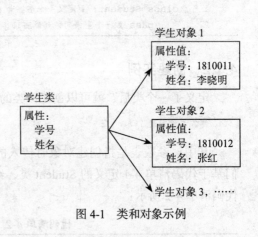

图 4-1 类和对象示例

提示 与 C/C++ 等语言不同，Python 中提供的基本数据类型也是类，如 int、float 等。

4.1.1 类的定义

在一个类中，除了可以包含前面所说的属性，还可以包含各种方法。属性对应一个类可以用来保存哪些数据，而方法对应一个类可以支持哪些操作（即数据处理）。

提示 类中的属性对应前面所学习的变量，而类中的方法对应前面所学习的函数。通过类，可以把数据和操作封装在一起，从而使得程序结构更加清晰，这也就是所谓的类的封装性。

类的定义形式多样。比如，我们既可以直接创建新的类，也可以基于一个或多个已有的类创建新的类；我们既可以创建一个空的类，然后动态添加属性和方法，也可以在创建类的同时设置属性和方法。类的定义形式如下所示：

```
class 类名：
    语句 1
    语句 2
    ……
    语句 N
```

提示 class 是定义类所用的关键字。类名与变量名、函数名一样都是标识符，命名规则完全相同。

语句 1 至语句 N 组成了类体，类体的各语句需要采用缩进方式以表示它们是类中的语句。

下面我们先来看一个最简单的类的定义方法，即定义一个空类，具体参见代码清单 4-1。

代码清单 4-1　定义一个空类

```
1  class Student:  # 定义一个名字为 Student 的类
2      pass  # 一个空语句，起到占位作用，表示 Student 类中没有任何属性和方法
```

4.1.2　创建实例

定义了一个类后，就可以创建该类的实例对象，其语法格式如下所示：

类名(参数表)

其中，参数表是指创建对象时传入的参数，其具体传递方法将在后面介绍。下面我们基于代码清单 4-1 定义的 Student 类，给出不传递参数情况下创建对象的程序示例，如代码清单 4-2 所示：

代码清单 4-2　创建 Student 类对象

```
1  class Student:  # 定义一个名字为 Student 的类
2      pass  # 一个空语句，起到占位作用，表示 Student 类中没有任何属性和方法
3  if __name__=='__main__':
4      stu=Student()  # 创建 Student 类的对象，并将创建的对象赋给变量 stu
5      print(stu)  # 输出 stu
```

程序执行完毕后，将在屏幕上输出如下结果：

<__main__.Student object at 0x00000216EE7DF0F0>

从输出结果中可以看到，stu 是 Student 类的对象，其地址为 0x00000216EE7DF0F0。

提示 每次创建对象时，系统都会在内存中选择一块区域分配给对象，每次选择的内存

通常是不一样的。因此，读者在自己机器上运行代码清单 4-2，会看到一个不同的 stu 对象地址。

4.1.3 类属性定义及其访问

一个类中可以包含属性和方法。如前所述，属性即对应一个类对象可以保存的数据，下面介绍属性的定义和访问方式。

我们可以直接在定义类时指定该类的属性，即类属性。例如，对于下面的程序：

```
1    class Student:  # 定义 Student 类
2        name='Unknown'  # 定义 Student 类中有一个 name 属性
```

在定义的 Student 类中有一个 name 属性。当创建 Student 对象时，每一个新创建的对象都会包含 name 属性，且在给 name 属性赋值前其初始值未知（为 'Unknown'）。

对类属性的访问，既可以直接通过类名访问，也可以通过该类的对象访问，访问方式如下：

类名或对象名.属性名

例如，对于代码清单 4-3：

代码清单 4-3 类属性的访问示例

```
1    class Student:  # 定义 Student 类
2        name='Unknown'  # 定义 Student 类中有一个 name 属性
3    if __name__=='__main__':
4        print('第 4 行输出: ',Student.name)
5        stu1=Student()  # 创建 Student 类对象 stu1
6        stu2=Student()  # 创建 Student 类对象 stu2
7        print('第 7 行输出: stu1 %s,stu2 %s'%(stu1.name,stu2.name))
8        Student.name='未知'  # 将 Student 的类属性 name 赋为 "未知"
9        print('第 9 行输出: ',Student.name)
10       print('第 10 行输出: stu1 %s,stu2 %s'%(stu1.name,stu2.name))
11       stu1.name='李晓明'  # 将 stu1 的 name 属性赋值为 "李晓明"
12       stu2.name='马红'  # 将 stu2 的 name 属性赋值为 "马红"
13       print('第 13 行输出: ',Student.name)
14       print('第 14 行输出: stu1 %s,stu2 %s'%(stu1.name,stu2.name))
15       Student.name='学生'  # 将 Student 的类属性 name 赋为 "学生"
16       print('第 16 行输出: ',Student.name)
17       print('第 17 行输出: stu1 %s,stu2 %s'%(stu1.name,stu2.name))
```

程序执行完毕后，将在屏幕上输出如下结果：

第 4 行输出: Unknown
第 7 行输出: stu1 Unknown,stu2 Unknown
第 9 行输出: 未知
第 10 行输出: stu1 未知,stu2 未知
第 13 行输出: 未知
第 14 行输出: stu1 李晓明,stu2 马红

第 16 行输出：学生
第 17 行输出：stu1 李晓明,stu2 马红

> **提示** 从代码清单 4-3 可以看出，我们既可以获取类属性的值，也可以对类属性赋值。第 4、9、13、16 行使用类名获取类属性 name 的值并将其输出到屏幕；第 7、10、14、17 行使用对象名获取类属性的值并将其输出到屏幕。第 8、15 行使用类名对类属性 name 赋值；第 11、12 行使用对象名对类属性 name 赋值。
>
> 从第 7 行的输出结果可以看出，当创建新的对象时，该对象中的类属性的值即为定义类时给类属性赋的值。
>
> 从第 10 行和第 17 行的输出结果可以看出，当我们使用类名对类属性值做修改后，如果对象的该属性没有被重新赋值，则对象的属性值也会随之修改；如果对象的该属性已被重新赋值，则对象的属性值不会随之修改。
>
> 从第 13 行和第 14 行的输出结果可以看出，当我们使用对象名对属性值做修改后，只会改变该对象中的属性值，类和其他对象的该属性值不会随之修改。

另外，Python 作为一种动态语言，除了可以在定义类时指定类属性外，还可以动态地为已经创建的对象绑定新的属性。例如，对于代码清单 4-4：

代码清单 4-4　为对象动态绑定新属性示例

```
1   class Student: # 定义 Student 类
2       name='Unknown'  # 定义 Student 类中有一个 name 属性
3   if __name__=='__main__':
4       stu1=Student() # 定义 Student 类对象 stu1
5       stu2=Student() # 定义 Student 类对象 stu2
6       stu1.age=19 # 为对象 stu1 动态绑定新的属性 age
7       print('stu1 姓名: %s, 年龄: %d'%(stu1.name,stu1.age)) # 输出姓名和年龄
8       #print('stu2 年龄: '%stu2.age) # 取消注释则该语句会报错
9       #print(' 使用类名访问年龄属性: '%Student.age) # 取消注释则该语句会报错
```

程序执行完毕后，将在屏幕上输出如下结果：

姓名: Unknown, 年龄: 19

> **提示** 如果将代码清单 4-4 中第 8 行代码前面的注释取消，则执行程序时系统会给出错误信息"AttributeError: 'Student' object has no attribute 'age'"，即学生对象没有 age 属性；如果将第 9 行代码前面的注释取消，则执行程序时系统会给出错误信息"AttributeError: type object 'Student' has no attribute 'age'"，即 Student 类没有 age 属性。
>
> 因此，当为一个对象动态绑定新的属性后，只是该对象具有该属性，其他对象和类都没有该动态绑定的属性。如果我们希望其他对象也具有该属性，则需要按同样的方式再为其他对象动态绑定。例如，可以先通过 stu2.age=18 为 stu2 对象绑定 age 这个新属性，后面再访问 stu2.age 时就不会再有报错信息。

4.1.4 类中普通方法定义及调用

类中的方法实际上就是执行某种数据处理功能的函数。与普通函数定义一样，类中的方法在定义时也需要使用 def 关键字。类中的方法分为两类：普通方法和内置方法。普通方法需要通过类的实例对象根据方法名调用；内置方法是在特定情况下由系统自动执行。这里先介绍类中普通方法的定义及调用。

在定义类的普通方法时，要求第一个参数需要对应调用方法时所使用的实例对象（一般命名为 self，但也可以改为其他名字）。当使用一个实例对象调用类的普通方法时，其语法格式如下：

实例对象名.方法名(实参列表)

在通过类的实例对象调用类中的普通方法时，并不需要传入 self 参数的值，self 会自动对应调用该方法时所使用的对象。例如，对于代码清单 4-5：

代码清单 4-5　类中普通方法定义及调用示例

```
1    class Student: # 定义 Student 类
2        name='Unknown' # 定义 Student 类中有一个 name 属性
3        def SetName(self, newname): # 定义类的普通方法 SetName
4            self.name=newname # 将 self 对应实例对象中的 name 属性值赋为 newname
5        def PrintName(self): # 定义类的普通方法 PrintName
6            print('姓名: %s'%self.name) # 输出 self 对应实例对象中的 name 属性值
7    if __name__=='__main__':
8        stu1=Student() # 定义 Student 类对象 stu1
9        stu2=Student() # 定义 Student 类对象 stu2
10       stu1.SetName('李晓明') # 通过 stu1 对象调用 SetName 方法
11       stu2.SetName('马红') # 通过 stu2 对象调用 SetName 方法
12       stu1.PrintName() # 通过 stu1 对象调用 PrintName 方法
13       stu2.PrintName() # 通过 stu2 对象调用 PrintName 方法
14       #Student.SetName('未知') # 取消前面的注释，则会有系统报错信息
15       #Student.PrintName() # 取消前面的注释，则会有系统报错信息
```

程序执行完毕后，将在屏幕上输出如下结果：

姓名：李晓明
姓名：马红

提示　代码清单 4-5 中，第 3～4 行、第 5～6 行分别定义了 Student 类的普通方法 SetName 和 PrintName，两个方法的第一个参数都是 self，对应调用类方法时所使用的实例对象。

例如，对于第 10 行代码，通过 stu1 对象调用了 SetName 方法，此时 SetName 方法中的第一个参数 self 就对应 stu1 对象，在 SetName 方法中通过 self.name=newname 将形参 newname 的值（即"李晓明"）赋给了 stu1 对象的 name 属性；在第 12 行通过 stu1 对象调用 PrintName 方法时，PrintName 的第一个参数 self 也对应 stu1 对象，因此，在 PrintName 方法中通过 print('姓名: %s'%self.name)

输出 stu1 对象中的 name 属性值，即"李晓明"。

再如，对于第 11 行代码，通过 stu2 对象调用了 SetName 方法，此时 SetName 方法中的第一个参数 self 就对应 stu2 对象，在 SetName 方法中通过 self.name=newname 将形参 newname 的值（即"马红"）赋给了 stu2 对象的 name 属性；在第 13 行通过 stu2 对象调用 PrintName 方法时，PrintName 的第一个参数 self 也对应 stu2 对象，因此，在 PrintName 方法中通过 print('姓名：%s'%self.name) 输出 stu2 对象中的 name 属性值，即"马红"。

类的普通方法必须通过实例对象调用，而不能通过类名直接调用。例如，如果将代码清单 4-5 中的第 14 行或第 15 行代码取消前面的注释符号，则在运行程序时，系统会分别给出如下报错信息：

```
TypeError: SetName() missing 1 required positional argument: 'newname'
TypeError: PrintName() missing 1 required positional argument: 'self'
```

即都缺少了一个位置参数。这是因为通过实例对象调用时会自动将该实例对象传给 self，而通过类调用时则不会有这个隐含的参数传递。

思考 如果将代码清单 4-5 中的第 2 行代码删除，程序是否还能正常运行？如果能正常运行，程序将输出什么结果？为什么？

如果只将第 10 行代码删除，程序是否还能正常运行？如果能正常运行，程序将输出什么结果？为什么？

如果同时将第 2 行和第 10 行代码删除，程序是否还能正常运行？如果能正常运行，程序将输出什么结果？为什么？

4.1.5 私有属性

私有属性是指在类内可以直接访问；而在类外无法直接访问的属性。Python 中规定，在定义类时，如果一个类属性名是以"__"（两个下划线）开头，则该类属性为私有属性。例如，对于代码清单 4-6：

代码清单 4-6　私有属性示例

```
1    class Student: #定义 Student 类
2        name='未知' #定义 Student 类中有一个 name 属性
3        __id='未知' #定义 Student 类中有一个 __id 私有属性
4        def SetInfo(self,newname,newid): #定义 SetInfo 函数
5            self.name=newname # 将 self 对应实例对象的 name 属性赋为 newname
6            self.__id=newid # 将 self 对应实例对象的 __id 属性赋为 newid
7        def PrintInfo(self): #定义 PrintInfo 函数
8            print('姓名：%s,身份证号：%s'%(self.name,self.__id))
9    if __name__=='__main__':
10       stu=Student() #定义 Student 类对象 stu
11       stu.SetInfo('李晓明','120××××××××××××××') #通过 stu 对象调用 SetInfo 方法
12       stu.PrintInfo() #通过 stu 对象调用 PrintInfo 方法
13       #print('身份证号：%s'%stu.__id) #取消前面的注释，则程序会报错
```

程序执行完毕后，将会在屏幕上输出如下结果：

姓名：李晓明，身份证号：120××××××××××××××

如果取消代码清单 4-6 中第 13 行代码前面的注释符号，则运行程序时系统会给出如下报错信息：

`AttributeError: 'Student' object has no attribute '__id'`

可见，在类的方法中可以直接访问该类的私有属性（如代码清单 4-6 中第 6 行和第 8 行代码），而在类的外面则无法通过实例对象访问该类的私有属性（如代码清单 4-6 中第 13 行代码通过 stu 对象访问 Student 类的私有属性 __id 时会报错）。

> **提示** 实际上，Python 中并不存在无法访问的私有属性。如果我们在类中定义了一个私有属性，则在类外访问该私有属性时需要在私有属性名前加上"_类名"。例如，对于代码清单 4-6，我们只需要将第 13 行代码改为 print ('身份证号：%s'%stu._Student__id)，程序即可正常运行，并在屏幕上输出：
>
> 姓名：李晓明，身份证号：120××××××××××××××
> 身份证号：120××××××××××××××

　　类中的方法本质上就是前面所学习的函数，因此，类中的方法也可以有默认参数值。例如，对于代码清单 4-6，可以将第 4 行代码修改为：

```
4        def SetInfo(self,newname,newid='Unknown'): #定义SetInfo函数
```

将第 11 行代码修改为：

```
11       stu.SetInfo('李晓明') #通过stu对象调用SetInfo方法
```

　　此时，由于没有给形参 newid 传入对应的实参，因此其取默认值 Unknown。程序执行完毕后，将在屏幕上输出如下结果：

姓名：李晓明，身份证号：Unknown

4.1.6 构造方法

　　构造方法是 Python 类中的内置方法之一，其方法名为 __init__，在创建一个类对象时会自动执行，负责完成新创建对象的初始化工作。例如，对于代码清单 4-7：

代码清单 4-7　构造方法示例 1

```
1    class Student: #定义Student类
2        def __init__(self): #定义构造方法
3            print('构造方法被调用！')
4            self.name='未知' #将self对应对象的name属性赋值为"未知"
5        def PrintInfo(self): #定义普通方法PrintInfo
6            print('姓名：%s'%self.name) #输出姓名信息
7    if __name__=='__main__':
8        stu=Student() #创建Student类对象stu，自动执行构造方法
9        stu.PrintInfo() #通过stu对象调用PrintInfo方法
```

程序执行完毕后，将在屏幕上输出如下结果：

构造方法被调用！
姓名：未知

> **提示** 代码清单4-7中，第8行创建了一个Student类的对象并赋给stu，此时系统会自动根据新创建对象执行构造方法 __init__，一方面通过第3行代码在屏幕上输出"构造方法被调用！"，另一方面将self对应的新创建对象中的name属性赋值为"未知"。当执行第9行代码时，就会调用PrintInfo方法输出stu中的name属性值，即"未知"。

构造方法中，除了self，也可以设置其他参数。例如，对于代码清单4-8：

代码清单4-8 构造方法示例2

```
1    class Student:  # 定义 Student 类
2        def __init__(self,name):  # 定义构造方法
3            print('构造方法被调用！')
4            self.name=name  # 将 self 对应对象的 name 属性赋为形参 name 的值
5        def PrintInfo(self):  # 定义普通方法 PrintInfo
6            print('姓名：%s'%self.name)  # 输出姓名信息
7    if __name__=='__main__':
8        stu=Student('李晓明')  # 创建 Student 类对象 stu，自动执行构造方法
9        stu.PrintInfo()  # 通过 stu 对象调用 PrintInfo 方法
```

程序执行完毕后，将在屏幕上输出如下结果：

构造方法被调用！
姓名：李晓明

另外，构造方法中也可以设置默认参数。例如，对于代码清单4-9：

代码清单4-9 构造方法示例3

```
1    class Student:  # 定义 Student 类
2        def __init__(self,name='未知'):  # 定义构造方法
3            print('构造方法被调用！')
4            self.name=name  # 将 self 对应对象的 name 属性赋为形参 name 的值
5        def PrintInfo(self):  # 定义普通方法 PrintInfo
6            print('姓名：%s'%self.name)  # 输出姓名信息
7    if __name__=='__main__':
8        stu1=Student()  # 创建 Student 类对象 stu1，自动执行构造方法
9        stu2=Student('李晓明')  # 创建 Student 类对象 stu2，自动执行构造方法
10       stu1.PrintInfo()  # 通过 stu1 对象调用 PrintInfo 方法
11       stu2.PrintInfo()  # 通过 stu2 对象调用 PrintInfo 方法
```

程序执行完毕后，将在屏幕上输出如下结果：

构造方法被调用！
构造方法被调用！

姓名：未知
姓名：李晓明

提示 代码清单4-9中，第8行创建Student类的对象stu1时，没有为构造方法的形参name传入对应的实参，因此，其取默认值"未知"，stu1对象中的name属性值在构造方法中被赋为"未知"；而第9行创建Student类的对象stu2时，为构造方法的形参name传入实参"李晓明"，因此，stu2对象中的name属性值在构造方法中被赋为"李晓明"。

4.1.7 析构方法

析构方法是类的另一个内置方法，其方法名为 __del__，在销毁一个类对象时会自动执行，负责完成待销毁对象的资源清理工作，如关闭文件等。例如，对于代码清单4-10：

代码清单4-10 析构方法示例1

```
1    class Student: #定义Student类
2        def __init__(self,name): #定义构造方法
3            self.name=name #将self对应对象的name属性赋值为形参name的值
4            print('姓名为%s的对象被创建！'%self.name)
5        def __del__(self): #定义析构方法
6            print('姓名为%s的对象被销毁！'%self.name)
7    def func(name):
8        stu=Student(name) #创建Student类对象stu
9    if __name__=='__main__':
10       stu1=Student('李晓明') #创建Student类对象stu1
11       stu2=Student('马红') #创建Student类对象stu2
12       stu3=stu2
13       del stu2 #使用del删除stu2对象
14       func('张刚') #调用func函数
15       del stu3 #使用del删除stu3对象
16       stu4=Student('刘建') #创建Student类对象stu4
```

程序执行完毕后，将在屏幕上输出如下结果：

姓名为李晓明的对象被创建！
姓名为马红的对象被创建！
姓名为张刚的对象被创建！
姓名为张刚的对象被销毁！
姓名为马红的对象被销毁！
姓名为刘建的对象被创建！
姓名为李晓明的对象被销毁！
姓名为刘建的对象被销毁！

提示 类对象销毁有如下3种情况：

1）局部变量的作用域结束。例如，代码清单4-10中，第14行调用了func函数，在func函数中创建了一个Student类的局部变量stu，此时会自动执行构造方

法在屏幕上输出"姓名为张刚的对象被创建!";当 func 函数执行完毕时,局部变量 stu 的作用域结束,此时会销毁 stu 对象,自动执行析构方法在屏幕上输出"姓名为张刚的对象被销毁!"。

2)使用 del 删除对象。例如,代码清单 4-10 中,第 15 行代码通过 del stu3 删除了 stu3 对象,此时会自动执行析构方法在屏幕上输出"姓名为马红的对象被销毁!"。

3)程序结束时,程序中的所有对象都将被销毁。例如,代码清单 4-10 中,stu1 和 stu4 这两个对象都是在程序结束时才销毁,通过执行析构方法分别在屏幕上输出"姓名为李晓明的对象被销毁!"和"姓名为刘建的对象被销毁!"。

注意　Python 中的每个变量都对应一片内存空间,对变量进行访问实质上就是对其所对应内存中的数据进行访问。如果多个变量对应同一片内存空间,则只有将这些变量都删除后才会销毁这片内存空间中所保存的对象,也才会自动执行析构方法。例如,代码清单 4-10 中,通过 stu3=stu2 使得 stu3 和 stu2 对应同一片内存空间,因此,第 13 行 del stu2 执行后并不会自动执行析构方法,等第 15 行 del stu3 执行后才会将这片内存空间中的对象销毁,自动执行析构方法。

4.1.8　常用内置方法

除了前面介绍的 __init__ 和 __del__ 这两种内置方法外,Python 类中还提供了大量其他的内置方法,这里仅介绍以下几个常用内置方法。

1. __str__

__str__ 方法在调用 str 函数对类对象进行处理时或者调用 Python 内置函数 format() 和 print() 时自动执行,__str__ 方法的返回值必须是字符串。下面来看一个具体的例子,参见代码清单 4-11。

代码清单 4-11　__str__ 方法使用示例

```
1    class Complex: #定义复数类 Complex
2        def __init__(self,real,image): #定义构造方法
3            self.real=real  #将 self 对应对象的 real 属性赋值为形参 real 的值
4            self.image=image # 将 self 对应对象的 image 属性赋值为形参 image 的值
5        def __str__(self): #定义内置方法 __str__
6            return str(self.real)+'+'+str(self.image)+'i'
7    if __name__=='__main__':
8        c=Complex(3.2,5.3) #定义 Complex 类对象 c
9        print(c) #输出 c
```

程序执行完毕后,将在屏幕上输出如下结果:

3.2+5.3i

提示　在代码清单 4-11 的第 9 行执行 print(c) 时,系统会通过对象 c 自动执行 Complex 类的内置方法 __str__,返回字符串并通过 print 函数输出到屏幕上。

2. 比较运算的内置方法

此处介绍类中一组用于比较对象大小的内置方法，其功能如表 4-1 所示。

表 4-1 类的比较运算内置方法

内置方法	功能描述	内置方法	功能描述
__gt__(self, other)	进行 self>other 运算时自动执行	__le__(self, other)	进行 self<=other 运算时自动执行
__lt__(self, other)	进行 self<other 运算时自动执行	__eq__(self, other)	进行 self==other 运算时自动执行
__ge__(self, other)	进行 self>=other 运算时自动执行	__ne__(self, other)	进行 self!=other 运算时自动执行

下面通过具体例子说明这些内置方法的使用，参见代码清单 4-12。

代码清单 4-12 类的比较运算内置方法使用示例

```
1    class Student:  # 定义 Student 类
2        def __init__(self, name, age):  # 定义构造方法
3            self.name=name  # 将 self 对应对象的 name 属性赋为形参 name 的值
4            self.age=age  # 将 self 对应对象的 age 属性赋为形参 age 的值
5        def __gt__(self, other):  # 定义内置方法 __gt__
6            return self.age>other.age
7        def __ne__(self, other):  # 定义内置方法 __ne__
8            return self.age!=other.age
9        def __le__(self, other):  # 定义内置方法 __le__
10           return self.age<=other.age
11   if __name__=='__main__':
12       stu1=Student('李晓明',19)  # 定义 Student 类对象 stu1
13       stu2=Student('马红',20)  # 定义 Student 类对象 stu2
14       stu3=Student('张刚',19)  # 定义 Student 类对象 stu3
15       print('马红的年龄小于等于李晓明的年龄：', stu2<=stu1)
16       print('张刚的年龄小于等于李晓明的年龄：', stu3<=stu1)
17       print('马红的年龄大于李晓明的年龄：', stu2>stu1)
18       print('张刚的年龄大于李晓明的年龄：', stu3>stu1)
19       print('张刚的年龄不等于李晓明的年龄：', stu3!=stu1)
20       print('张刚的年龄不等于马红的年龄：', stu3!=stu2)
```

程序执行完毕后，将在屏幕上输出如下结果：

```
马红的年龄小于等于李晓明的年龄： False
张刚的年龄小于等于李晓明的年龄： True
马红的年龄大于李晓明的年龄： True
张刚的年龄大于李晓明的年龄： False
张刚的年龄不等于李晓明的年龄： False
张刚的年龄不等于马红的年龄： True
```

提示 代码清单 4-12 中，第 15 行代码执行 stu2<=stu1 时，系统会通过对象 stu2 自动执行 Student 类的内置函数 __le__，判断 stu2 的 age 是否小于等于 stu1 的 age。第 16~20 行代码中 Student 类对象之间的比较运算也是通过 Student 类的内置函数自动调用完成。

4.2 继承与多态

除了前面介绍的封装性以外，继承和多态是面向对象程序设计的另外两个重要特性。通过继承，可以基于已有类创建新的类，新类除了继承已有类的所有属性和方法，还可以根据需要增加新的属性和方法。通过多态，可以使得在执行同一条语句时，能够根据实际使用的对象类型决定调用哪个方法。

4.2.1 什么是继承

继承允许开发者基于已有的类创建新的类。例如，如果一个类 C1 通过继承已有类 C 而创建，则将 C1 称作子类（sub class），将 C 称作基类、父类或超类（base class、super class）。子类会继承父类中定义的所有属性和方法，另外也能够在子类中增加新的属性和方法。

如果一个子类只有一个父类，则将这种继承关系称为单继承；如果一个子类有两个或更多父类，则将这种继承关系称为多重继承。为了更好地理解继承的概念，我们来看一个具体的例子，如图 4-2 所示。

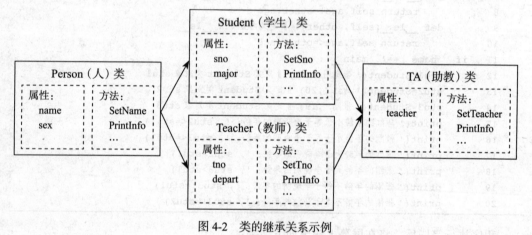

图 4-2 类的继承关系示例

下面结合图 4-2 介绍继承的概念：
- Student 类和 Teacher 类都是基于 Person 类创建的，因此，Student 类和 Teacher 类都是 Person 类的子类，而 Person 类是 Student 类和 Teacher 类的父类。
- Student 类和 Teacher 类都只有 Person 类这一个父类，所以 Student 类与 Person 类、Teacher 类与 Person 类之间的继承关系都是单继承。
- Student 类和 Teacher 类会从 Person 类中继承所有的属性和方法，如 name、SetName 等；另外，还能根据需要增加新的属性和方法，如 Student 类中的 sno、SetSno，Teacher 类中的 tno、SetTno 等。
- TA 类是基于 Student 类和 Teacher 类创建的，因此，TA 类是 Student 类和 Teacher 类的子类，而 Student 类和 Teacher 类是 TA 类的父类。
- TA 类有 Student 和 Teacher 这两个父类，因此 TA 类是通过多重继承创建的子类。

TA 类中既包含了从 Student 类继承的属性和方法（如 sno、SetSno 等），也包含从 Teacher 类继承的属性和方法（如 tno、SetTno 等），另外还增加了新的属性和方法（如 teacher、SetTeacher 等）。
- 子类可以对父类中的方法进行重新定义。例如，Student 类和 Teacher 类都对从 Person 类继承过来的 PrintInfo 方法进行了重新定义，TA 类对从 Student 类和 Teacher 类继承过来的 PrintInfo 方法进行了重新定义。

提示 需要结合具体的继承关系判断一个类是父类还是子类。一个类可能在一种继承关系中是子类，而在另一种继承关系中是父类。例如，图 4-2 中，Student 类对于 Person 类来说是子类，而对于 TA 类来说则是父类。

4.2.2 如何继承父类

定义子类时需要指定父类，其语法格式如下：

```
class 子类名 ( 父类名 1, 父类名 2, ..., 父类名 M):
    语句 1
    语句 2
    ...
    语句 N
```

当 M 等于 1 时，则为单继承；当 M 大于 1 时，则为多重继承。例如，代码清单 4-13 中定义了 Person 类，并以 Person 作为父类创建了子类 Student（这里只给出了图 4-2 中的部分属性和方法以简化代码）。

代码清单 4-13 继承示例

```
1   class Person: # 定义 Person 类
2       def SetName(self, name): # 定义 SetName 方法
3           self.name=name # 将 self 对应对象的 name 属性赋为形参 name 的值
4   class Student(Person): # 以 Person 类作为父类定义子类 Student
5       def SetSno(self, sno): # 定义 SetSno 方法
6           self.sno=sno # 将 self 对应对象的 sno 属性赋为形参 sno 的值
7   class Teacher(Person): # 以 Person 类作为父类定义子类 Teacher
8       def SetTno(self, tno): # 定义 SetTno 方法
9           self.tno=tno # 将 self 对应对象的 tno 属性赋为形参 tno 的值
10  class TA(Student,Teacher): # 以 Student 类和 Teacher 类作为父类定义子类 TA
11      def SetTeacher(self, teacher): # 定义 SetTeacher 方法
12          self.teacher=teacher # 将 self 对象的 teacher 属性赋为形参 teacher 的值
13  if __name__=='__main__':
14      stu=Student() # 定义 Student 类对象 stu
15      stu.SetSno('1810100') # 调用 Student 类中定义的 SetSno 方法
16      stu.SetName('李晓明') # 调用 Student 类从 Person 类继承过来的 SetName 方法
17      print('学号: %s, 姓名: %s'%(stu.sno,stu.name)) # 输出学号和姓名
18      t=Teacher() # 定义 Teacher 类对象 t
19      t.SetTno('998012') # 调用 Teacher 类中定义的 SetTno 方法
20      t.SetName('马红') # 调用 Teacher 类从 Person 类继承过来的 SetName 方法
```

```
21      print('教工号：%s，姓名：%s'%(t.tno,t.name))  #输出教工号和姓名
22      ta=TA()  #定义TA类对象ta
23      ta.SetSno('1600125')  #调用Student类中定义的SetSno方法
24      ta.SetTno('T18005')  #调用Teacher类中定义的SetTno方法
25      ta.SetName('张刚')  #调用Person类中定义的SetName方法
26      ta.SetTeacher('马红')  #调用TA类中定义的SetTeacher方法
25      print('学号：%s，教工号：%s，姓名：%s，主讲教师：%s'%(ta.sno,ta.tno,ta.name,ta.teacher))  #输出教工号和姓名
```

程序执行完毕后，将在屏幕上输出如下结果：

```
学号：1810100，姓名：李晓明
教工号：998012，姓名：马红
学号：1600125，教工号：T18005，姓名：张刚，主讲教师：马红
```

提示 在 Python 中，所有的数据类型都是类类型，所有的变量都是类对象。所有的类都直接或间接继承自 object 类，即 object 是 Python 类层次结构中第一层的类。我们在定义类时如果没有显式地为其指定父类，则该类会有一个隐含的父类 object。例如，在代码清单 4-13 中，第 1 行定义 Person 类时用 "class Person:" 与用 "class Person(object):" 完全等价。

思考 如果将代码清单 4-13 第 4 行代码改为 "class Student:"，即 Student 类不是 Person 类的子类，则程序是否还能正常运行？为什么？

Python 提供了两个与继承相关的内置函数 isinstance 和 issubclass，它们的语法格式分别为：

```
isinstance(对象名，类名)
issubclass(类名1，类名2)
```

具体使用方法请参见 4.3.1 节。

4.2.3 方法重写

方法重写是指子类可以对从父类中继承过来的方法进行重新定义，从而使得子类对象可以表现出与父类对象不同的行为。方法重写是多态的基础，下面我们来看一个具体的例子（参见代码清单 4-14）。

代码清单 4-14 方法重写示例

```
1   class Person:  #定义Person类
2       def __init__(self, name):  #定义构造方法
3           self.name=name  #将self对象的name属性赋为形参name的值
4       def PrintInfo(self):  #定义PrintInfo方法
5           print('姓名：%s'%self.name)
6   class Student(Person):  #以Person类作为父类定义子类Student
7       def __init__(self, sno, name):  #定义构造方法
8           self.sno=sno  #将self对象的sno属性赋为形参sno的值
9           self.name=name  #将self对象的name属性赋为形参name的值
```

```
10      def PrintInfo(self):  #定义PrintInfo方法
11          print('学号: %s, 姓名: %s'%(self.sno,self.name))
12  def PrintPersonInfo(person):  #定义普通函数PrintPersonInfo
13      print('PrintPersonInfo函数中的输出结果 ', end='#')
14      person.PrintInfo()  #通过person调用PrintInfo方法
15  if __name__=='__main__':
16      p=Person('李晓明')  #创建Person类对象p
17      stu=Student('1810100','李晓明')  #创建Student类对象stu
18      p.PrintInfo()
19      stu.PrintInfo()
20      PrintPersonInfo(p)
21      PrintPersonInfo(stu)
```

程序执行完毕后，将在屏幕上输出如下结果：

```
姓名: 李晓明
学号: 1810100, 姓名: 李晓明
PrintPersonInfo函数中的输出结果#姓名: 李晓明
PrintPersonInfo函数中的输出结果#学号: 1810100, 姓名: 李晓明
```

提示 代码清单4-14中，第18行和第19行分别使用Person类对象p和Student类对象stu调用PrintInfo方法。从输出结果中可以看到第18行执行的是Person类中定义的PrintInfo方法，而第19行执行的是Student类中定义的PrintInfo方法。

同样，第16行创建Person类对象时，执行的是Person类的构造方法；第17行创建Student类对象时，执行的是Student类的构造方法。

第20行和第21行都调用了普通函数PrintPersonInfo，只是第20行传入的实参是Person类对象p，而第21行传入的实参是Student类对象stu。从输出结果中可以看到，在PrintPersonInfo函数中执行第14行的person.PrintInfo()时，系统根据实际传入的实参对象的类型决定执行哪个类中定义的PrintInfo方法。这就是所谓的多态，即在执行同样代码的情况下，系统会根据对象实际所属的类去调用相应类中的方法。

4.2.4 super方法

super方法用于获取父类的代理对象，以执行已在子类中被重写的父类方法，其语法格式如下：

```
super([ 类名 [, 对象名或类名 ]])
```

super方法有两个参数：第一个参数是要获取父类代理对象的类名。第二个参数如果传入对象名，则该对象所属的类必须是第一个参数指定的类或该类的子类，找到的父类对象的self会绑定到这个对象上；如果传入类名，则该类必须是第一个参数指定的类的子类。

在一个类A的定义中调用super方法时，可以将两个参数都省略，此时，super()等价于super(A, self)，即获取A的父类代理对象，且获取到的父类代理对象中的self绑定

到当前 A 类对象的 self 上。代码清单 4-15 中给出了 super 方法的使用示例。

代码清单 4-15　super 方法使用示例

```
1    class Person: #定义 Person 类
2        def __init__(self, name): #定义构造方法
3            print('Person 类构造方法被调用！')
4            self.name=name # 将 self 对象的 name 属性赋为形参 name 的值
5    class Student(Person): # 以 Person 类作为父类定义子类 Student
6        def __init__(self, sno, name): #定义构造方法
7            print('Student 类构造方法被调用！')
8            super().__init__(name) #调用父类的构造方法
9            self.sno=sno # 将 self 对象的 sno 属性赋为形参 sno 的值
10   class Postgraduate(Student): # 以 Student 类作为父类定义子类 Postgraduate
11       def __init__(self, sno, name, tutor): #定义构造方法
12           print('Postgraduate 类构造方法被调用！')
13           super().__init__(sno, name) #调用父类的构造方法
14           self.tutor=tutor # 将 self 对象的 tutor 属性赋为形参 tutor 的值
15   if __name__=='__main__':
16       pg=Postgraduate('1810100','李晓明','马红') # 创建 Postgraduate 类对象 pg
17       print('学号：%s, 姓名：%s, 导师：%s'%(pg.sno,pg.name,pg.tutor))
```

程序执行完毕后，将在屏幕上输出如下结果：

```
Postgraduate 类构造方法被调用！
Student 类构造方法被调用！
Person 类构造方法被调用！
学号：1810100, 姓名：李晓明, 导师：马红
```

提示　代码清单 4-15 中，将第 8 行中 super().__init__(name) 改为 super(Student,self).__init__(name)、第 13 行中 super().__init__(sno, name) 改为 super(Postgraduate,self).__init__(sno, name)，程序运行结果完全相同。

Postgraduate 类对象 pg 创建时代码执行过程如下：

1）在执行第 16 行代码时，会转去执行 Postgraduate 类中的构造方法（第 11～14 行），其中的 self 对应新创建的对象。

2）在执行到第 13 行代码时，通过 super() 会返回 Postgraduate 的父类 Student 类的代理对象，该代理对象中的 self 就是新创建的 Postgraduate 类对象中的 self。因此，通过 super().__init__(sno, name) 执行 Student 类的构造方法（第 6～9 行）时，第 9 行的 self.sno=sno 实际上就是为新创建的 Postgraduate 类对象中的 sno 属性赋为形参 sno 的值。

3）在执行到第 8 行代码时，通过 super() 会返回 Student 的父类 Person 类的代理对象，该代理对象中的 self 就是 Student 对象中的 self，也就是新创建的 Postgraduate 类对象中的 self。因此，通过 super().__init__(name) 执行 Person 类的构造方法（第 2～4 行）时，第 4 行的 self.name=name 实际上就是为新创建的 Postgraduate 类对象中的 name 属性赋为形参 name 的值。

4.3 高级应用

本节介绍关于类和对象的一些高级应用，包括与类相关的 3 个内置函数（isinstance、issubclass 和 type）、类方法、静态方法、动态扩展类与实例、__slots__、@property、元类、单例模式和鸭子类型。

4.3.1 内置函数 isinstance、issubclass 和 type

isinstance 函数用于判断一个对象所属的类是否是指定类或指定类的子类；issubclass 函数用于判断一个类是否是另一个类的子类；type 函数用于获取一个对象所属的类。下面通过具体例子说明这 3 个内置函数的作用，参见代码清单 4-16。

代码清单 4-16 isinstance、issubclass 和 type 使用示例

```
1    class Person:  # 定义 Person 类
2        pass
3    class Student(Person):  # 以 Person 类作为父类定义子类 Student
4        pass
5    class Flower:  # 定义 Flower 类
6        pass
7    if __name__=='__main__':
8        stu=Student()  # 创建 Student 类对象 stu
9        f=Flower()  # 创建 Flower 对象 f
10       print('stu 是 Person 类或其子类对象: ', isinstance(stu,Person))
11       print('stu 是 Student 类或其子类对象: ', isinstance(stu,Student))
12       print('f 是 Person 类或其子类对象: ', isinstance(f,Person))
13       print('Student 是 Person 类的子类: ', issubclass(Student,Person))
14       print('Flower 是 Person 类的子类: ', issubclass(Flower,Person))
15       print('stu 对象所属的类: ', type(stu))
16       print('f 对象所属的类: ', type(f))
17       print('stu 是 Person 类对象: ', type(stu)==Person)
18       print('stu 是 Student 类对象: ', type(stu)==Student)
```

程序执行完毕后，将在屏幕上输出以下结果：

```
stu 是 Person 类或其子类对象: True
stu 是 Student 类或其子类对象: True
f 是 Person 类或其子类对象: False
Student 是 Person 类的子类: True
Flower 是 Person 类的子类: False
stu 对象所属的类: <class '__main__.Student'>
f 对象所属的类: <class '__main__.Flower'>
stu 是 Person 类对象: False
stu 是 Student 类对象: True
```

提示 代码清单 4-16 中，第 15 行代码通过 type(stu) 获取到的是 stu 实际所属的类，而不会获取 stu 所属类的父类。

如果我们要判断一个对象的类型是否是指定类或该类的子类，则可以使用

isinstance 函数，如第 10 行和第 11 行代码所示；如果我们要判断一个对象的类型是否是指定类，则可以使用"type(对象名)== 类名"的方式，如第 17 行和第 18 行代码所示。

4.3.2 类方法

类方法是指使用 @classmethod 修饰的方法，其第一个参数是类本身（而不是类的实例对象）。类方法的特点是既可以通过类名直接调用，也可以通过类的实例对象调用。代码清单 4-17 说明了类方法的使用。

代码清单 4-17　类方法使用示例

```
1   class Complex: #定义 Complex 类
2       def __init__(self,real=0,image=0): #定义构造方法
3           self.real=real  #初始化一个复数的实部值
4           self.image=image  #初始化一个复数的虚部值
5       @classmethod
6       def add(cls,c1,c2): #定义类方法 add，实现两个复数的加法运算
7           print(cls)  #输出 cls
8           c=Complex()  #创建 Complex 类对象 c
9           c.real=c1.real+c2.real  #实部相加
10          c.image=c1.image+c2.image  #虚部相加
11          return c
12  if __name__=='__main__':
13      c1=Complex(1,2.5)
14      c2=Complex(2.2,3.1)
15      c=Complex.add(c1,c2)  #直接使用类名调用类方法 add
16      print('c1+c2 的结果为 %.2f+%.2fi'%(c.real,c.image))
```

程序执行完毕后，将在屏幕上输出如下结果：

```
<class '__main__.Complex'>
c1+c2 的结果为 3.20+5.60i
```

提示　代码清单 4-17 中，将第 15 行的 c=Complex.add(c1,c2) 改为 c=c1.add(c1, c2)、c=c2.add (c1, c2) 或 c=Complex().add(c1, c2)，程序运行后可得到相同的输出结果，即类方法也可以使用实例对象调用。

　　第 7 行通过 print(cls) 输出类方法 add 的第一个参数，从输出结果中可以看到 cls 是 Complex 类。

4.3.3 静态方法

静态方法是指使用 @staticmethod 修饰的方法。与类方法相同，静态方法既可以直接通过类名调用，也可以通过类的实例对象调用。与类方法的不同之处在于，静态方法中没有类方法中的第一个类参数。在代码清单 4-18 中，将代码清单 4-17 中的类方法替换成了

静态方法：

代码清单 4-18　静态方法使用示例

```
1   class Complex: #定义 Complex 类
2       def __init__(self,real=0,image=0): #定义构造方法
3           self.real=real # 初始化一个复数的实部值
4           self.image=image # 初始化一个复数的虚部值
5       @staticmethod
6       def add(c1,c2): #定义静态方法 add，实现两个复数的加法运算
7           c=Complex() # 创建 Complex 类对象 c
8           c.real=c1.real+c2.real # 实部相加
9           c.image=c1.image+c2.image # 虚部相加
10          return c
11  if __name__=='__main__':
12      c1=Complex(1,2.5)
13      c2=Complex(2.2,3.1)
14      c=Complex.add(c1,c2) #直接使用类名调用类方法 add
15      print('c1+c2 的结果为 %.2f+%.2fi'%(c.real,c.image))
```

程序执行完毕后，将在屏幕上输出如下结果：

c1+c2 的结果为 3.20+5.60i

4.3.4　动态扩展类与实例

Python 作为一种动态语言，除了可以在定义类时定义属性和方法外，还可以动态地为已经创建的对象绑定新的属性和方法。关于为已有对象绑定新的属性在 4.1.3 中已经介绍过（具体实例请读者参考代码清单 4-4），这里通过一个例子说明如何为已有对象绑定新的方法，具体实现参见代码清单 4-19。

代码清单 4-19　绑定新方法示例

```
1   from types import MethodType # 从 types 模块中导入 MethodType 方法
2   class Student: #定义学生类
3       pass
4   def SetName(self,name): # 定义 SetName 函数
5       self.name=name
6   def SetSno(self,sno): # 定义 SetSno 函数
7       self.sno=sno
8   if __name__=='__main__':
9       stu1=Student() # 定义 Student 类对象 stu1
10      stu2=Student() # 定义 Student 类对象 stu2
11      stu1.SetName=MethodType(SetName,stu1) # 为 stu1 对象绑定 SetName 方法
12      Student.SetSno=SetSno # 为 Student 类绑定 SetSno 方法
13      stu1.SetName('李晓明')
14      stu1.SetSno('1810100')
15      #stu2.SetName('张刚')
16      stu2.SetSno('1810101')
```

程序执行时，系统不会报告任何错误信息，说明 stu1 对象通过第 11 行代码成功绑定了 SetName 方法，而 Student 类通过第 12 行代码成功绑定了 SetSno 方法。

> **提示** 在为对象绑定方法时，需要使用 types 模块中的 MethodType 方法，其第一个参数是要绑定的函数名，第二个参数是绑定的对象名。
>
> 为一个对象绑定方法后，只能通过该对象调用该方法，其他未绑定该方法的对象则不能调用。例如，代码清单 4-19 中并没有为 stu2 对象绑定 SetName 方法，因此，如果将第 15 行前面的注释符取消，则程序运行时系统会报错。
>
> 代码清单 4-19 的第 12 行为 Student 类绑定了 SetSno 方法，则 Student 类中的所有实例对象都有该方法，如第 14 行和第 16 行能分别使用 stu1 和 stu2 成功调用 SetSno 方法。

4.3.5 __slots__

在定义类时，Python 提供了 __slots__ 变量以限制可动态扩展的属性。例如，如果我们希望 Student 类中只能动态扩展 sno 和 name 属性，则可以采用代码清单 4-20 中所示方式。

代码清单 4-20　__slots__ 使用示例

```
1    class Person: #定义 Person 类
2        __slots__ = ('name') #定义允许动态扩展的属性
3    class Student(Person): #以 Person 类作为父类定义子类 Student
4        __slots__ = ('sno') #定义允许动态扩展的属性
5    class Postgraduate(Student): #以 Student 类作为父类定义子类 Postgraduate
6        pass
7    if __name__=='__main__':
8        stu=Student() #定义 Student 类对象 stu
9        stu.sno='1810100' #为 stu 对象动态扩展属性 sno
10       stu.name='李晓明' #为 stu 对象动态扩展属性 name
11       #stu.tutor='马红' #取消前面的注释符则会报错
12       pg=Postgraduate() #定义 Postgraduate 类对象 pg
13       pg.sno='1810101' #为 pg 对象动态扩展属性 sno
14       pg.name='张刚' #为 pg 对象动态扩展属性 name
15       pg.tutor='马红' #为 pg 对象动态扩展属性 tutor
```

程序执行时，系统不会报错，说明可以为 stu 对象成功动态扩展属性 sno 和 name，而 pg 对象可以成功动态扩展属性 sno、name 和 tutor。如果将代码清单 4-20 中第 11 行前面的注释符取消，则系统会因无法为 stu 对象动态扩展 tutor 属性而给出如下报错信息：

`AttributeError: 'Student' object has no attribute 'tutor'`

> **提示** __slots__ 中所做的动态扩展属性限制只对 __slots__ 所在类的实例对象有效。
>
> 如果子类中没有 __slots__ 定义，则子类的实例对象可以进行任意属性的动态扩展。例如，在代码清单 4-20 中，Postgraduate 类中没有 __slots__ 定义，因此可为 Postgraduate 类对象动态扩展 tutor 属性。

如果子类中有 __slots__ 定义，则子类的实例对象可动态扩展的属性包括子类中通过 __slots__ 定义的属性和其父类中通过 __slots__ 定义的属性。例如，在代码清单 4-20 中，Student 类有 __slots__ 定义，因此为 Student 类对象 stu 可动态扩展的属性包括 Student 类 __slots__ 中定义的 sno 属性和父类 Person 类 __slots__ 中定义的 name 属性。当在第 11 行试图为 stu 对象动态扩展 tutor 属性时，则会报错。

4.3.6 @property

类中的属性可以直接访问和赋值，这为类的使用者提供了方便，但也带来了问题：类的使用者可能会给一个属性赋上超出有效范围的值。为了解决这个问题，Python 提供了 @property 装饰器，可以将类中属性的访问和赋值操作自动转为方法调用，这样可以在方法中对属性值的取值范围做一些条件限定。例如，在代码清单 4-21 中，通过 @property 装饰器使得学生成绩的取值范围限定在 0 ~ 100 之间。

代码清单 4-21　@property 装饰器使用示例

```
1   import datetime
2   class Student: # 定义 Student 类
3       @property
4       def score(self): # 用 @property 装饰器定义一个用于获取 score 值的方法
5           return self._score
6       @score.setter
7       def score(self, score): # 用 score.setter 定义一个用于设置 score 值的方法
8           if score<0 or score>100: # 不符合 0 ~ 100 的限定条件
9               print('成绩必须在 0 ~ 100 之间！')
10          else:
11              self._score=score
12      @property
13      def age(self): # 用 @property 装饰器定义一个用于获取 age 值的方法
14          return datetime.datetime.now().year-self.birthyear
15  if __name__=='__main__':
16      stu=Student() # 创建 Student 类对象 stu
17      stu.score=80 # 将 stu 对象的 score 属性赋值为 80
18      stu.birthyear=2000 # 将 stu 对象的 birthyear 属性赋值为 1990
19      print('年龄：%d，成绩：%d'%(stu.age,stu.score))
20      #stu.age=19 # 取消前面的注释则会报错
21      stu.score=105 # 将 stu 对象的 score 属性赋值为 105
22      print('年龄：%d，成绩：%d'%(stu.age,stu.score))
```

程序执行完毕，将在屏幕上输出如下结果：

年龄：18，成绩：80
成绩必须在 0 ~ 100 之间！
年龄：18，成绩：80

提示　直接使用 @property 就可以定义一个用于获取属性值的方法（即 getter）。例如，代码清单 4-21 中的第 3 ~ 5 行以及第 12 ~ 14 行分别定义了用于获取 score 和 age 属

性值的方法。

如果要定义一个设置属性值的方法（setter），则需要使用名字格式为"@属性名.setter"的装饰器。例如，代码清单4-21中的第6～11行，定义了用于设置score属性值的方法，对应的装饰器名字为"@score.setter"。

如果一个属性只有用于获取属性值的getter方法，而没有用于设置属性值的setter方法，则该属性是一个只读属性，只允许读取该属性的值，而不能设置该属性的值。例如，代码清单4-21中的age就是一个只读属性，如果将第20行代码前面的注释符取消，则系统会报错"AttributeError: can't set attribute"，即不能设置age属性的值。

对于有getter/setter方法的属性，只要对该属性赋值，就会执行setter方法；只要读取该属性的值，就会执行getter方法。例如，对于代码清单4-21中的第17行和第21行代码，当给stu.score赋值时，都会自动执行第6～11行的代码。对于第19行和第22行代码，当读取stu.age的值时，会自动执行第12～14行的代码；当读取stu.score的值时，会自动执行第3～5行代码。

> **注意** 在类的setter和getter方法中使用self访问属性时，需要在属性名前加上下划线，否则系统会因不断递归调用而报错。例如，第5行和第11行通过self访问score属性时都是用self._score（score前面有一个下划线）。

4.3.7 元类

元类（metaclass）可以看成创建类时所使用的模板，也可以理解为用于创建类的类。例如，对于代码清单4-22：

代码清单4-22 元类示例

```
1    class Student:  # 定义Student类
2        pass
3    stu=Student()  # 定义Student类的对象stu
4    print('stu所属的类是 ',stu.__class__)  # 使用__class__属性获取所属的类
5    print('Student所属的类是 ',Student.__class__)
```

程序执行完毕后，将在屏幕上输出如下结果：

```
stu所属的类是 <class '__main__.Student'>
Student所属的类是 <class 'type'>
```

> **提示** 从输出结果中可以看到，stu所属的类是Student，而Student所属的类是type。因为type是用于创建Student类的类，所以type就是一个元类。
>
> 将代码清单4-22中第1行代码改为"class Student(metaclass=type):"，则程序运行后会得到相同的输出结果。其中，metaclass是关键字参数，默认值为type。

我们可以以 type 作为父类定义自己的元类，然后用该元类再去创建类，最后用类创建对象。关于元类使用的例子将在下一节中结合单例模式的应用给出。

4.3.8 单例模式

单例模式（singleton pattern）是指在程序运行时确保某个类最多只有一个实例对象。具体来说，如果 A 类采用单例模式，则当创建 A 类对象时需要判断是否已存在 A 类对象：如果不存在，则创建一个 A 类对象；如果已存在，则直接使用已有的 A 类对象。当一个类对象用于存储程序中多个线程（关于线程的概念将在第 8 章介绍）的共享信息时，就要求该类对象只有一份，以避免空间浪费以及信息不一致等问题。

在介绍单例模式的具体实现方式前，先介绍使用类创建对象时的执行过程：当使用类创建一个对象时，使用 __init__ 构造方法能够对对象中的属性做初始化操作。实际上，在执行 __init__ 前，还会执行类的一个内置的类方法 __new__，其作用是创建对象并返回；而之后执行的 __init__ 则负责对 __new__ 返回的对象做初始化。

注意 如果 __new__ 没有返回当前类的一个实例对象，则 __init__ 不会被执行。

__call__ 是类的另一个内置方法，通过在一个类中定义 __call__ 方法，可以支持如下写法：

```
对象名(实参表) #等价于对象名.__call__(实参表)
```

如果在元类中定义 __call__ 方法，则可以改变类的实例化过程。单例模式有多种实现方式，这里介绍一种通过重写元类的 __init__ 和 __call__ 实现单例模式的方法，具体实现如代码清单 4-23 所示。

代码清单 4-23　单例模式示例

```
1    class MyMetaclass(type):  # 以 type 作为父类创建子类 MyMetaclass
2        def __new__(cls, *args, **kwargs):
3            print('MyMetaclass 中的 __new__ 被执行！')
4            return super().__new__(cls, *args, **kwargs)
5        def __init__(self, *args, **kwargs):  # 定义 __init__ 方法
6            print('MyMetaclass 中的 __init__ 被执行！')
7            self._instance=None
8            return super().__init__(*args, **kwargs)
9        def __call__(self, *args, **kwargs):
10           print('MyMetaclass 中的 __call__ 被执行！')
11           if self._instance is None:
12               self._instance = super().__call__(*args, **kwargs)
13           return self._instance
14   class WebData(metaclass=MyMetaclass):  #MyMetaclass 作为元类定义 WebData 类
15       def __new__(cls, *args, **kwargs):
16           print('WebData 类中的 __new__ 被执行！')
17           return super().__new__(cls)
18       def __init__(self):
19           print('WebData 类中的 __init__ 被执行！')
```

```
20          def __call__(self, timeout):
21              print('WebData 类中的 __call__ 被执行！')
22              self.timeout=timeout
23   if __name__=='__main__':
24          wb1=WebData() # 定义 WebData 类对象 wb1
25          wb2=WebData() # 定义 WebData 类对象 wb2
26          wb1(60) # 等价于 wb1.__call__(60)
27          print(wb1.timeout)
28          wb1.timeout=30
29          print(wb1.timeout)
30          wb2.timeout=15
31          print(wb1.timeout, wb2.timeout)
```

程序执行完毕后，将在屏幕上输出如下结果：

```
MyMetaclass 中的 __new__ 被执行！
MyMetaclass 中的 __init__ 被执行！
MyMetaclass 中的 __call__ 被执行！
WebData 类中的 __new__ 被执行！
WebData 类中的 __init__ 被执行！
MyMetaclass 中的 __call__ 被执行！
WebData 类中的 __call__ 被执行！
60
30
15 15
```

提示　在代码清单4-23中，第14行"class WebData(metaclass=MyMetaclass):"以 MyMetaclass 作为元类定义 WebData 类，此时会自动执行 MyMetaclass 中的 __new__ 方法。通过第4行的 return super().__new__(cls, *args, **kwargs) 调用父类（即 type）的 __new__ 方法创建 cls 类对象并返回，然后自动执行 MyMetaclass 中的 __init__ 方法，将 self._instance 设置为 None 并调用父类（即 type）的 __init__ 方法。

第24行中 wb1=WebData() 创建 WebData 类对象 wb1，此时会自动执行 WebData 类的元类（即 MyMetaclass）中的 __call__ 方法。MyMetaclass 中的 self._instance 为 None，说明还没有创建过 WebData 类的对象，因此会调用父类（即 type）的 __call__ 方法，系统会依次自动执行 WebData 类的 __new__ 和 __init__ 方法完成 WebData 类新对象的创建和初始化。然后，WebData 类的新对象作为 type 类 __call__ 方法的返回值赋给 MyMetaclass 中的 self._instance。

类似地，第25行 wb2=WebData() 创建 WebData 类对象 wb2，此时也会自动执行 WebData 类的元类（即 MyMetaclass）中的 __call__ 方法。MyMetaclass 中的 self._instance 在创建 wb1 对象时已被赋为新创建的 WebData 类对象，因此不会调用父类（即 type）的 __call__ 方法，系统也不会去执行 WebData 类的 __new__ 和 __init__ 方法创建和初始化新对象。MyMetaclass 中的 __call__ 方法直接返回原来已创建的 WebData 类对象，该对象被赋给 wb2。

综上，wb2 和 wb1 实际上是同一个对象（即实现了单例模式），因此，当在第 30 行修改 wb2.timeout 时，wb1.timeout 也会随之修改。

对于需要采用单例模式的类，只需要在定义类时指定其 metaclass 关键字参数的值为 MyMetaclass 即可。

4.3.9 鸭子类型

鸭子类型（duck typing）这个概念来源于美国印第安纳州的诗人詹姆斯·惠特科姆·莱利（James Whitcomb Riley, 1849—1916）的诗句："When I see a bird that walks like a duck and swims like a duck and quacks like a duck, I call that bird a duck."其中文含义是"当看到一只鸟走起来像鸭子，游泳时像鸭子，叫起来也像鸭子，那么这只鸟就可以被称为鸭子"。

在鸭子类型中，关注的不是对象所属的类，而是一个对象能够如何使用。在 Python 中编写一个函数，传递实参前其参数的类型并不确定，在函数中使用形参进行操作时，只要传入的对象能够支持该操作程序，就能正常执行。例如，对于代码清单 4-24：

代码清单 4-24　鸭子类型示例

```
1   class Person: # 定义 Person 类
2       def CaptureImage(self): # 定义 CaptureImage 方法
3           print('Person 类中的 CaptureImage 方法被调用！')
4   class Camera: # 定义 Camera 类
5       def CaptureImage(self): # 定义 CaptureImage 方法
6           print('Camera 类中的 CaptureImage 方法被调用！')
7   def CaptureImageTest(arg): # 定义 CaptureImageTest 方法
8       arg.CaptureImage() # 通过 arg 调用 CaptureImage 方法
9   if __name__=='__main__':
10      p=Person() # 定义 Person 类对象 p
11      c=Camera() # 定义 Camera 类对象 c
12      CaptureImageTest(p)
13      CaptureImageTest(c)
```

程序执行完毕后，将在屏幕上输出如下结果：

```
Person 类中的 CaptureImage 方法被调用！
Camera 类中的 CaptureImage 方法被调用！
```

提示　在代码清单 4-24 中，Person 类和 Camera 类之间虽然没有任何关系，但它们都具有 CaptureImage 方法。因此，当调用 CaptureImageTest 函数时，无论是将 Person 类对象 p 还是 Camera 类对象 c 作为实参传给 CaptureImageTest 函数的形参 arg，通过 arg.CaptureImage 都能成功调用 Person 类或 Camera 类中的 CaptureImage 方法。

可以看到，鸭子类型与前面介绍的多态非常相似。实际上，Python 中的多态也是借助鸭子类型实现，与 C++、Java 等语言中的多态并不是同一含义。

4.4 本章小结

本章主要介绍了 Python 中如何实现面向对象的程序。通过本章的学习，读者应掌握类与对象的概念及它们的定义和使用，理解继承与多态的作用和实现，掌握类和对象的高级应用。学习本章后，读者在编写程序时应能熟练运用面向对象的程序设计方法，通过类和对象使程序的结构更加清晰。

4.5 课后习题

1. 类和对象的关系即数据类型与变量的关系，_____规定了可以用于存储什么数据，而_____用于实际存储数据，每个对象可存储不同的数据。
2. 类中包含属性和方法。_____对应一个类可用来保存哪些数据，而_____对应一个类可以支持哪些操作（即数据处理）。
3. _____，是指在类内可以直接访问，而在类外无法直接访问的属性。
4. 构造方法是 Python 类中的内置方法之一，它的方法名为_____，在创建一个类对象时会自动执行，负责完成新创建对象的初始化工作。
5. _____是类的另一个内置方法，它的方法名为 __del__，在销毁一个类对象时会自动执行，负责完成待销毁对象的资源清理工作，如关闭文件等。
6. __str__ 方法的返回值必须是_____。
7. 通过_____，可以基于已有类创建新的类，新类除了继承已有类的所有属性和方法，还可以根据需要增加新的属性和方法。
8. 通过_____，可以使得在执行同一条语句时，能够根据实际使用的对象类型决定调用哪个方法。
9. 如果一个类 C1 通过继承已有类 C 而创建，则将 C1 称作_____，将 C 称作基类、父类或超类。
10. 如果一个子类只有一个父类，则将这种继承关系称为_____；如果一个子类有两个或更多父类，则将这种继承关系称为_____。
11. _____是指子类可以对从父类中继承过来的方法进行重新定义，从而使得子类对象可以表现出与父类对象不同的行为。
12. 内置函数_____用于判断一个对象所属的类是否是指定类或指定类的子类。
13. 内置函数_____用于判断一个类是否是另一个类的子类。
14. 内置函数_____用于获取一个对象所属的类。
15. Python 提供了_____变量以限制可动态扩展的属性。
16. Python 提供了_____装饰器，可以将类中属性的访问和赋值操作自动转为方法调用，这样可以在方法中对属性值的取值范围做一些条件限定。
17. 直接使用 @property 可以定义一个用于获取属性值的方法（即 getter）。如果需要对属性 score 定义一个设置属性值的方法（setter），需要用到的装饰器为_____。
18. _____可以看成创建类时所使用的模板，也可以理解为用于创建类的类。
19. _____是指在程序运行时确保某个类最多只有一个实例对象。

20. 在执行 __init__ 前，还会执行类的一个内置的类方法 _____，其作用是创建对象并返回。

21. 关于类和对象说法正确的是（　　）。
    A. 根据一个类可以创建多个对象，而每个对象只能是某一个类的对象
    B. 根据一个类只能创建一个对象，而每个对象只能是某一个类的对象
    C. 根据一个类可以创建多个对象，而每个对象可以属于多个类
    D. 根据一个类只能创建一个对象，而每个对象可以属于多个类

22. 下列关于构造方法的说法错误的是（　　）。
    A. 构造方法是 Python 类中的内置方法之一，在创建一个类对象时会自动执行，负责完成新创建对象的初始化工作
    B. 构造方法中，除了 self，也可以设置其他参数
    C. 构造方法的参数只能是 self
    D. 构造方法也可以设置默认参数

23. 进行 self>=other 运算时自动执行的内置方法是（　　）。
    A. __gt__(self,other)　　B. __lt__(self,other)　　C. __ge__(self,other)　　D. __le__(self,other)

24. 关于 super 方法的说法错误的是（　　）。
    A. super 方法用于获取父类的代理对象，以执行已在子类中被重写的父类方法
    B. super 方法有两个参数，第一个参数是要获取父类代理对象的类名
    C. 在一个类 A 的定义中调用 super 方法时，可以将两个参数都省略，此时，super() 等价于 super(A, self)
    D. 第二个参数必须传入对象名，该对象所属的类必须是第一个参数指定的类或该类的子类，找到的父类对象的 self 会绑定到这个对象上

25. 关于类方法的说法错误的是（　　）。
    A. 类方法是指使用 @classmethod 修饰的方法
    B. 类方法的第一个参数是类本身（而不是类的实例对象）
    C. 类方法既可以通过类名直接调用，也可以通过类的实例对象调用
    D. 类方法只能通过类名直接调用

26. 关于静态方法的说法错误的是（　　）。
    A. 静态方法是指使用 @staticmethod 修饰的方法
    B. 静态方法的第一个参数是类本身（而不是类的实例对象）
    C. 静态方法既可以通过类名直接调用，也可以通过类的实例对象调用
    D. 静态方法中没有类方法中的第一个类参数

27. 已知 Complex 类的类方法 add(cls,c1,c2) 实现两个复数的相加运算，程序可以使用不同的方式调用该方法，下面错误的调用方式是（　　）。
    A. c3=Complex.add(c1,c2)　　　　　　B. c3=c1.add(c1,c2)
    C. c3.add(Complex,c1,c2)　　　　　　D. c3=Complex().add(c1,c2)

28. 关于动态扩展类的说法正确的是（　　）。
    A. Python 除了可以在定义类时定义属性和方法外，还可以动态地为已经创建的对象绑定新的属性和方法
    B. Python 只能在定义类时定义属性和方法，不能动态扩展

C. Python 只能动态扩展属性，不能动态扩展方法

D. Python 只能动态扩展方法，不能动态扩展属性

29. 写出下面程序的输出结果。

```
class Student:
    name='Unknown'
    age=0
if __name__=='__main__':
    print('姓名: ',Student.name)
    print('年龄: ',Student.age)
    stu=Student()
    print('stu 姓名: %s, 年龄: %d'%(stu.name,stu.age))
    Student.name='张三'
    Student.age=18
    print('stu 姓名: %s, 年龄: %d'%(stu.name,stu.age))
    stu.name='李四'
    stu.age=19
    print('stu 姓名: %s, 年龄: %d'%(stu.name,stu.age))
    Student.name='张三'
    Student.age=18
    print('stu 姓名: %s, 年龄: %d'%(stu.name,stu.age))
```

30. 写出下面程序的输出结果。

```
class Person:
    def __init__(self,name):
        self.name=name
    def Display(self):
        print(self.name)
class Student(Person):
    def __init__(self,sno,name):
        super().__init__(name)
        self.sno=sno
    def Display(self):
        super(Student,self).Display()
        print(self.sno)
if __name__=='__main__':
    per=Person("张三")
    per.Display()
    stu=Student(78,"李四")
    stu.Display()
```

31. 写出下面程序的输出结果。

```
class Person:
    pass
class Student(Person):
    pass
if __name__=='__main__':
    per=Person()
    stu=Student()
    print("stu 所属类是 Person 类的子类 ",isinstance(stu,Person))
    print("Student 类是 Person 类的子类 ",issubclass(Student,Person))
    print("per 所属类是 Studnet 类的子类 ",isinstance(per,Student))
    print("Person 类是 Student 类的子类 ",issubclass(Person,Student))
    print('stu 对象所属的类: ', type(stu))
    print('per 对象所属的类: ', type(per))
```

32. 写出下面程序的运行结果。

```python
class Cylinder:
    Radius=5
    Height=10
    def Display(self):
        print("圆柱体半径为 ",self.Radius)
class Circle:
    Radius=50
    def Display(self):
        print("圆半径为 ",self.Radius)
if __name__=='__main__':
    c1=Cylinder()
    c2=Circle()
    c1.Display()
    c2.Display()
```

33. 下面程序对圆柱体类 Cylinder 实现动态绑定方法，请将程序填写完整。

```python
from types import MethodType  # 从 types 模块导入 MethodType 方法
class Cylinder:
    pass
def SetRadius(self,r):
    self.Radius=r
def SetHeight(self,h):
    self.Height=h
if __name__=='__main__':
    c1=Cylinder()
    c2=Cylinder()
    # 为 c1 对象绑定 SetRadius 方法
    c1.SetRadius=_____(SetRadius,c1)
    # 为 Cylinder 类绑定 SetHeight 方法
    Cylinder.SetHeight=_____
    c1.SetRadius(10)
    c2.SetRadius(20)     #c2 对象未绑定 SetRadius 方法，此语句有误
    c1.SetHeight(30)
    c2.SetHeight(40)
```

34. 定义 Circle 类，要求：包括私有属性 __radius，构造函数为半径赋值，构造函数的默认参数值为 0，析构函数输出适当信息，普通方法 SetRadius 用于设置半径，普通方法 Area 返回圆面积，内置方法 __str__ 用于输出圆面积，内置方法 __gt__ 用于比较两个圆面积大小，并创建两个实例分别验证上述功能。

第 5 章　序列、集合和字典

本章首先介绍可变类型与不可变类型的概念和区别。然后，在第 2 章内容的基础上进一步介绍列表、元组、集合和字典这些数据类型的更多使用方法。最后，介绍关于序列、集合和字典的一些高级应用，包括切片、列表生成表达式、生成器和迭代器。

5.1 可变类型与不可变类型

Python 中的对象类型分为两种：可变类型和不可变类型。
- 可变类型，即可以对该类型对象中保存的元素值做修改，如列表、字典都是可变类型。
- 不可变类型，即该类型对象所保存的元素值不允许修改，只能通过给对象整体赋值来修改对象所保存的数据。但此时实际上就是创建了一个新的不可变类型的对象，而不是修改原对象的值，如数字、字符串、元组都是不可变类型。

代码清单 5-1 说明了可变类型对象和不可变类型对象的区别。

代码清单 5-1　可变类型对象和不可变类型对象示例

```
1   n1,n2=1,1 #定义两个整型变量n1和n2,都赋值为1
2   print('第 2 行n1和n2的内存地址分别为 ', id(n1), id(n2))
3   n2=3 #将n2重新赋值为3
4   print('第 4 行n1和n2的内存地址分别为 ', id(n1), id(n2))
5   n1=3 #将n1重新赋值为3
6   print('第 6 行n1和n2的内存地址分别为 ', id(n1), id(n2))
7   s1,s2='Python','Python' #定义两个字符串变量s1和s2,都赋值为'Python'
8   print('第 8 行s1和s2的内存地址分别为 ', id(s1), id(s2))
9   s2='C++' #将s2重新赋值为'C++'
10  print('第 10 行s1和s2的内存地址分别为 ', id(s1), id(s2))
11  s1='C++' #将s1重新赋值为'C++'
12  print('第 12 行s1和s2的内存地址分别为 ', id(s1), id(s2))
13  t1,t2=(1,2,3),(1,2,3) #定义两个元组变量t1和t2,都赋值为(1,2,3)
14  print('第 14 行t1和t2的内存地址分别为 ', id(t1), id(t2))
15  t2=(1,2,3) #t2被重新赋值为(1,2,3)
16  print('第 16 行t1和t2的内存地址分别为 ', id(t1), id(t2))
17  ls1,ls2=[1,2,3],[1,2,3] #定义两个列表变量ls1和ls2,都赋值为[1,2,3]
18  print('第 18 行ls1和ls2的内存地址分别为 ', id(ls1), id(ls2))
19  ls2[1]=5 #将列表ls2中下标为1的元素值重新赋值为5
20  print('第 20 行ls1和ls2的内存地址分别为 ', id(ls1), id(ls2))
21  ls2=[1,2,3] #ls2被重新赋值为[1,2,3]
22  print('第 22 行ls1和ls2的内存地址分别为 ', id(ls1), id(ls2))
```

程序执行完毕后,将在屏幕上输出如下结果:

```
第 2 行 n1 和 n2 的内存地址分别为 140724681233440 140724681233440
第 4 行 n1 和 n2 的内存地址分别为 140724681233440 140724681233504
第 6 行 n1 和 n2 的内存地址分别为 140724681233504 140724681233504
第 8 行 s1 和 s2 的内存地址分别为 2484401162312 2484401162312
第 10 行 s1 和 s2 的内存地址分别为 2484401162312 2484402647480
第 12 行 s1 和 s2 的内存地址分别为 2484402647480 2484402647480
第 14 行 t1 和 t2 的内存地址分别为 2484401955176 2484401955392
第 16 行 t1 和 t2 的内存地址分别为 2484401955176 2484401955464
第 18 行 ls1 和 ls2 的内存地址分别为 2484400710216 2484400710280
第 20 行 ls1 和 ls2 的内存地址分别为 2484400710216 2484400710280
第 22 行 ls1 和 ls2 的内存地址分别为 2484400710216 2484401200264
```

从程序运行结果可以看到:

- 对于数字和字符串类型的变量,只要变量值一样,这些变量的内存地址就相同。例如,第 2 行和第 6 行输出整型变量 n1 和 n2 的内存地址时,因为 n1 和 n2 这两个变量的值一样,所以输出的内存地址完全一样。第 8 行和第 12 行输出字符串变量 s1 和 s2 的地址时也是同样的情况。
- 对于元组、列表和字典类型的变量,即使变量值一样,这些变量的内存地址也不相同。例如,第 14 行和第 16 行输出元组变量 t1 和 t2 的内存地址时,虽然 t1 和 t2 这两个变量的值一样,但它们的内存地址却不同。第 18 行输出列表变量 ls1 和 ls2 的内存地址时也是同样情况。
- 对于数字、字符串和元组等不可变类型的变量,都只能通过直接赋值的方式对其保存的数据进行修改。赋值后,变量的内存地址都会改变,即修改不可变类型的变量值时,实际上是将新的对象赋给了变量。例如,第 3 行为整型变量 n2 重新赋值后,再在第 4 行输出 n2 的地址,与赋值前相比,n2 的地址发生了改变。第 10 行和第 16 行的输出结果也证实了同样的结论。
- 实际上,可变类型对象和不可变类型对象的区别在于是否可修改对象中的元素值。对于可变类型对象,如果对其中的元素做修改,则不会创建新对象;而如果直接对其赋值,则也会创建一个新的对象。例如,第 19 行代码对列表 ls2 下标为 1 的元素做了赋值操作,与该赋值操作前相比,第 20 行输出的 ls2 地址与第 18 行输出的 ls2 的地址完全相同。而第 21 行代码对列表 ls2 做了赋值操作,与该赋值操作前相比,第 22 行输出的 ls2 地址发生了改变。

5.2 列表

列表(List)是 Python 提供的一种内置序列类型。列表的概念和基本使用方法在 2.2.3 节已经介绍过,这里对前面的内容做简单回顾并进一步介绍更多的关于列表的使用方法。

5.2.1 创建列表

列表就是用一对中括号括起来的多个元素的有序集合,各元素之间用逗号分隔。如果一个列表中不包含任何元素（即只有一对中括号），则该列表就是一个空列表。例如，下面的代码说明了如何创建列表对象：

```
ls1=[1,'one','一'] #创建列表对象并将其赋给变量ls1，其包含3个元素
ls2=[] #创建列表对象并将其赋给变量ls2，其不包含任何元素，因此是一个空列表
print('ls1的值为 ',ls1)
print('ls2的值为 ',ls2)
```

程序执行完毕后，将在屏幕上输出如下结果：

```
ls1 的值为 [1, 'one', '一']
ls2 的值为 []
```

除了使用一对中括号创建列表对象的这种方式外，还可以利用 Python 的内置方法 list 根据一个元组创建一个列表对象。例如，对于下面的代码：

```
ls=list((1,'one','一')) #使用list方法根据元组创建列表对象，并赋给ls变量
print('ls的值为 ',ls)
print('ls的第一个元素和最后一个元素的值分别为 ',ls[0],ls[-1])
print('ls的前两个元素的值为 ',ls[0:-1])
```

程序执行完毕后，将在屏幕上输出如下结果：

```
ls 的值为 [1, 'one', '一']
ls 的第一个元素和最后一个元素的值分别为 1 一
ls 的前两个元素的值为 [1, 'one']
```

提示 ls=list((1,'one','一')) 的外面一对小括号对应 list 方法的形参列表，里面一对小括号对应元组。也可以将该行代码分成两条语句：

```
t=(1,'one','一') #创建元组对象并赋给t
ls=list(t) #根据元组t创建列表对象并赋给ls
```

通过 ls[0] 和 ls[-1] 可以访问列表中的某个元素，通过 ls[0:-1] 可以截取列表中的部分元素生成一个新的列表。关于列表元素的访问和截取方法，读者可查阅 2.2.3 节中的介绍。

5.2.2 拼接列表

通过拼接运算可以将多个列表连接在一起，生成一个新的列表。例如，对于下面的代码：

```
ls1=[1,2,3] #创建列表对象并赋给变量ls1
ls2=['Python','C++'] #创建列表对象并赋给变量ls2
ls3=ls1+ls2 #通过拼接运算"+"将ls1和ls2连接生成一个新的列表对象并赋给ls3
print('ls1和ls2的值分别为 ',ls1,ls2)
print('ls3的值为 ',ls3)
```

程序执行完毕后，将在屏幕上输出如下结果：

```
ls1 和 ls2 的值分别为 [1, 2, 3] ['Python', 'C++']
ls3 的值为 [1, 2, 3, 'Python', 'C++']
```

可见，ls3 就是 ls1 和 ls2 拼接后的结果。

> **提示** 除了拼接运算"+"外，Python 中的序列还支持重复运算"*"。关于这两个序列运算符的说明，读者可查阅 2.3.9 节。

5.2.3 复制列表元素

Python 中，赋值运算实际上是将两个变量指向同一个对象，而不是将一个变量的值赋给另一个变量。两个变量指向同一个对象后，我们通过一个变量修改对象中元素的值，那么通过另一个变量访问对象时，访问到的对象中的元素值也是修改后的值。例如，对于下面的代码：

```
ls1=[1,2,3] #创建列表对象并赋给变量 ls1
ls2=ls1 #通过赋值运算 ls2 和 ls1 指向同一个对象
print('ls1 和 ls2 的值分别为 ',ls1,ls2)
print('ls1 和 ls2 的内存地址分别为 ',id(ls1),id(ls2))
ls1[1]=5 #将 ls1 中下标为 1 的元素值修改为 5
print('ls1 和 ls2 的值分别为 ',ls1,ls2)
```

程序执行完毕后，将在屏幕上输出如下结果：

```
ls1 和 ls2 的值分别为 [1, 2, 3] [1, 2, 3]
ls1 和 ls2 的内存地址分别为 1977218523720 1977218523720
ls1 和 ls2 的值分别为 [1, 5, 3] [1, 5, 3]
```

可见，ls2=ls1 实际上使得 ls2 和 ls1 这两个变量对应了同一个列表对象，在输出 ls1 和 ls2 时，不仅它们的值是一样的，内存地址也完全一样。因此，当我们通过 ls1[1]=5 修改下标为 1 的元素值后，再输出 ls2 的值时，ls2[1] 的值也出现了相应的变化。

如果我们要根据一个已有列表对象复制出另一个新的列表对象，后面对两个对象的操作完全独立，如修改一个对象中的元素值不会影响另一个对象，则可以采用下面代码中所示的元素截取的方法：

```
ls1=[1,2,3] #创建列表对象并赋给变量 ls1
ls2=ls1[:] #通过 ls1[:] 将 ls1 的所有元素截取生成新对象并赋给 ls2
print('ls1 和 ls2 的值分别为 ',ls1,ls2)
print('ls1 和 ls2 的内存地址分别为 ',id(ls1),id(ls2))
ls1[1]=5 #将 ls1 中下标为 1 的元素值修改为 5
print('ls1 和 ls2 的值分别为 ',ls1,ls2)
```

程序执行完毕后，将在屏幕上输出如下结果：

```
ls1 和 ls2 的值分别为 [1, 2, 3] [1, 2, 3]
ls1 和 ls2 的内存地址分别为 2021463056968 2021463057032
ls1 和 ls2 的值分别为 [1, 5, 3] [1, 2, 3]
```

从输出结果中可以看到，通过 ls2=ls1[:]，虽然 ls2 与 ls1 的元素值完全相同，但它们具有不同的内存地址，即指向了不同的列表对象。此时，再执行 ls1[1]=5 只会修改 ls1 中下标为 1 的元素的值，而 ls2 中的元素不会受到影响。

如果一个列表中不包含列表类型的元素，使用前面所介绍的这种元素截取的方法完全可行；否则，也会出现两个列表中的部分元素指向同一个对象的问题，如下面的代码所示：

```
ls1=[1,[2,3]]  # 创建列表对象并赋给变量 ls1
ls2=ls1[:]  # 通过 ls1[:] 将 ls1 的所有元素截取生成新对象并赋给 ls2
print('ls1 和 ls2 的值分别为 ',ls1,ls2)
print('ls1 和 ls2 的内存地址分别为 ',id(ls1),id(ls2))
print('ls1[1] 和 ls2[1] 的内存地址分别为 ',id(ls1[1]),id(ls2[1]))
ls1[1][0]=5  # 将 ls1 下标为 1 的列表元素（即 ls[1]）中下标为 0 的元素值修改为 5
print('ls1 和 ls2 的值分别为 ',ls1,ls2)
```

程序执行完毕后，将在屏幕上输出如下结果：

```
ls1 和 ls2 的值分别为 [1, [2, 3]] [1, [2, 3]]
ls1 和 ls2 的内存地址分别为 1416753996424 1416754486344
ls1[1] 和 ls2[1] 的内存地址分别为 1416753996360 1416753996360
ls1 和 ls2 的值分别为 [1, [5, 3]] [1, [5, 3]]
```

可见，虽然 ls1 和 ls2 指向了不同的列表对象，但它们中列表类型的元素 ls1[1] 和 ls2[1] 指向了同一个列表对象（输出的内存地址完全相同）。因此，对列表对象 ls1[1] 中的元素赋值后，列表对象 ls2[1] 中的元素也随之修改。

为了真正实现列表的复制操作，可以使用 Python 在 copy 模块中提供的 deepcopy 函数。下面的代码说明了 deepcopy 的具体使用方法：

```
import copy  # 导入 copy 模块
ls1=[1,[2,3]]  # 创建列表对象并赋给变量 ls1
ls2=copy.deepcopy(ls1)  # 通过调用 deepcopy 函数复制 ls1 生成新对象并赋给 ls2
print('ls1 和 ls2 的值分别为 ',ls1,ls2)
print('ls1 和 ls2 的内存地址分别为 ',id(ls1),id(ls2))
print('ls1[1] 和 ls2[1] 的内存地址分别为 ',id(ls1[1]),id(ls2[1]))
ls1[1][0]=5  # 将 ls1 下标为 1 的列表元素（即 ls[1]）中下标为 0 的元素值修改为 5
print('ls1 和 ls2 的值分别为 ',ls1,ls2)
```

程序执行完毕后，将在屏幕上输出如下结果：

```
ls1 和 ls2 的值分别为 [1, [2, 3]] [1, [2, 3]]
ls1 和 ls2 的内存地址分别为 1942483404104 1942484025224
ls1[1] 和 ls2[1] 的内存地址分别为 1942483405896 1942484062280
ls1 和 ls2 的值分别为 [1, [5, 3]] [1, [2, 3]]
```

从输出结果可以看到，通过使用 deepcopy 函数，不仅 ls1 和 ls2 指向了不同的列表对象，它们的列表元素（即 ls1[1] 和 ls2[1]）也都指向了不同的列表对象。

5.2.4 查找列表元素

通过列表中的 index 方法可以根据指定值查找第一个匹配的列表元素的位置，index

方法的语法格式如下：

```
ls.index(x)
```

其中，ls 是要进行元素查找操作的列表对象，x 是要查找的元素值，返回值是 ls 中第一个值为 x 的元素的位置。

例如，对于下面的代码：

```
ls=[1,3,5,3] #创建列表对象并赋给 ls
print('ls 值为 3 的元素第一次出现的位置为 ',ls.index(3))
```

程序执行完毕后，将在屏幕上输出如下结果：

```
ls 值为 3 的元素第一次出现的位置为  1
```

思考 如果要查找一个列表中所有值为 3 的元素的位置，应该如何编写代码呢？

5.2.5 插入列表元素

通过列表中的 insert 方法可以将一个元素插入列表的指定位置，insert 方法的语法格式如下：

```
ls.insert(index, x)
```

其作用是将元素 x 插入 ls 列表下标为 index 的位置上。

如果要在列表的最后添加新元素，则还可以直接使用列表的 append 方法，append 方法的语法格式如下：

```
ls.append(x)
```

例如，对于下面的代码：

```
ls=[1,2,3] #创建列表对象并赋给 ls
ls.insert(0, 'Python') #在 ls 列表下标为 0 的位置插入新元素 Python
print(ls) #输出 ls
ls.insert(2, True) #在 ls 列表下标为 2 的位置插入新元素 True
print(ls) #输出 ls
ls.append([5,10]) #在 ls 列表的最后添加新元素 [5,10]
print(ls) #输出 ls
```

程序执行完毕后，将在屏幕上输出如下结果：

```
['Python', 1, 2, 3]
['Python', 1, True, 2, 3]
['Python', 1, True, 2, 3, [5, 10]]
```

5.2.6 删除列表元素

使用 del 语句可以删除某个变量或列表中的某个元素。如果要删除列表中的连续多个元素，也可以截取列表中的连续多个元素并将其赋为空列表。

例如，对于下面的代码：

```
ls=[0,1,2,3,4,5,6,7,8,9] #创建列表对象并赋给ls
del ls[8] #使用del将ls中下标为8的元素删除
print(ls) #输出ls
ls[1:6]=[] #将ls中下标为1～5的元素删除
print(ls) #输出ls
```

程序执行完毕后，将在屏幕上输出如下结果：

```
[0, 1, 2, 3, 4, 5, 6, 7, 9]
[0, 6, 7, 9]
```

思考 如果要将整个列表清空，应该如何编写代码呢？

5.2.7 获取列表中的最大元素

使用max方法可以获取一个列表中最大元素的值，max方法的语法格式如下：

```
max(ls)
```

其中，ls是要获取最大元素值的列表。例如，对于下面的代码：

```
ls=[23,56,12,37,28] #创建列表对象并赋给ls
print('ls中的最大元素值为 ',max(ls)) #输出ls中最大元素的值
```

程序执行完毕后，将在屏幕上输出如下结果：

ls中的最大元素值为 56

思考 如果要获取列表中最大元素的位置，应该如何编写代码呢？

5.2.8 获取列表中的最小元素

使用min方法可以获取一个列表中最小元素的值，min方法的语法格式如下：

```
min(ls)
```

其中，ls是要获取最小元素值的列表。例如，对于下面的代码：

```
ls=[23,56,12,37,28] #创建列表对象并赋给ls
print('ls中的最小元素值为 ',min(ls)) #输出ls中最小元素的值
```

程序执行完毕后，将在屏幕上输出如下结果：

ls中的最小元素值为 12

5.2.9 统计元素出现的次数

使用列表中的count方法可以统计某个值在列表中出现的次数，count方法的语法格

式如下：

```
ls.count(x)
```

其作用是统计值 x 在列表 ls 中出现的次数。例如，对于下面的代码：

```
ls=[23,37,12,37,28] #创建列表对象并赋给 ls
print('ls 中值为 37 的元素个数为 ',ls.count(37))
print('ls 中值为 28 的元素个数为 ',ls.count(28))
print('ls 中值为 56 的元素个数为 ',ls.count(56))
```

程序执行完毕后，将在屏幕上输出如下结果：

```
ls 中值为 37 的元素个数为 2
ls 中值为 28 的元素个数为 1
ls 中值为 56 的元素个数为 0
```

5.2.10 计算列表长度

使用 len 方法可以获取一个列表中包含的元素数量（即列表长度），len 方法的语法格式如下：

```
len(ls)
```

其中，ls 是要计算长度的列表。例如，对于下面的代码：

```
ls=[23,56,12,37,28] #创建列表对象并赋给 ls
print('ls 的列表长度为 ',len(ls)) #输出 ls 中元素的数量
```

程序执行完毕后，将在屏幕上输出如下结果：

```
ls 的列表长度为 5
```

5.2.11 列表中元素排序

使用列表中的 sort 方法可以对列表中的元素按照指定规则进行排序，sort 方法的语法格式如下：

```
ls.sort(key=None, reverse=False)
```

其中，ls 是待排序的列表；key 接收一个函数，通过该函数获取用于排序时比较大小的数据；reverse 指定是将列表中的元素按升序（False，默认值）还是按降序（True）排列。

例如，对于代码清单 5-2：

代码清单 5-2 列表中元素排序示例

```
1    class Student: #定义学生类
2        def __init__(self,sno,name): #定义构造方法
3            self.sno=sno #将 self 对象的 sno 属性赋为形参 sno 的值
4            self.name=name #将 self 对象的 name 属性赋为形参 name 的值
5        def __str__(self): #定义内置方法 __str__
6            return ' 学号: '+self.sno+', 姓名: '+self.name
7    if __name__=='__main__':
```

```
8       ls1=[23,56,12,37,28]  # 创建列表对象并赋给变量 ls1
9       ls1.sort()  # 将 ls1 中的元素按升序排序
10      print('ls1 升序排序后的结果：',ls1)
11      ls1.sort(reverse=True)  # 将 ls1 中的元素按降序排序
12      print('ls1 降序排序后的结果：',ls1)
13      ls2=[Student('1810101','李晓明'), Student('1810100','马红'),
            Student('1810102','张刚')]  # 创建包含 3 个 Student 类对象的列表并赋给变量
            ls2
14      ls2.sort(key=lambda stu:stu.sno)  # 按学号升序排序
15      print('ls2 按学号升序排序后的结果：')
16      for stu in ls2:  # 遍历 ls2 中的每名学生并输出
17          print(stu)
18      ls2.sort(key=lambda stu:stu.sno, reverse=True)  # 按学号降序排序
19      print('ls2 按学号降序排序后的结果：')
20      for stu in ls2:  # 遍历 ls2 中的每名学生并输出
21          print(stu)
```

程序执行完毕后，将在屏幕上输出如下结果：

```
ls1 升序排序后的结果：[12, 23, 28, 37, 56]
ls1 降序排序后的结果：[56, 37, 28, 23, 12]
ls2 按学号升序排序后的结果：
学号：1810100，姓名：马红
学号：1810101，姓名：李晓明
学号：1810102，姓名：张刚
ls2 按学号降序排序后的结果：
学号：1810102，姓名：张刚
学号：1810101，姓名：李晓明
学号：1810100，姓名：马红
```

提示 代码清单 5-2 第 14 行和第 18 行中，sort 方法的位置参数 key=lambda stu:stu.sno 表示将 lambda 函数传入对象的 sno 属性作为返回值，并以此作为排序的依据。因此，最后输出的排序结果是按学号升序或降序排列。

也先可以定义一个函数，如：

```
def GetStuSno(stu):  # 定义 GetStuSno 函数
    return stu.sno  # 返回 stu 的 sno 属性
```

然后将第 14 行和第 18 行代码分别改为：

```
14      ls2.sort(key=GetStuSno)  # 按学号升序排序
18      ls2.sort(key=GetStuSno, reverse=True)  # 按学号降序排序
```

运行程序后，可得到同样的输出结果。

5.3 元组

元组（tuple）是 Python 的另一个内置序列类型。元组与列表相似，都可以用于顺序

保存多个元素，但元组是一种不可变类型，元组中的元素不能修改。对于只需要读取而不需要修改的元素序列，应优先使用元组，以防止使用列表存储而被意外修改，从而导致程序运行结果不正确。元组的概念和基本使用方法在 2.2.4 节已经介绍过，这里对前面的内容做简单回顾，并进一步介绍关于元组的更多的使用方法。

5.3.1 创建元组

元组就是用一对小括号括起来的多个元素的有序集合，各元素之间用逗号分隔。如果一个元组中不包含任何元素（即只有一对小括号），则该元组就是一个空元组。例如，下面的代码说明了如何创建元组对象：

```
t1=(1,'one',' 一 ') # 创建元组对象并将其赋给变量 t1，其包含 3 个元素
t2=() # 创建元组对象并将其赋给变量 t2，其不包含任何元素，因此是一个空元组
print('t1 的值为 ',t1)
print('t2 的值为 ',t2)
```

程序执行完毕后，将在屏幕上输出如下结果：

```
t1 的值为 (1, 'one', ' 一 ')
t2 的值为 ()
```

除了使用一对小括号创建列表对象这种方式外，还可以利用 Python 的内置方法 tuple 根据一个列表创建一个元组对象。例如，对于下面的代码：

```
t=tuple([1,'one',' 一 ']) # 使用 tuple 方法根据列表创建元组对象，并赋给 t 变量
print('t 的值为 ',t)
print('t 的第一个元素和最后一个元素的值分别为 ',t[0],t[-1])
print('t 的前两个元素的值为 ',t[0:-1])
```

程序执行完毕后，将在屏幕上输出如下结果：

```
t 的值为 (1, 'one', ' 一 ')
t 的第一个元素和最后一个元素的值分别为 1  一
t 的前两个元素的值为 (1, 'one')
```

5.3.2 创建具有单个元素的元组

如果创建的元组中只包含单个元素，则需要在这唯一的一个元素后面添加逗号，否则小括号会被系统认为是括号运算符，而不会被认为是在创建元组。例如，对于下面的代码：

```
t1=(15) # 不加逗号，则 t1 是一个整型变量
t2=(15,) # 加逗号，则 t2 是一个元组
print('t1 的类型为 ',type(t1))
print('t2 的类型为 ',type(t2))
```

程序执行完毕后，将在屏幕上输出如下结果：

```
t1 的类型为 <class 'int'>
t2 的类型为 <class 'tuple'>
```

可见 t1 是一个整型变量，而 t2 是元组型变量。

5.3.3 拼接元组

虽然元组中的元素值不允许修改，但通过拼接运算可以将两个元组连接，生成一个新元组。例如，对于下面的代码：

```
t1=(1,2,3) #创建元组对象并赋给变量t1
t2=('Python','C++') #创建元组对象并赋给变量t2
t3=t1+t2 #通过拼接运算"+"将t1和t2连接，生成一个新的列表对象并赋给t3
print('t1和t2的值分别为 ',t1,t2)
print('t3的值为 ',t3)
```

程序执行完毕后，将在屏幕上输出如下结果：

```
t1和t2的值分别为 (1, 2, 3) ('Python', 'C++')
t3的值为 (1, 2, 3, 'Python', 'C++')
```

可见，t3就是t1和t2拼接后的结果。

提示 除了拼接运算"+"外，元组也支持重复运算"*"，读者可查阅2.3.9节的相关介绍。

5.3.4 获取元组中的最大元素

使用max方法可以获取一个元组中最大元素的值，max方法的语法格式如下：

```
max(t)
```

其中，t是要获取最大元素值的元组。例如，对于下面的代码：

```
t=(23,56,12,37,28) #创建元组对象并赋给t
print('t中的最大元素值为 ',max(t)) #输出t中最大元素的值
```

程序执行完毕后，将在屏幕上输出如下结果：

```
t中的最大元素值为 56
```

5.3.5 获取元组中的最小元素

使用min方法可以获取一个元组中最小元素的值，min方法的语法格式如下：

```
min(t)
```

其中，t是要获取最小元素值的元组。例如，对于下面的代码：

```
t=(23,56,12,37,28) #创建元组对象并赋给t
print('t中的最小元素值为 ',min(t)) #输出t中最小元素的值
```

程序执行完毕后，将在屏幕上输出如下结果：

```
t中的最小元素值为 12
```

5.3.6 元组的不变性

元组中的元素值不允许修改，因此，元组不支持sort等需要修改元素值的方法。

5.4 集合

与数学上的集合概念相同，Python 中的集合（set）由若干无序的元素组成，每个元素都是唯一的（即集合中不能包含重复值的元素），且必须是可哈希类型的数据。集合的概念和基本使用方法在 2.2.5 节已经介绍过，这里对前面的内容做简单回顾，并介绍关于集合的更多的使用方法。

5.4.1 创建集合

可以使用一对大括号"{...}"或 set 函数创建集合，如果要创建空集合，则只能使用 set 函数。关于具体方法，读者可查阅 2.2.5 节的相关内容。

5.4.2 元素唯一性

集合中不能包含有重复值的元素。如果创建集合或向集合中插入元素时，指定的元素具有重复值，则集合会自动过滤掉重复值的元素，使得每种取值的元素只保留一个。例如，对于下面的代码：

```
s=set([23,37,12,37,28])  # 创建集合对象并赋给 s
print('s 的值为 ',s)  # 输出 s
```

程序执行结束后，将在屏幕上输出如下结果：

```
s 的值为 {28, 12, 37, 23}
```

可见，虽然传入的列表中有两个值为 37 的元素，但在创建的集合对象中只保留了一个。

5.4.3 插入集合元素

集合中提供了两种插入元素的方法，分别是 add 和 update。add 方法的语法格式如下：

```
s.add(x)
```

其作用是把 x 作为一个新的元素插入集合 s 中，其中 x 必须是一个可哈希对象。

update 方法的语法格式如下：

```
s.update(x)
```

其作用是把 x 拆分成多个元素后再将这多个元素插入集合中，其中 x 必须是一个可迭代对象。

提示 关于可哈希对象和可迭代对象的相关介绍，读者可查阅 2.2.5 节。

代码清单 5-3 说明了 add 方法和 update 方法的区别。

代码清单 5-3　add 方法和 update 方法使用示例

```
1    s1=set([1,2])  # 创建集合对象并赋给变量 s1
2    s2=set([1,2])  # 创建集合对象并赋给变量 s2
3    s1.add('Python')  # 使用 add 方法向 s1 中插入元素 'Python'
```

```
4    s2.update('Python') #使用update方法将'Python'拆分成多个元素再插入s2中
5    print('s1的值为 ',s1)
6    print('s2的值为 ',s2)
7    #s1.add([4,5]) #取消前面的注释则会报错
8    s2.update([4,5]) #使用update方法将[4,5]拆分成多个元素再插入s2中
9    print('s1的值为 ',s1)
10   print('s2的值为 ',s2)
11   s1.add(3) #使用add方法向s1中插入元素3
12   #s2.update(3) #取消前面的注释则会报错
```

程序执行完毕后,将在屏幕上输出如下结果:

```
s1的值为 {1, 2, 'Python'}
s2的值为 {1, 2, 'P', 'y', 't', 'o', 'n', 'h'}
s1的值为 {1, 2, 'Python'}
s2的值为 {1, 2, 4, 5, 'P', 'y', 't', 'o', 'n', 'h'}
```

> **提示** 对比代码清单5-3的第3行和第4行可以看到,使用add方法会将'Python'作为一个元素插入集合s1中,而使用update方法则会将'Python'中的每个字符拆分出来形成多个元素再插入集合s2中。
>
> 对于第7行代码,因为add方法要求插入集合中的元素必须是可哈希的,而列表是不可哈希的,所以如果取消前面的注释则会报错。
>
> 对于第8行代码,使用update方法会将列表[4,5]中的元素拆分出来形成两个元素(即4和5),再插入集合s2中。
>
> 对于第12行代码,因为update方法要求传入的参数必须是可迭代的,而整数是不可迭代的,所以如果取消前面的注释则会报错。

5.4.4 交集

集合中的intersection方法可以用于计算一个集合与另一个集合的交集,intersection方法的语法格式如下:

```
s1.intersection(s2)
```

其作用是计算s1和s2的交集并返回。intersection方法不会修改s1和s2本身的值。关于intersection方法的使用示例,将在"对称差集"部分给出。

5.4.5 并集

集合中的union方法可以用于计算一个集合与另一个集合的并集,union方法的语法格式如下:

```
s1.union(s2)
```

其作用是计算s1和s2的并集并返回。union方法不会修改s1和s2本身的值。关于union方法的使用示例,将在"对称差集"部分给出。

5.4.6 差集

集合中的 difference 方法可以用于计算一个集合与另一个集合的差集，difference 方法的语法格式如下：

```
s1.difference(s2)
```

其作用是计算 s1 和 s2 的差集并返回，差集是指由包含在 s1 中但不包含在 s2 中的元素组成的集合。difference 方法不会修改 s1 和 s2 本身的值。关于 difference 方法的使用示例，将在"对称差集"部分给出。

5.4.7 对称差集

集合中的 symmetric_difference 方法可以用于计算一个集合与另一个集合的对称差集，symmetric_difference 方法的语法格式如下：

```
s1.symmetric_difference(s2)
```

其作用是计算 s1 和 s2 的对称差集并返回，对称差集是指由只包含在 s1 中或只包含在 s2 中的元素组成的集合。symmetric_difference 方法不会修改 s1 和 s2 本身的值。

下面的代码说明了 intersection、union、difference 和 symmetric_difference 这 4 种方法的使用。

```
s1=set([1,2,3])  #创建集合对象并赋给变量 s1
s2=set([2,3,4])  #创建集合对象并赋给变量 s2
s3=s1.intersection(s2)  #计算 s1 和 s2 的交集，并将返回集合赋给 s3
s4=s1.union(s2)  #计算 s1 和 s2 的并集，并将返回集合赋给 s4
s5=s1.difference(s2)  #计算 s1 和 s2 的差集，并将返回集合赋给 s5
s6=s1.symmetric_difference(s2)  #计算 s1 和 s2 的对称差集，并将返回集合赋给 s6
print('s1 和 s2 的值分别为 ',s1,s2)
print('s1 和 s2 的交集为 ',s3)
print('s1 和 s2 的并集为 ',s4)
print('s1 和 s2 的差集为 ',s5)
print('s1 和 s2 的对称差集为 ',s6)
```

程序执行完毕后，将在屏幕上输出如下结果：

```
s1 和 s2 的值分别为 {1, 2, 3} {2, 3, 4}
s1 和 s2 的交集为 {2, 3}
s1 和 s2 的并集为 {1, 2, 3, 4}
s1 和 s2 的差集为 {1}
s1 和 s2 的对称差集为 {1, 4}
```

5.4.8 子集

集合中的 issubset 方法可以用于判断一个集合是否是另一个集合的子集，issubset 方法的语法格式如下：

```
s1.issubset(s2)
```

其作用是判断 s1 是否是 s2 的子集。如果 s1 是 s2 的子集，则返回 True；否则，返回 False。关于 issubset 方法的使用示例，将在"父集"部分给出。

5.4.9 父集

集合中的 issuperset 方法可以用于判断一个集合是否是另一个集合的父集，issuperset 方法的语法格式如下：

```
s1.issuperset(s2)
```

其作用是判断 s1 是否是 s2 的父集（即判断 s2 是否是 s1 的子集）。如果 s1 是 s2 的父集，则返回 True；否则，返回 False。例如，对于下面的代码：

```
s1=set([1,2,3,4]) #创建集合对象并赋给变量 s1
s2=set([2,3,4,5]) #创建集合对象并赋给变量 s2
s3=set([1,3])     #创建集合对象并赋给变量 s3
print('s3是s1的子集: ',s3.issubset(s1))
print('s1是s3的父集: ',s1.issuperset(s3))
print('s3是s2的子集: ',s3.issubset(s2))
print('s2是s3的父集: ',s3.issuperset(s2))
```

程序执行完毕后，将在屏幕上输出如下结果：

```
s3是s1的子集: True
s1是s3的父集: True
s3是s2的子集: False
s2是s3的父集: False
```

5.5 字典

与集合类似，字典（dictionary）也是由若干无序的元素组成。但与集合不同的是，字典是一种映射类型，字典中的每个元素都是键（key）：值（value）的形式。字典中每个元素键的取值必须唯一（即集合中不能包含相同键的元素）且必须是可哈希类型的数据，但对于每个元素值的取值则没有任何限制。

字典的主要应用是做数据的快速检索。实际使用字典时，将要查询的数据作为键，将其他数据作为值。例如，在进行学生信息管理时，经常要根据学号进行学生信息的查询，此时就可以将学号作为键，而将其他信息作为值。

字典的概念和基本使用方法在 2.2.6 节已经介绍过，这里对前面的内容做简单回顾并进一步介绍关于字典的更多的使用方法。

5.5.1 创建字典

可以使用一对大括号"{...}"或 dict 函数创建字典，如果要创建空字典，可以使用"{}"或 dict()。关于具体方法，读者可查阅 2.2.6 节的相关内容。

5.5.2 初始化字典中的元素

在创建字典对象的同时，可以初始化字典中的元素。除了 2.2.6 节介绍的初始化方法外，这里介绍一种使用 fromkeys 方法进行字典初始化的方式。fromkeys 方法的语法格式如下：

```
d.fromkeys(seq[, value])
```

其中，d 是一个已创建的字典对象；seq 是一个包含了字典所有键名的序列；value 是一个可选参数，其指定了各元素的初始值，默认情况下所有元素的值都被赋为 None。例如，对于下面的代码：

```
d1={}.fromkeys(['sno','name','major'])
d2=dict().fromkeys(['sno','name','major'], 'Unknown')
print('d1 的值为 ', d1)
print('d2 的值为 ', d2)
```

程序执行完毕后，将在屏幕上输出如下结果：

```
d1 的值为  {'sno': None, 'name': None, 'major': None}
d2 的值为  {'sno': 'Unknown', 'name': 'Unknown', 'major': 'Unknown'}
```

> **提示** 如果使用的字典对象中原来已经有其他元素，则调用 fromkeys 方法后原有的元素都会被清除。例如，对于下面的代码：
>
> ```
> d1=dict(age=18)
> print('d1 的值为 ', d1)
> d2=d1.fromkeys(['sno','name','major'])
> print('d2 的值为 ', d2)
> ```
>
> 程序执行完毕后，将在屏幕上输出：
>
> ```
> d1 的值为  {'age': 18}
> d2 的值为  {'sno': None, 'name': None, 'major': None}
> ```
>
> 可以看到，虽然在调用 fromkeys 方法前，d1 对象中已经有了一个键为 age 的元素，但该元素在 d2 中并不存在。

5.5.3 修改/插入字典元素

在 2.2.6 节介绍了通过键获取字典中元素值的方式，采用同样的方式可以完成字典元素的修改和删除。给指定键的元素赋值时，如果该键在字典中已存在，则会将该键对应的元素值做修改；如果该键在字典中不存在，则会在字典中插入一个新元素。

另外，也可以使用字典中的 update 方法一次修改或插入多个元素，update 方法的语法格式如下：

```
d.update(d2)    #用另一个字典对象 d2 的元素修改或插入字典对象 d 的元素
```

或

```
d.update( 键1=值1, 键2=值2, …, 键N=值N)    #用键值列表修改或插入字典对象 d 的元素
```

例如，对于代码清单 5-4：

代码清单 5-4　修改/插入字典元素示例

```
1    stu=dict(sno='1810101')  # 创建字典对象并赋给变量 stu
2    print(stu) # 输出 stu 的值
3    stu['sno']='1810100' # 将键为 'sno' 的元素的值修改为 '1810100'
4    print(stu) # 输出 stu 的值
5    stu['name']=' 李晓明 ' # 插入一个键为 'name' 的元素，其值为 ' 李晓明 '
6    print(stu) # 输出 stu 的值
7    stu.update({'name':' 马红 ','age':19})
8    print(stu) # 输出 stu 的值
9    stu.update(name=' 张刚 ',major=' 计算机 ')
10   print(stu) # 输出 stu 的值
```

程序执行完毕后，将在屏幕上输出如下结果：

```
{'sno': '1810101'}
{'sno': '1810100'}
{'sno': '1810100', 'name': ' 李晓明 '}
{'sno': '1810100', 'name': ' 马红 ', 'age': 19}
{'sno': '1810100', 'name': ' 张刚 ', 'age': 19, 'major': ' 计算机 '}
```

> **提示**　代码清单 5-4 中，第 3 行代码在给键为 'sno' 的元素赋值时，因为 'sno' 这个键已经存在，因此直接将该键对应的元素值做了修改，而没有增加新的元素。
>
> 　　第 5 行代码在给键为 'name' 的元素赋值时，因为 'name' 这个键原先不存在，因此增加了一个键为 'name' 的新元素，其值为 ' 李晓明 '。
>
> 　　第 7 行代码通过调用 update 方法，将键为 'name' 的元素的值修改为 ' 马红 '；同时增加了一个键为 'age' 的新元素，其值为 19。
>
> 　　第 9 行代码通过调用 update 方法，将键为 'name' 的元素的值修改为 ' 张刚 '；同时增加了一个键为 'major' 的新元素，其值为 ' 计算机 '。

5.5.4　删除字典中的元素

使用 del 方法可以删除某个元素，也可以使用字典中的 pop 方法删除指定键的元素。pop 方法的语法格式如下：

```
d.pop(key[, default])
```

其作用是从字典 d 中删除键为 key 的元素并返回该元素的值；如果 d 中不存在键为 key 的元素，则返回 default 参数的值。例如，对于下面的代码：

```
1    d=dict(sno='1810100', name=' 李晓明 ', age=19) # 创建字典对象并赋给变量 d
2    print(' 第 2 行输出的字典 d: ', d) # 输出 d 的值
3    del d['age'] # 使用 del 删除 d 中键为 'age' 的元素
4    name=d.pop('name') # 使用 pop 删除 d 中键为 'name' 的元素，并将返回的元素值赋给 name
5    print('name 的值为 ', name)
```

```
6    print('第6行输出的字典d: ', d)
7    major=d.pop('major', 'Not found')  #使用pop删除d中键为'major'的元素,并将返
        回的元素值赋给major
8    print('major的值为', major)
```

程序执行完毕后,将在屏幕上输出如下结果:

```
第2行输出的字典d: {'sno': '1810100', 'name': '李晓明', 'age': 19}
name 的值为李晓明
第6行输出的字典d: {'sno': '1810100'}
major 的值为 Not found
```

5.5.5 计算字典中元素的个数

使用 Python 提供的 len 方法可以计算字典中的元素个数,len 方法的语法格式如下:

```
len(d)
```

其中,d 为要计算元素个数的字典。例如,对于下面的代码:

```
d=dict(sno='1810100', name='李晓明', age=19)  #创建字典对象并赋给变量d
print('字典d中的元素个数为', len(d))
```

程序执行完毕后,将在屏幕上输出如下结果:

```
字典d中的元素个数为 3
```

5.5.6 清除字典中的所有元素

使用字典中的 clear 方法可以一次将一个字典中的所有元素都清除,clear 方法的语法格式如下:

```
d.clear()
```

其中,d 为要清除元素的字典。例如,对于下面的代码:

```
d=dict(sno='1810100', name='李晓明', age=19)  #创建字典对象并赋给变量d
print('字典d中的元素个数为', len(d))
d.clear()  #调用clear方法清除d中的所有元素
print('字典d中的元素个数为', len(d))
```

程序执行完毕后,将在屏幕上输出如下结果:

```
字典d中的元素个数为 3
字典d中的元素个数为 0
```

可见,使用 clear 方法一次将字典 d 中的所有元素都清除了。

5.5.7 判断字典中是否存在键

我们可以使用两种方法判断字典中是否存在某个键。一种方法是使用字典中的 get 方法,其语法格式如下:

```
d.get(key, default=None)
```

其作用是从字典 d 中获取键为 key 的元素的值并返回。如果在字典 d 中不存在键为 key 的元素，则返回 default 参数的值（默认为 None）。

另一种方法是使用成员运算符 in（读者可查阅 2.3.8 节的相关内容）。

例如，对于下面的代码：

```
d=dict(sno='1810100', name='李晓明') #创建字典对象并赋给变量 d
if d.get('sno')!=None: #如果 get 方法返回的不是 None
    print('字典 d 中存在键为 sno 的元素')
else: #否则
    print('字典 d 中不存在键为 sno 的元素')
if 'name' in d: #如果字典 d 中有键为 'name' 的元素
    print('字典 d 中存在键为 name 的元素')
else:
    print('字典 d 中不存在键为 name 的元素')
if d.get('age')!=None: #如果 get 方法返回的不是 None
    print('字典 d 中存在键为 age 的元素')
else: #否则
    print('字典 d 中不存在键为 age 的元素')
```

程序执行完毕后，将在屏幕上输出如下结果：

```
字典 d 中存在键为 sno 的元素
字典 d 中存在键为 name 的元素
字典 d 中不存在键为 age 的元素
```

5.5.8 拼接两个字典

这里介绍两种不同的字典拼接方法。

第一种：

```
dMerge=dict(d1,**d2)
```

第二种：

```
dMerge=d1.copy()
dMerge.update(d2)
```

其中，d1 和 d2 是待拼接的两个字典，dMerge 用于保存拼接后的字典。

提示 copy 是字典中的一个方法，其使用方法将在"浅拷贝"部分介绍。

例如，对于下面的代码：

```
d1=dict(sno='1810100', name='李晓明') #创建字典对象并赋给变量 d1
d2=dict(age=19) #创建字典对象并赋给变量 d2
dMerge1=dict(d1,**d2)
print('dMerge1 的值为 ', dMerge1)
dMerge2=d1.copy() #使用 copy 方法复制 d1 生成新的字典对象并赋给 dMerge2
dMerge2.update(d2) #根据 d2 中的元素对 dMerge2 进行修改/插入操作
print('dMerge2 的值为 ', dMerge2)
```

程序执行完毕后，将在屏幕上输出以下结果：

```
dMerge1 的值为 {'sno': '1810100', 'name': '李晓明', 'age': 19}
dMerge2 的值为 {'sno': '1810100', 'name': '李晓明', 'age': 19}
```

5.5.9 获取字典中键的集合

使用字典中的 keys 方法可以获取一个字典所有的键，keys 方法的语法格式如下：

```
d.keys()
```

其作用是返回一个包含 d 中所有键的对象。例如，对于下面的代码：

```
d=dict(sno='1810100', name='李晓明')  # 创建字典对象并赋给变量 d
print('d 中的键为 ', d.keys())
```

程序执行完毕后，将在屏幕上输出如下结果：

```
d 中的键为 dict_keys(['sno', 'name'])
```

思考 keys 方法返回的是一个 dict_keys 对象，是否可以将其转换为列表？如何实现？

5.5.10 获取字典中值的集合

使用字典中的 values 方法可以获取一个字典所有的值，values 方法的语法格式如下：

```
d.values()
```

其作用是返回一个包含 d 中所有值的对象。例如，对于下面的代码：

```
d=dict(sno='1810100', name='李晓明')  # 创建字典对象并赋给变量 d
print('d 中的值为 ', d.values())
```

程序执行完毕后，将在屏幕上输出如下结果：

```
d 中的值为 dict_values(['1810100', '李晓明'])
```

思考 values 方法返回的是一个 dict_values 对象，是否可以将其转换为列表？如何实现？

5.5.11 获取字典中的元素数组

使用字典中的 items 方法可以返回一个可按（键，值）方式遍历的对象，items 方法的语法格式如下：

```
d.items()
```

其中，d 是一个字典。例如，对于下面的代码：

```
d=dict(sno='1810100', name='李晓明')  # 创建字典对象并赋给变量 d
for key,value in d.items():
    print(key,value)
```

程序执行完毕后，将在屏幕上输出如下结果：

```
sno 1810100
name 李晓明
```

可见，通过 items 方法，我们可以遍历字典中每个元素的键和值，从而可以更加方便地进行字典数据的处理。

提示 如果直接在字典上做遍历，则每次只能获取一个元素的键，然后再通过键获取该元素的值。关于该方法的具体实现读者可查阅 2.5.1 节的相关内容。

5.5.12 浅拷贝

使用字典中的 copy 方法可以实现一个字典的浅拷贝。copy 方法的语法格式如下：

```
d.copy()
```

其作用是返回一个对字典 d 进行浅拷贝而得到的新字典。下面通过示例理解浅拷贝的概念及 copy 方法的作用，具体参见代码清单 5-5。

代码清单 5-5　浅拷贝示例

```
1    stu1={'name':'李晓明','age':19,'score':{'python':95,'math':92}}
2    stu2=stu1 #直接赋值，此时 stu2 和 stu1 指向同一个字典对象
3    stu3=stu1.copy() #使用 copy 方法进行浅拷贝
4    print('stu1、stu2 和 stu3 的内存地址分别为 ',id(stu1),id(stu2),id(stu3))
5    stu1['name']='马红' #将 stu1 中键为 name 的元素的值修改为 '马红'
6    print('stu1 的值为 ',stu1)
7    print('stu2 的值为 ',stu2)
8    print('stu3 的值为 ',stu3)
9    print("stu1['score'] 和 stu3['score'] 的内存地址分别为 ", id(stu1['score']),id(stu3['score']))
10   stu1['score']['python']=100
11   print('stu1 的值为 ',stu1)
12   print('stu3 的值为 ',stu3)
```

程序执行完毕后，将在屏幕上输出如下结果：

```
stu1、stu2 和 stu3 的内存地址分别为 2418482829568 2418482829568 2418482829928
stu1 的值为 {'name': '马红', 'age': 19, 'score': {'python': 95, 'math': 92}}
stu2 的值为 {'name': '马红', 'age': 19, 'score': {'python': 95, 'math': 92}}
stu3 的值为 {'name': '李晓明', 'age': 19, 'score': {'python': 95, 'math': 92}}
stu1['score'] 和 stu3['score'] 的内存地址分别为 2418482829496 2418482829496
stu1 的值为 {'name': '马红', 'age': 19, 'score': {'python': 100, 'math': 92}}
stu3 的值为 {'name': '李晓明', 'age': 19, 'score': {'python': 100, 'math': 92}}
```

从输出结果可以看到：

- 通过赋值运算，实际上使得两个变量指向了同一字典对象。当使用其中一个变量更新字典对象中的元素后，用另一个变量访问字典对象时也会访问到更新后的元

素值。例如，在代码清单 5-5 中，第 2 行将 stu1 直接赋给了 stu2，此时 stu1 和 stu2 就指向同一个字典对象；第 4 行输出 stu1 和 stu2 的内存地址时，会输出相同的地址值；第 5 行通过 stu1 对键为 name 的元素的值做了修改，第 7 行使用 stu2 输出字典对象时，键为 name 的元素的值也做了相应修改。

- 通过 copy 方法，可以根据已有字典对象生成一个新的字典对象。例如，在代码清单 5-5 中，第 3 行使用 copy 方法根据 stu1 生成了一个新的字典对象并赋给 stu3；第 4 行输出 stu1 和 stu3 的内存地址时，会输出不同的地址值；第 5 行通过 stu1 对键为 name 的元素值做了修改，第 8 行使用 stu3 输出字典对象时，键为 name 的元素的值并没有随之修改。这说明使用 copy 方法进行浅拷贝使得原有字典对象和浅拷贝生成的字典对象之间具有一定的独立性。

- 通过 copy 方法实现的浅拷贝，只是使得原有字典对象和浅拷贝生成的字典对象分别占用不同的内存空间，但这两个字典对象中的元素仍然对应同样的内存空间。对于包含可变类型元素的字典对象，这种浅拷贝方式就会出现问题。例如，在代码清单 5-5 中，第 9 行输出 stu1['score'] 和 stu3['score'] 的内存地址时，会输出相同的内存地址，即 stu1 和 stu3 虽然对应不同的字典对象，但两个字典对象中键为 score 的元素对应同样的内存。因此，在第 10 行中修改了 stu1['score']['python'] 的值后，第 12 行输出 stu3 的值时，stu3['score']['python'] 的值也随之修改。

可见，浅拷贝使得原有字典对象和生成的字典对象具有一定独立性，但并不完全独立；当对字典可变类型元素中的元素做修改时，则会产生问题。为了解决这个问题，对于含有可变类型元素的字典对象，我们应该使用接下来将要学习的深拷贝方法。

5.5.13 深拷贝

使用 copy 模块的 deepcopy 方法可以实现深拷贝，deepcopy 方法的语法格式如下：

```
copy.deepcopy(d)
```

其作用是根据字典 d 进行深拷贝创建一个新的字典对象并返回。深拷贝不仅使得原有字典对象和生成的字典对象对应不同的内存空间，而且使得两个字典对象中的可变类型元素对应不同的内存空间，从而使得两个字典对象完全独立。例如，对于下面的代码：

```
1    import copy  # 导入 copy 模块
2    stu1={'name':' 李晓明 ', 'age':19, 'score':{'python':95,'math':92}}
3    stu2=copy.deepcopy(stu1)  # 使用 deepcopy 方法进行深拷贝
4    print("stu1 和 stu2 的内存地址分别为 ", id(stu1), id(stu2))
5    print("stu1['score'] 和 stu2['score'] 的内存地址分别为 ", id(stu1['score']), id(stu2['score']))
6    stu1['score']['python']=100
7    print('stu1 的值为 ',stu1)
8    print('stu2 的值为 ',stu2)
```

程序执行完毕后，将在屏幕上输出如下结果：

```
stu1 和 stu2 的内存地址分别为 2615634123008 2613491686568
```

stu1['score'] 和 stu2['score'] 的内存地址分别为 2615634122936 2613491862984
stu1 的值为 {'name': '李晓明', 'age': 19, 'score': {'python': 100, 'math': 92}}
stu2 的值为 {'name': '李晓明', 'age': 19, 'score': {'python': 95, 'math': 92}}

可见，通过深拷贝，不仅使得原有字典对象 stu1 和深拷贝生成的字典对象 stu2 对应不同的内存空间，而且使得两个对象中的可变类型元素对应不同的内存空间，从而使得原有字典对象和生成的字典对象完全独立，即对一个字典对象的任何修改都不会影响另一个字典对象。

5.6 高级应用

本节介绍关于序列、集合和字典的一些高级应用，包括切片、列表生成表达式、生成器和迭代器。

5.6.1 切片

从一个序列对象中取部分元素形成一个新的序列对象是一个非常常用的操作，这个操作被称作切片（slice）。关于切片操作的大部分具体实现我们已经在第 2 章介绍过，读者可查阅 2.2.2～2.2.4 节的相关内容。这里只做一点补充，即切片操作除了可以取指定范围中的多个连续元素，还可以以固定步长取指定范围中的多个不连续元素。

例如，对于下面的代码：

```
1    ls1=list(range(0,20))   # 创建包含 20 个元素（0～19）的列表对象并赋给 ls1
2    print('ls1: ',ls1)       # 输出 ls1
3    ls2=ls1[3:10:2]          # 从 ls1 下标为 3～9 的元素中以步长 2 取元素生成一个新列表赋给 ls2
4    print('ls2: ',ls2)       # 输出 ls2
5    ls3=ls1[-10::3]          # 从 ls1 倒数第 10 个元素开始到最后一个元素，以步长 3 取元素生成一个新
                              # 列表赋给 ls3
6    print('ls3: ',ls3)       # 输出 ls3
7    ls4=ls1[-1:-11:-3]       # 从 ls1 最后一个元素到倒数第 10 个元素，以步长 -3 取元素生成一个新
                              # 列表赋给 ls4
8    print('ls4: ',ls4)       # 输出 ls4
```

程序执行完毕后，将在屏幕上输出如下结果：

```
ls1: [0, 1, 2, 3, 4, 5, 6, 7, 8, 9, 10, 11, 12, 13, 14, 15, 16, 17, 18, 19]
ls2: [3, 5, 7, 9]
ls3: [10, 13, 16, 19]
ls4: [19, 16, 13, 10]
```

提示 在进行切片操作时，第 2 个冒号后面的整数用来指定步长，步长默认值为 1。从前向后取元素时，步长应该为正；而从后向前取元素时，步长应该为负。

5.6.2 列表生成表达式

当我们创建一个列表对象时，除了前面章节介绍的方法，还可以用列表生成表达式。

在列表生成表达式中，可以使用 for、if 以及一些运算生成列表中的元素。例如，对于下面的代码：

```
ls=[x*x for x in range(10)]  # 创建包含10个元素的列表对象并赋给ls
print(ls)  # 输出ls
```

程序执行完毕后，将在屏幕上输出如下结果：

```
[0, 1, 4, 9, 16, 25, 36, 49, 64, 81]
```

即通过 for 使得 x 在 0~9 范围内依次取值，对于每一个 x，将 x*x 的计算结果作为列表对象中的元素。

还可以在 for 后面加上 if 判断。例如，对于下面的代码：

```
ls=[x*x for x in range(10) if x%2!=0]  # 创建0~9中所有奇数的平方组成的列表对象
print(ls)  # 输出ls
```

程序执行完毕后，将在屏幕上输出如下结果：

```
[1, 9, 25, 49, 81]
```

另外，列表生成表达式中也支持多层循环的形式，这里只给出两层循环的例子。例如，对于下面的代码：

```
snolist=['1810101','1810102','1810103']
namelist=['李晓明','马红','张刚']
ls=['学号:'+sno+',姓名:'+name for sno in snolist for name in namelist]
for stu in ls:
    print(stu)
```

程序执行完毕后，将在屏幕上输出如下结果：

```
学号:1810101,姓名:李晓明
学号:1810101,姓名:马红
学号:1810101,姓名:张刚
学号:1810102,姓名:李晓明
学号:1810102,姓名:马红
学号:1810102,姓名:张刚
学号:1810103,姓名:李晓明
学号:1810103,姓名:马红
学号:1810103,姓名:张刚
```

即通过列表生成表达式，snolist 和 namelist 中的每个元素都分别进行组合生成了 ls 中的这些元素。

5.6.3 生成器

当一个列表中包含大量元素时，如果一次性生成这些元素并保存在列表中，将占用大量的内存空间（有的情况下可用内存甚至无法满足存储需求）。对于这个问题，我们可以通过生成器（generator）来解决，即根据需要进行计算并获取列表中某个元素的值。

将列表生成表达式中的一对中括号改为一对小括号即可得到生成器,对于生成器对象,也可以像其他可迭代对象一样使用 for 循环遍历对象中的每一个元素。例如,对于下面的代码:

```
g=(x*x for x in range(10)) #创建一个生成器对象并赋给g
print('g 的类型为 ',type(g))
for i in g:
    print(i, end=' ')
```

程序执行完毕后,将在屏幕上输出如下结果:

```
g 的类型为 <class 'generator'>
0 1 4 9 16 25 36 49 64 81
```

如果生成元素的方法比较复杂,不适合用 for 循环方式实现,我们还可以借助 yield 关键字利用函数实现生成器的功能。例如,下面的代码实现了一个名为 faclist 的函数,可以依次生成 1!、2!、…、n!:

```
def faclist(n): #定义函数 faclist
    result=1
    for i in range(2,n+1): #i 在 2~n 范围内依次取值
        yield result #遇到 yield 即暂停执行并返回 result,下次执行时继续从此处开始执行
        result*=i #将 i 乘到 result 上
for i in faclist(10): #遍历 faclist 并输出每个元素的值
    print(i, end=' ')
```

程序执行完毕后,将在屏幕上输出如下结果:

```
1 2 6 24 120 720 5040 40320 362880
```

5.6.4 迭代器

通过前面的学习,我们可以知道 for 循环可以用于遍历序列、集合、字典等可迭代类型的数据,也可以用于遍历生成器。这些可直接使用 for 循环遍历的对象统称为可迭代对象(iterable)。迭代器(iterator)是指可以通过 next 函数不断获取下一个值的对象,并不是所有的可迭代对象都是迭代器。可以使用 isinstance 方法判断一个对象是否是可迭代对象或迭代器。例如,对于下面的代码:

```
from collections.abc import Iterable,Iterator #导入 Iterable 和 Iterator 类型
ls=[1,2,3,4,5] #创建一个列表对象
g=(x for x in range(1,6)) #创建一个生成器
print('ls 是可迭代对象: ',isinstance(ls,Iterable))
print('g 是可迭代对象: ',isinstance(g,Iterable))
print('ls 是迭代器: ',isinstance(ls,Iterator))
print('g 是迭代器: ',isinstance(g,Iterator))
```

程序执行完毕后,将在屏幕上输出如下结果:

```
ls 是可迭代对象: True
```

```
g 是可迭代对象: True
ls 是迭代器: False
g 是迭代器: True
```

可见，列表 ls 是可迭代对象，但不是迭代器；而生成器 g 既是可迭代对象，又是迭代器。对于可迭代对象，可以通过 iter 函数得到迭代器。例如，对于下面的代码：

```
from collections.abc import Iterator # 导入 Iterator 类型
ls=[1,2,3,4,5] # 创建一个列表对象
it=iter(ls) # 利用 iter 函数获取 ls 的迭代器
print('it 是迭代器: ',isinstance(it,Iterator))
```

程序执行完毕后，将在屏幕上输出如下结果：

```
it 是迭代器: True
```

对于迭代器，则可以使用 next 函数不断获取下一个元素，当所有元素都获取完毕后再调用 next 函数，就会引发 StopIteration 异常（关于异常的概念和处理方法，读者可查阅第 7 章的相关内容）。例如，对于下面的代码：

```
g=(x for x in range(1,3)) # 创建一个生成器
print('第 1 个元素: ',next(g))
print('第 2 个元素: ',next(g))
#print('第 3 个元素: ',next(g)) # 取消前面的注释则会引发 StopIteration 异常
```

程序执行完毕后，将在屏幕上输出如下结果：

```
第 1 个元素: 1
第 2 个元素: 2
```

迭代器 g 只能生成两个元素，所以当第 3 次执行 next(g) 时就会因为已经无法生成元素而引发 StopIteration 异常。

如果我们要自己定义一个类，使得该类的对象是迭代器，则需要在类中实现 __next__ 和 __iter__ 这两个方法。例如，对于下面的代码：

```
from collections.abc import Iterator
class Faclist: # 定义 Faclist 类
    def __init__(self): # 定义构造方法
        self.n=1
        self.fac=1
    def __next__(self): # 定义 __next__ 方法
        self.fac*=self.n
        self.n+=1
        return self.fac
    def __iter__(self): # 定义 __iter__ 方法
        return self
if __name__=='__main__':
    facs=Faclist()
    print('facs 是迭代器: ',isinstance(facs,Iterator))
    for i in range(1,6): #i 在 1～5 范围依次取值
```

```
print('第%d个元素：','%i,next(facs))
```

程序执行完毕后，将在屏幕上输出如下结果：

```
facs是迭代器：True
第1个元素：1
第2个元素：2
第3个元素：6
第4个元素：24
第5个元素：120
```

可见，Faclist 类的对象 facs 是迭代器，可以使用 next 函数进行元素的遍历。

思考 类中实现的 __next__ 方法和 __iter__ 方法会在什么情况下执行？请编写代码验证。

5.7 本章小结

本章在第 2 章内容的基础上更加深入地介绍了序列、集合和字典。通过本章的学习，读者应理解可变类型和不可变类型的概念和区别，掌握列表、元组、集合和字典的使用方法，在实际编程时能够熟练运用切片、列表生成表达式、生成器和迭代器进行数据处理。

5.8 课后习题

1. Python 中，通过列表中的_____方法可以根据指定值查找第一个匹配的列表元素的位置。
2. Python 中，通过列表中的_____方法可以将一个元素插入列表中的指定位置。
3. 若在列表的最后添加新元素，则可以直接使用列表的_____方法。
4. 使用_____语句可以删除某个变量或列表中的某个元素。
5. 使用_____方法可以获取一个列表中最大元素的值。
6. 使用_____方法可以获取一个列表中最小元素的值。
7. 使用列表中的_____方法可以统计某个值在列表中出现的次数。
8. Python 中集合有两种插入元素的方法，分别是_____和_____。
9. 集合中的_____方法可以用于判断一个集合是否是另一个集合的子集。
10. 集合中的_____方法可以用于判断一个集合是否是另一个集合的父集。
11. 使用 del 方法可以删除某个元素，也可以使用字典中的_____方法删除指定键的元素。
12. 使用字典中的_____方法可以一次将一个字典中的所有元素都清除。
13. 判断字典中是否存在某个键，可以使用字典中的_____方法，也可以使用成员运算符 in。
14. 已知 ls=[x*2 for x in range(5)]，则 print(ls) 的输出结果为_____。
15. _____是指可以通过 next 函数不断获取下一个值的对象。
16. 下列属于可变类型的是（   ）。
    A. 列表　　　　B. 元组　　　　C. 字符串　　　　D. 数字
17. 下列叙述正确的是（   ）。
    A. 列表和元组都是用一对中括号括起来的多个元素的有序集合，各元素之间用逗号分隔

B. 列表是用一对中括号括起来的多个元素的有序集合，各元素之间用逗号分隔，元组是用一对小括号括起来的多个元素的有序集合，各元素之间用逗号分隔

C. 列表是用一对小括号括起来的多个元素的有序集合，元组是用一对中括号括起来的多个元素的有序集合，各元素之间用逗号分隔

D. 列表和元组都是用一对小括号括起来的多个元素的有序集合，各元素之间用逗号分隔

18. 关于复制列表元素说法错误的是（　　）。

　　A. Python 中，通过赋值运算实际上是将两个变量指向同一个对象，而不是将一个变量的值赋给另一个变量。

　　B. 采用元素截取的方法，可以根据一个已有列表对象复制出另一个新的列表对象，后面对两个对象的操作完全独立

　　C. 如果一个列表中包含列表类型的元素，元素截取的方法完全可行，两个列表中的相同列表类型的元素完全独立

　　D. 为了真正实现列表的复制操作，可以使用 Python 在 copy 模块中提供的 deepcopy 函数

19. 已知学生类中有属性 name 和 sno，列表 ls 中含有若干学生对象，若要求列表 ls 按照学生的姓名的降序排序，相应的语句是（　　）。

　　A. ls.sort(key=lambda stu:stu.name,reverse=True)

　　B. ls.sort(key=lambda stu:stu.name)

　　C. ls.sort(key=name,reverse=True)

　　D. ls.sort(name)

20. 下列叙述错误的是（　　）。

　　A. 可以使用一对大括号 {...} 或 set 函数创建集合

　　B. 可以使用一对大括号 {...} 或 dict 函数创建字典

　　C. 可以使用 {} 或 set() 创建空集合

　　D. 可以使用 {} 或 dict() 创建空字典

21. 已知定义：

　　d=dict(sno='1810100', name=' 李晓明 ', age=19,t=(3,4),s=[3,4,5])

　　则 len(d) 的值为（　　）。

　　A. 5　　　　　　B. 6　　　　　　C. 7　　　　　　D. 8

22. 已知字典 d，获取字典中键集合的语句是（　　）。

　　A. d.items()　　B. d.values()　　C. d.keys()　　D. d.get()

23. 下列有关生成器叙述错误的是（　　）。

　　A. 将列表生成表达式中的一对中括号改为一对小括号即可得到生成器

　　B. 对于生成器对象，也可以像其他可迭代对象一样使用 for 循环遍历对象中的每一个元素

　　C. 如果生成元素的方法比较复杂，不适合用 for 循环方式实现，我们还可以借助 yield 关键字利用函数实现生成器的功能

　　D. 生成器就是一次性在内存中产生大量列表元素，占用大量的内存空间

24. 下列说法正确的是（　　）。

　　A. 列表是可迭代对象，但不是迭代器；同样，生成器是可迭代对象，但不是迭代器

　　B. 列表是可迭代对象，但不是迭代器；而生成器既是可迭代对象，又是迭代器

C. 列表既是可迭代对象, 又是迭代器; 而生成器是可迭代对象, 但不是迭代器

D. 列表既是可迭代对象, 又是迭代器; 而生成器是迭代器, 但不是迭代对象

25. 写出下面程序的运行结果。

```
t1=("zhangsan",18,95.5)
t2=()
t3=(33,)
t4=([44,55,66])
t5=t1+t3
print(t1,t2,t3,t4,t5)
print(t5)
print(max(t4))
print(min(t4))
```

26. 写出下面程序的运行结果。

```
ls=[1,2,3,2,3,4]
print(ls.index(4))
print(ls.count(3))
print(max(ls))
print(min(ls))
print(len(ls))
del ls[3]
print(ls)
ls.sort(reverse=True)
print(ls)
```

27. 写出下面程序的运行结果。

```
import copy
s1=[4,5,6]
s2=s1
s2[1]="nk"
print(s1,s2)
s3=s1[1:3]
s3[1]="cn"
print(s1,s3)
s4=copy.deepcopy(s1)
s4[1]=333
print(s1,s4)
s5=[4,[5,6]]
s6=s5[1:3]
s5[1][0]="cn"
print(s5,s6)
s7=copy.deepcopy(s5)
s7[1]="nk"
print(s5,s7)
```

28. 写出下面程序的运行结果。

```
s1={1,2,3}
s2=set([2,3,3,4])
s1.add(3)
s2.update('ab')
s3=s1.intersection(s2)
s4=s1.union(s2)
s5=s1.difference(s2)
```

```
    s6=s1.symmetric_difference(s2)
    print(s1)
    print(s2)
    print(s3)
    print(s4)
    print(s5)
    print(s6)
```

29. 写出下面程序的运行结果。

```
    d1={'name':"zhangsan",'sno':"001",'score':99}
    d2=dict().fromkeys(['radius','height'],0)
    print(d1)
    print(d2)
    d1.update({'age':19})
    d2.update(radius=10)
    print(d1)
    print(d2)
    del d1['age']
    height=d2.pop('height','not found')
    print(d1)
    print(d2)
    print(height)
    print(len(d1))
    print(len(d2))
```

30. 写出下面程序的运行结果。

```
    s1=[1,2,3,4,5,6,7,8,9,10]
    s2=list(range(10,20))
    s3=s1[2:8:2]
    s4=s2[-8::-2]
    print(s1)
    print(s2)
    print(s3)
    print(s4)
```

31. 该程序用到字典的浅拷贝和深拷贝，已知程序运行结果，请将程序填写完整。

```
    import copy
    d1={'name':"zhangsan",'sno':"001",'score':{'math':99,'C++':88}}
    d2=_____
    d3=_____
    d1['name']="li"
    d1['score']['C++']=90
    print(d1)
    print(d2)
    print(d3)
```

已知程序运行结果为：

```
{'name': 'li', 'sno': '001', 'score': {'math': 99, 'C++': 90}}
{'name': 'zhangsan', 'sno': '001', 'score': {'math': 99, 'C++': 90}}
{'name': 'zhangsan', 'sno': '001', 'score': {'math': 99, 'C++': 88}}
```

第 6 章 字 符 串

本章在第 2 章内容的基础上进一步介绍字符串的使用方法，包括字符串常用操作、格式化方法及正则表达式。在正则表达式部分将给出一个简单的爬虫程序示例，供读者参考。

6.1 字符串常用操作

字符串是 Python 中的一种序列数据类型，用于保存文本信息。关于字符串的基本使用方法在第 2 章已做过介绍，读者可查阅 2.2.2 节、2.3.1 节和 2.3.9 节的相关内容。这里以前面学习的内容为基础，对字符串的使用方法做进一步的介绍。

6.1.1 创建字符串

创建字符串时，可以使用单引号（'）、双引号（"）或三引号（即 3 个连续的单引号 '''或双引号 """）。例如，对于代码清单 6-1：

代码清单 6-1 创建字符串示例

```
1   str1='Hello World!'  #使用一对单引号创建字符串并赋给变量 str1
2   str2=" 你好，世界！ "  #使用一对双引号创建字符串并赋给变量 str2
3   str3='''我喜欢学习 Python 语言！'''  #使用一对三引号创建字符串并赋给变量 str3
4   print(str1)  # 输出 str1
5   print(str2)  # 输出 str2
6   print(str3)  # 输出 str3
```

程序执行完毕后，将在屏幕上输出如下结果：

```
Hello World!
 你好，世界！ 
我喜欢学习 Python 语言！
```

提示 将代码清单 6-1 第 3 行中的 3 个连续单引号改为 3 个连续双引号，即：

```
3    str3="""我喜欢学习 Python 语言！"""
```

程序运行后可得到完全相同的结果。

6.1.2 单引号、双引号、三引号之间的区别

单引号和双引号中的字符串要求写在一行中，二者在使用方法上并没有什么区别。只是使用单引号创建字符串时，如果字符串中包含单引号字符，则必须在单引号字符前加上转义符"\"；而使用双引号创建字符串时，如果字符串中包含双引号字符，则必须在双

引号字符前加上转义符"\"。因此，我们可以根据实际情况决定创建字符串时使用哪种引号，从而在编写代码时可以减少转义符的使用，增强程序的可读性。

提示 关于转义符的介绍，读者可查阅 2.2.2 节的相关内容。

例如，对于代码清单 6-2：

代码清单 6-2　单引号和双引号使用示例

```
1    str1='It\'s a book.'  #使用 \' 说明其是字符串中的一个单引号字符，不加 \ 则会报错
2    str2="It's a book."   #使用一对双引号创建字符串，此时字符串中的单引号不需要转义符
3    str3="He said:\"It is your book.\""  #使用 \" 说明其是字符串中的双引号字符
4    str4='He said:"It is your book."'  #使用一对单引号创建字符串，省掉了转义符
5    print(str1)  #输出 str1
6    print(str2)  #输出 str2
7    print(str3)  #输出 str3
8    print(str4)  #输出 str4
```

程序执行完毕后，将在屏幕上输出如下结果：

```
It's a book.
It's a book.
He said:"It is your book."
He said:"It is your book."
```

在代码清单 6-2 中，对比第 1 行和第 2 行、第 3 行和第 4 行代码可以看出：第 1 行和第 3 行的字符串都使用了转义符，使得程序的可读性变差；而第 2 行和第 4 行的字符串省掉了转义符，程序更加简洁。

单引号和双引号中的字符串如果分多行写，必须在每行结尾加上续行符"\"；如果希望一个字符串中包含多行信息，则需要使用换行符"\n"。例如，对于下面的代码：

```
s1='Hello \
World!'  #上一行以 \ 作为行尾，说明上一行与当前行是同一条语句
s2=" 你好! \n 欢迎学习 Python 语言程序设计! "  # 通过 \n 换行
print(s1)  #输出 s1
print(s2)  #输出 s2
```

程序执行完毕后，将在屏幕上输出如下结果：

```
Hello World!
 你好!
 欢迎学习 Python 语言程序设计!
```

可见，通过换行符"\"可以将一个字符串分多行书写，通过换行符"\n"可以在一个字符串中包含多行文本信息。然而，在字符串中加入这些转义符，会使得代码看上去更加复杂。

使用三引号创建字符串，则允许直接将字符串写成多行的形式。例如，对于下面的代码：

```
str='''你好!
欢迎学习 Python 语言程序设计!
祝你学习愉快! ''' #通过一对三引号定义包含多行文本信息的字符串
print(str) #输出 str
```

程序执行完毕后,将在屏幕上输出如下结果:

```
你好!
欢迎学习 Python 语言程序设计!
祝你学习愉快!
```

另外,在一对三引号括起来的字符串中,可以直接包含单引号和双引号,不需要使用转义符。例如,对于下面的代码:

```
str='''He said:
"It's a book for you."
''' #通过一对三引号定义包含多行文本信息的字符串,其中的单引号和双引号不需要加转义符
print(str) #输出 str
```

程序执行完毕后,将在屏幕上输出如下结果:

```
He said:
"It's a book for you."
```

6.1.3 字符串比较

2.3.4 节介绍的比较运算符也可以用于进行字符串之间的比较。字符串比较规则如下:
- 两个字符串按照从左至右的顺序逐个字符比较,如果对应的两个字符相同,则继续比较下一个字符。
- 如果找到了两个不同的字符,则具有较大 ASCII 码的字符对应的字符串具有更大的值。
- 如果对应字符都相同且两个字符串长度相同,则这两个字符串相等。
- 如果对应字符都相同但两个字符串长度不同,则较长的字符串具有更大的值。

例如,对于下面的代码:

```
str1='Python'
str2='C++'
str3='Python3.7'
str4='Python'
print('str1 大于 str2: ',str1>str2)
print('str1 小于等于 str2: ',str1<=str2)
print('str1 小于 str3: ',str1<str3)
print('str1 大于等于 str3: ',str1>=str3)
print('str1 等于 str4: ',str1==str4)
print('str1 不等于 str4: ',str1!=str4)
```

程序执行完毕后,将在屏幕上输出如下结果:

```
str1 大于 str2: True
```

```
str1 小于等于 str2: False
str1 小于 str3: True
str1 大于等于 str3: False
str1 等于 str4: True
str1 不等于 str4: False
```

6.1.4 字符串切割

使用字符串中的 split 方法可以按照指定的分隔符对字符串进行切割，返回由切割结果组成的列表。split 方法的语法格式如下：

```
str.split(sep=None, maxsplit=-1)
```

其中，str 是待切割的字符串；sep 是指定的分隔符，可以由一个或多个字符组成，其默认值为 None，表示按空白符（空格、换行、制表符等）做字符串切割；maxsplit 决定了最大切割次数，如果指定了 maxsplit 值则最多可以得到 maxsplit+1 个切割结果，其默认值为 –1，表示不对最大切割次数做限制。

例如，对于代码清单 6-3：

代码清单 6-3　split 方法使用示例

```
1    str1='It is a book!'
2    str2='Python##C++##Java##PHP'
3    ls1=str1.split() #按空白符对 str1 做切割，切割结果列表保存在 ls1 中
4    ls2=str2.split('##') #按 '##' 对 str2 做切割，切割结果列表保存在 ls2 中
5    ls3=str2.split('##',2) #按 '##' 对 str2 做 2 次切割，切割结果列表保存在 ls3 中
6    print('ls1:',ls1)
7    print('ls2:',ls2)
8    print('ls3:',ls3)
```

程序执行完毕后，将在屏幕上输出如下结果：

```
ls1: ['It', 'is', 'a', 'book!']
ls2: ['Python', 'C++', 'Java', 'PHP']
ls3: ['Python', 'C++', 'Java##PHP']
```

可见，在代码清单 6-3 的第 5 行中，通过指定 split 方法的 maxsplit 参数值为 2，使得对 str2 用 '##' 最多做 2 次切割，因此得到的结果列表中只包含了 3 个元素。其中，第 3 个元素虽然还包含分隔符 '##'，但因为超出了 maxsplit 参数指定的最大切割次数，所以不再做切割。

除了 split 方法，字符串中还提供了一个 splitlines 方法，该方法固定以行结束符（'\r'、'\n'、'\r\n'）作为分隔符对字符串进行切割，返回由切割结果组成的列表。splitlines 方法的语法格式如下：

```
str.splitlines([keepends])
```

其中，str 是待切割的字符串；keepends 表示切割结果中是否保留最后的行结束符，如果该参数值为 True，则保留行结束符，否则不保留（默认为 False，即在切割结果中不

保留行结束符)。例如,对于下面的代码:

```
str=" 你好! \n 欢迎学习 Python 语言程序设计! \r\n 祝你学习愉快! \r"
ls1=str.splitlines()
ls2=str.splitlines(True)
print('ls1:',ls1)
print('ls2:',ls2)
```

程序执行完毕后,将在屏幕上输出如下结果:

```
ls1: [' 你好! ', ' 欢迎学习 Python 语言程序设计! ', ' 祝你学习愉快! ']
ls2: [' 你好! \n', ' 欢迎学习 Python 语言程序设计! \r\n', ' 祝你学习愉快! \r']
```

可见,ls1 的切割结果中没有保留行结束符,而 ls2 的切割结果中保留了行结束符。

6.1.5 字符串检索

字符串中提供了4种用于进行字符串检索的方法,分别是 find、index、rfind、rindex,其语法格式分别为:

```
str.find(sub[, start[, end]])
str.index(sub[, start[, end]])
str.rfind(sub[, start[, end]])
str.rindex(sub[, start[, end]])
```

其作用是从字符串 str 中检索字符串 sub 出现的位置。start 和 end 参数指定了检索范围,即在切片 str[start:end] 范围中检索,默认情况下在 str[:] 范围中(即在整个字符串中)检索。find 方法是在指定检索范围中按照从左至右的顺序检索,找到字符串 sub 第一次出现的位置;而 rfind 方法在指定检索范围中按照从右至左的顺序检索,找到字符串 sub 第一次出现的位置。index 与 find 作用相同,rindex 与 rfind 作用相同,只是 find 和 rfind 在检索不到字符串 sub 时返回 −1,而 index 和 rindex 会引发 ValueError 异常。

这里只给出 find 和 rfind 方法的使用示例,如下面的代码所示:

```
str='cat dog cat dog cat dog'
print('str 中第一次出现 cat 的位置为 ',str.find('cat'))
print('str 中最后一次出现 cat 的位置为 ',str.rfind('cat'))
print('str 中第一次出现 mouse 的位置为 ',str.find('mouse'))
```

程序执行完毕后,将在屏幕上输出如下结果:

```
str 中第一次出现 cat 的位置为 0
str 中最后一次出现 cat 的位置为 16
str 中第一次出现 mouse 的位置为 −1
```

6.1.6 替换字符串中的字符

使用字符串中的 replace 方法可以将字符串中的指定子串替换成其他内容,replace 方法的语法格式如下:

```
str.replace(old, new[, max])
```

其中，str 是要做替换操作的字符串；old 和 new 分别是要替换的子串和替换成的字符串；max 是最多替换的子串数量，如果不指定 max 参数，则会将所有满足条件的子串替换掉。replace 方法返回替换后的字符串。例如，对于下面的代码：

```
str='cat dog cat dog cat dog'
str1=str.replace('cat','mouse') #将 str 中的所有 'cat' 子串替换成 'mouse'
str2=str.replace('cat','mouse',2) #将 str 中的 2 个 'cat' 子串替换成 'mouse'
print('str1:',str1)
print('str2:',str2)
```

程序执行完毕后，将在屏幕上输出如下结果：

```
str1: mouse dog mouse dog mouse dog
str2: mouse dog mouse dog cat dog
```

6.1.7 去除字符串空格

如果要去除字符串头部和尾部的空格，则可以使用字符串中的 strip、lstrip 和 rstrip 方法，其语法格式分别为：

```
str.strip()  #去除 str 中头部和尾部的空格
str.lstrip() #去除 str 中头部的空格
str.rstrip() #去除 str 中尾部的空格
```

这 3 个方法返回去除空格后的字符串。

如果要去除所有空格，则可以使用 replace 方法：

```
str.replace(' ','') #去除 str 中的所有空格
```

例如，对于下面的代码：

```
str=' I like Python! '  #创建字符串并赋给变量 str
str1=str.strip() #去除 str 中头部和尾部的空格，并将返回的字符串赋给变量 str1
str2=str.lstrip() #去除 str 中头部的空格，并将返回的字符串赋给变量 str2
str3=str.rstrip() #去除 str 中尾部的空格，并将返回的字符串赋给变量 str3
str4=str.replace(' ','') #去除 str 中所有的空格，并将返回的字符串赋给变量 str4
print('原字符串：#%s#'%str) #输出时前面和后面各加一个"#"以能够看出 str 末尾的空格
print('去掉头部和尾部空格后：#%s#'%str1)
print('去掉头部空格后：#%s#'%str2)
print('去掉尾部空格后：#%s#'%str3)
print('去掉所有空格后：#%s#'%str4)
```

程序执行完毕后，将在屏幕上输出如下结果：

```
原字符串: # I like Python! #
去掉头部和尾部空格后: #I like Python!#
去掉头部空格后: #I like Python! #
去掉尾部空格后: # I like Python!#
去掉所有空格后: #IlikePython!#
```

6.1.8 复制字符串

由于字符串是不可变类型，无法修改字符串中的某个元素值，故不存在修改一个字符串值会影响另一个字符串的问题。因此，直接用赋值运算符"="实现字符串赋值功能即可。例如，对于下面的代码：

```
str1='Java'
str2='C++'
str1='Python'
print('str1: %s, str2: %s'%(str1,str2))
```

程序执行完毕后，将在屏幕上输出如下结果：

```
str1: Python, str2: C++
```

6.1.9 连接字符串

作为一种序列数据，直接使用拼接运算（+）即可实现两个字符串的连接，关于拼接运算的具体使用方法，读者可查阅 2.3.9 节的相关内容。

另外，还可以使用字符串中的 join 方法将序列中的元素以指定的字符连接成一个新的字符串，join 方法的语法格式如下：

```
str.join(seq)
```

其中，seq 是一个序列对象，str 是使用的连接符。join 方法返回连接后的字符串。例如，对于下面的代码：

```
str1=',' #仅包含一个逗号的字符串
str2=' ' #仅包含一个空格的字符串
str3='' #一个空字符串
ls=['I','like','Python'] #列表
print(str1.join(ls))
print(str2.join(ls))
print(str3.join(ls))
```

程序执行完毕后，将在屏幕上输出如下结果：

```
I,like,Python
I like Python
IlikePython
```

6.1.10 获取字符串长度

使用 len 函数可以计算一个字符串中包含的字符数量（即字符串长度），len 函数的语法格式如下：

```
len(str)
```

其作用是返回字符串 str 的长度。例如，对于下面的代码：

```
print('字符串"Python"的长度为 ',len('Python'))
print('字符串"你好！"的长度为 ',len('你好！'))
```

程序执行完毕后，将在屏幕上输出如下结果：

```
字符串"Python"的长度为 6
字符串"你好！"的长度为 3
```

6.1.11 大小写转换

字符串中有 capitalize、lower、upper、swapcase 等大小写转换相关的方法，其语法格式分别为：

```
str.capitalize()  #将字符串的第一个字母大写，其他字母都小写
str.lower()       #将字符串中的所有字母都小写
str.upper()       #将字符串中的所有字母都大写
str.swapcase()    #将字符串中的小写字母变大写、大写字母变小写
```

其中，str 是待转换大小写的字符串，这些方法执行完毕后都会将转换后的字符串返回。

例如，对于下面的代码：

```
str='i Like Python'
print('原字符串: ',str)
print('capitalize方法的结果: ',str.capitalize())
print('lower方法的结果: ',str.lower())
print('upper方法的结果: ',str.upper())
print('swapcase方法的结果: ',str.swapcase())
```

程序执行完毕后，将在屏幕上输出如下结果：

```
原字符串: i Like Python
capitalize方法的结果: I like python
lower方法的结果: i like python
upper方法的结果: I LIKE PYTHON
swapcase方法的结果: I lIKE pYTHON
```

6.1.12 测试字符串的组成部分

如果需要判断一个字符串 A 是否是另一个字符串 B 的组成部分（即子串），可以直接使用 6.1.5 中介绍的字符串检索方法，检索失败，则 A 不是 B 的子串，否则 A 是 B 的子串。

另外，也可以使用更简洁的 in 运算符。例如，对于下面的代码：

```
str='cat dog cat'
print("'cat'是str的子串: ",'cat' in str)
print("'mouse'是str的子串: ",'mouse' in str)
```

程序执行完毕后，将在屏幕上输出如下结果：

```
'cat' 是 str 的子串: True
'mouse' 是 str 的子串: False
```

6.2 格式化方法

第 2 章中已经介绍了部分占位符（2.3.1 节中的表 2-2），这里给出更完整的占位符列表。另外，字符串中提供了 format 方法进行字符串的格式化。下面分别介绍。

6.2.1 占位符

Python 中提供的占位符如表 6-1 所示。

表 6-1 常用占位符

占 位 符	描 述	占 位 符	描 述
%d 或 %i	有符号整型十进制数	%o	有符号八进制数
%x	有符号十六进制数（字母小写）	%X	有符号十六进制数（字母大写）
%e	指数格式的浮点数（字母小写）	%E	指数格式的浮点数（字母大写）
%f 或 %F	有符号浮点型十进制数	%g	浮点数（根据数值大小采用 %e 或 %f）
%G	浮点数（根据数值大小采用 %f 或 %E）	%c	单个字符（整型或单个字符的字符串）
%r	字符串（使用 repr 函数进行对象转换）	%s	字符串（使用 str 函数进行对象转换）
%a	字符串（使用 ascii 函数进行对象转换）	%%	表示一个百分号

另外，Python 中还提供了辅助的格式控制命令，如通过 '0' 可以在代入数字前填 0（读者可查阅 2.3.1 节的相关内容）。

这里仅通过下面的代码展示部分占位符的作用：

```
n,f=20,35.67
print('n 的十进制形式: %d，八进制形式: %o，十六进制形式: %x'%(n,n,n))
print('f 的十进制形式: %f，指数形式: %e'%(f,f))
```

程序执行完毕后，将在屏幕上输出如下结果：

```
n 的十进制形式: 20，八进制形式: 24，十六进制形式: 14
f 的十进制形式: 35.670000，指数形式: 3.567000e+01
```

6.2.2 format 方法

使用字符串中的 format 方法也可以进行字符串的格式化操作，其语法格式如下：

```
str.format(*args, **kwargs)
```

其中，str 是用于格式化的字符串，可以包含由大括号 {} 括起来的替换字段。每个替换字段可以是位置参数的数字索引，也可以是关键字参数的名称。format 方法返回的是格式化的字符串副本（即通过 format 方法调用并不会改变 str 的值）。例如，对于下面的代码：

```
str1='{0} 的计算机成绩是 {1}，{0} 的数学成绩是 {2}'  #{} 中的替换字段是位置参数的数字索引
str2='{name} 的计算机成绩是 {cs}，{name} 的数学成绩是 {ms}'  # 替换字段是关键字参数的名称
```

```
print(str1.format('李晓明',90,85))
print(str2.format(cs=90,ms=85,name='李晓明'))
```

程序执行完毕后,将在屏幕上输出如下结果:

```
李晓明的计算机成绩是90,李晓明的数学成绩是85
李晓明的计算机成绩是90,李晓明的数学成绩是85
```

可见,使用format方法进行字符串的格式化,实参与字符串中替换字段之间的对应关系更加清晰。

另外,在用format方法格式化字符串时,字符串的替换字段中还可以包含对实参属性的访问。例如,对于下面的代码:

```
class Student: #定义Student类
    def __init__(self,name,cs): #定义构造方法
        self.name=name
        self.cs=cs
s=Student('李晓明',90)
str1='{0.name}的计算机成绩是{0.cs}' #{}中的替换字段是位置参数的数字索引
str2='{stu.name}的计算机成绩是{stu.cs}' #替换字段是关键字参数的名称
print(str1.format(s))
print(str2.format(stu=s))
```

程序执行完毕后,将在屏幕上输出如下结果:

```
李晓明的计算机成绩是90
李晓明的计算机成绩是90
```

6.3 正则表达式

根据本章前面的内容,字符串中提供的find、rfind等方法可以实现字符串的精确匹配,即在一个字符串中查找另一个字符串出现的位置。而通过正则表达式可以定义一些匹配规则,只要满足匹配规则即认为匹配成功,从而实现模糊匹配。

6.3.1 基础语法

正则表达式中既可以包含普通字符,也可以包含由特殊字符指定的匹配模式。在实际应用正则表达式进行匹配时,正则表达式中的普通字符需要做精确匹配,而特殊字符指定的匹配模式则对应了用于模糊匹配的规则。Python的正则表达式中有多种形式的匹配模式,这里只列出一部分,如表6-2所示。

表6-2 正则表达式中的部分匹配模式

匹配模式	描述
.(点)	匹配换行外的任一字符。例如,对于正则表达式ab.c,其与abdc和ab1c匹配,但与acdb、abc和ab12c不匹配
^(插入符)	匹配字符串开头的若干字符。例如,对于正则表达式^py,其与python匹配,但与puppy不匹配
$	匹配字符串末尾的若干字符。例如,对于正则表达式py$,其与puppy匹配,但与python不匹配

（续）

匹配模式	描述
[]	字符集合，对应位置可以是该集合中的任一字符。既可以依次指定每一个字符，如 [0123456789]；也可以通过短横线"-"指定一个范围，如 [0-9]。在字符序列前加"^"表示取反，如 [^0-9] 表示匹配不在 0～9 之间的字符
*	匹配前一个模式 0 次或多次。例如，对于正则表达式 a[0-9]*c，其与 ac、a0c 和 a01c 匹配，但与 abc 不匹配
+	匹配前一个模式 1 次或多次。例如，对于正则表达式 a[0-9]+c，其与 a0c 和 a01c 匹配，但与 ac 和 abc 不匹配
?	匹配前一个模式 0 次或 1 次。例如，对于正则表达式 a[0-9]?c，其与 ac 和 a0c 匹配，但与 a01c 和 abc 不匹配
{m}	匹配前一个模式 m 次。例如，对于正则表达式 a[0-9]{1}c，其与 a0c 匹配，但与 ac、a01c 和 abc 不匹配
{m,n}	匹配前一个模式 m～n 次；省略 n 则匹配前一个模式 m 次至无限次。例如，对于正则表达式 a[0-9]{1,2}c，其与 a0c 和 a01c 匹配，但与 ac 和 abc 不匹配
|	A|B 表示匹配 A 或 B 中的任一模式即可。例如，对于正则表达式 a[b|d]c，其与 abc 和 adc 匹配，但与 ac、aac 和 abbc 不匹配
(...)	用 () 括起来的内容表示一个分组。在匹配完成后，可以获取每个分组在字符串中匹配到的内容。例如，对于正则表达式 (.*?)abc，其与 123abc456abc 的匹配结果为 123 和 456；而对于正则表达式 (.*)abc，其与 123abc456abc 的匹配结果为 123abc456。"*?"与"*"的区别在于，"*?"每次匹配尽可能少的字符；而"*"每次会匹配尽可能多的字符
\	转义符，使后面一个字符改变原来的含义。例如，在正则表达式中要精确匹配字符"$"，则需要写成"\$"；要精确匹配字符"^"，则需要写成"\^"

正则表达式中还提供了特殊序列以表示特殊的含义，其由"\"和一个字符组成。"\"后面的字符可以是数字，也可以是部分英文字母，如表 6-3 所示。

表 6-3 正则表达式中的特殊序列

特殊序列	描述
\number	number 表示一个数字，\number 用于引用同一编号的分组中的模式（分组编号从 1 开始）。例如，对于正则表达式 ([0-9])abc\1，其中的 \1 表示引用第 1 个分组的匹配结果，即匹配以一个数字开头、一个数字结尾、中间是 abc 的字符串，且结尾数字与开头数字必须相同
\A	匹配字符串开头的若干字符，同表 6-2 中的"^"
\b	单词边界符，即 \b 两边的字符应该一个是非单词字符，另一个是单词字符，或者一个是单词字符，另一个是空字符（即字符串的开头或末尾）。例如，对于正则表达式 \bfoo\b，其与 foo、foo.、(foo) 和 bar foo baz 匹配，但与 foobar、foo3 和 foo_bar 不匹配
\B	非单词边界符，与 \b 作用相反
\d	匹配任一数字字符，等价于 [0-9]
\D	与 \d 作用相反，匹配任一非数字字符，等价于 [^0-9]
\s	匹配任一空白字符
\S	与 \s 作用相反，匹配任一非空白字符
\w	匹配包含数字和下划线在内的任一可能出现在单词中的字符
\W	与 \w 作用相反，即匹配 \w 不匹配的那些特殊字符
\Z	匹配字符串末尾的若干字符，同表 6-2 中的"$"

提示 由于 Python 的字符串中使用"\"作为转义符，如果要在字符串中使用字符"\"，

则需要写作"\\"。因此,当进行\bfoo\b的匹配时,实际编写代码时要写作'\\bfoo\\b',这样会造成代码编写时容易出错且代码可读性较差。我们通常在用于表示正则表达式的字符串前加上一个字符 r,使得后面的字符串忽略转义符。例如,对于字符串 '\\bfoo\\b',我们可以写作 r'\bfoo\b'。

6.3.2 re 模块的使用

使用 Python 提供的 re 模块,可以实现基于正则表达式的模糊匹配。re 模块中提供了多个函数,下面分别介绍。

提示 使用 re 模块中的函数前,要先通过 import re 导入 re 模块。

1. compile

compile 函数用于将一个字符串形式的正则表达式编译成一个正则表达式对象,供 match、search 以及其他一些函数使用。compile 函数的语法格式如下:

```
re.compile(pattern, flags=0)
```

其中,pattern 是一个字符串形式的正则表达式;flags 指定了如表 6-4 所示的匹配选项,可以使用按位或(|)运算符将多个选项连接起来;flags 的默认值为 0,表示没有任何匹配选项。

表 6-4 compile 中 flags 参数对应的匹配选项

匹配选项	描述
re.A 或 re.ASCII	使表 6-3 中的 \w、\W、\b、\B、\d、\D、\s、\S 仅进行 ASCII 码的匹配,而不是 Unicode 码的匹配
re.DEBUG	显示被编译正则表达式的调试信息
re.I 或 re.IGNORECASE	匹配时不区分大小写
re.L 或 re.LOCATE	使表 6-3 中的 \w、\W、\b、\B 和不区分大小写的匹配取决于当前的语言环境(不建议使用)
re.M 或 re.MULTILINE	使表 6-2 中的 "^" 能够匹配每行的开头若干个字符,"$" 能够匹配每行的结尾若干个字符
re.S 或 re.DOTALL	使表 6-2 中的 "."(点)能够匹配任一字符(包括换行符)
re.X 或 re.VERBOSE	忽略正则表达式中的空格和 "#" 后面的注释

2. match

re 模块中的 match 函数用于对字符串开头的若干字符进行正则表达式的匹配。re.match 函数的语法格式如下:

```
re.match(pattern, string, flags=0)
```

其中,pattern 是要匹配的正则表达式;string 是要进行正则表达式匹配的字符串;flags 参数的含义与 compile 函数中的 flags 参数相同。如果匹配成功,则返回一个 Match 对象;如果匹配失败,则返回 None。例如,对于代码清单 6-4:

代码清单 6-4　re.match 函数使用示例

```
1   import re
2   result1=re.match(r'python', 'Python是一门流行的编程语言', re.I)
3   result2=re.match(r'python', '我喜欢学习Python', re.I)
4   result3=re.match(r'python', '''我喜欢学习Python
5   Python是一门流行的编程语言''', re.I|re.M)
6   print('result1:',result1)
7   print('result2:',result2)
8   print('result3:',result3)
```

程序执行完毕后，将在屏幕上输出如下结果：

```
result1: <re.Match object; span=(0, 6), match='Python'>
result2: None
result3: None
```

提示　对于代码清单 6-4 中的第 2 行代码，flags 参数值为 re.I，即匹配时不区分大小写，因此，使用 match 函数能够匹配到字符串中的"Python"。从输出结果中可以看到，其返回的是一个 Match 对象，其中 span 是匹配的字符序列在字符串中的位置信息，而 match 中保存了匹配到的字符序列信息。

　　对于第 3 行代码，由于"Python"没有在字符串开头的位置，通过 re.match 函数无法匹配到，因此返回了 None。

注意　即便对 flags 参数指定了匹配选项 re.MULTILINE 或 re.M，re.match 函数也只会对字符串开头的若干字符进行匹配，而不对后面行的开头字符进行匹配。例如，在代码清单 6-4 中，第 4 行代码中的待进行正则表达式匹配的字符串有两行；但从输出结果可以看出，在使用 re.match 函数进行匹配时，并没有和第 2 行开头的字符进行匹配。

除了直接调用 re 模块中的 match 函数外，也可以使用 compile 函数生成的正则表达式对象中的 match 方法实现同样的功能，其语法格式如下：

`Pattern.match(string[,pos[,endpos]])`

其中，Pattern 是 compile 函数返回的正则表达式对象；string 是要进行正则表达式匹配的字符串；可选参数 pos 指定了从 string 的哪个位置开始进行匹配，默认为 0；可选参数 endpos 指定了 string 的结束位置，match 函数将对 string 中 pos～endpos−1 范围的子串进行正则表达式匹配。例如，对于代码清单 6-5：

代码清单 6-5　Pattern.match 方法使用示例

```
1   import re
2   Pattern=re.compile(r'python', re.I) #生成正则表达式对象
3   result1=Pattern.match('Python是一门流行的编程语言')
4   result2=Pattern.match('我喜欢学习Python！',5)
5   print('result1:',result1)
6   print('result2:',result2)
```

程序执行完毕后，将在屏幕上输出如下结果：

```
result1: <re.Match object; span=(0, 6), match='Python'>
result2: <re.Match object; span=(5, 11), match='Python'>
```

提示 对于代码清单6-5中的第2行代码，使用了re.I匹配选项，因此使用生成的正则表达式对象进行匹配时不会区分大小写。

对于第3行代码，没有指定pos和endpos参数，因此，默认对整个字符串进行正则表达式匹配。

对于第4行代码，指定pos参数值为5，即对从下标为5的字符开始的子串'Python！'进行匹配，因此，可以得到匹配结果，且返回的Match对象中的span值是匹配字符序列在原字符串中的位置信息。

使用compile函数的优点在于，当一个正则表达式在程序中被多次使用时，通过compile函数生成的正则表达式对象可重复使用，从而提高效率。

3. search

re模块中的search函数对整个字符串进行扫描并返回第一个匹配的结果。re.search函数的语法格式如下：

```
re.search(pattern, string, flags=0)
```

re.search函数各参数的含义与re.match函数完全相同。如果匹配成功，则返回一个Match对象；否则，返回None。例如，对于代码清单6-6：

代码清单6-6　re.search函数使用示例

```
1   import re
2   result1=re.search(r'python', 'Python是一门流行的编程语言', re.I)
3   result2=re.search(r'python', '我喜欢学习Python！', re.I)
4   result3=re.search(r'python', '我喜欢学习Python, Python简单易用！', re.I)
5   result4=re.search(r'Java', '我喜欢学习Python！', re.I)
6   print('result1:',result1)
7   print('result2:',result2)
8   print('result3:',result3)
9   print('result4:',result4)
```

程序执行完毕后，将在屏幕上输出如下结果：

```
result1: <re.Match object; span=(0, 6), match='Python'>
result2: <re.Match object; span=(5, 11), match='Python'>
result3: <re.Match object; span=(5, 11), match='Python'>
result4: None
```

提示 不同于re.match函数（只匹配字符串开头的若干字符），re.search函数可以对整个字符串从左向右扫描找到第一个匹配的字符序列。例如，对于代码清单6-6中的第3行和第4行代码，匹配到的字符序列都不在字符串开头的位置。

同 Pattern.match 方法一样，也可以使用 compile 函数返回的正则表达式对象中的 search 方法实现与 re.search 函数同样的功能，其语法格式如下：

```
Pattern.search(string[,pos[,endpos]])
```

各参数含义与 Pattern.match 方法完全相同。

> **提示** 正则表达式对象除了提供 match 和 search 方法外，还提供了 split、findall、finditer、sub、subn 等方法，它们的使用方法完全相同。

4. 匹配对象

使用前面介绍的 match 函数和 search 函数，匹配成功时都会返回一个 Match 对象，匹配失败时则返回 None。下面我们看一下如何操作返回的 Match 对象。

如果我们要判断是否匹配成功，可以直接用代码清单 6-7 所示的方式：

代码清单 6-7　Match 对象操作示例 1

```
1  import re
2  result1=re.search(r'python', '我喜欢学习Python！', re.I)
3  if result1: # 判断是否匹配成功
4      print('result1:',result1) # 匹配成功则输出返回的 Match 对象
5  result2=re.match(r'python', '我喜欢学习Python！', re.I)
6  if result2: # 判断是否匹配成功
7      print('result2:',result2) # 匹配成功则输出返回的 Match 对象
```

程序执行完毕后，将在屏幕上输出如下结果：

```
result1: <re.Match object; span=(5, 11), match='Python'>
```

> **提示** 将 Match 对象作为判断条件时，其永远返回 True；而 None 则返回 False。因此，通过"if result1:"和"if result2:"即可判断前面的匹配是否成功。

Match 对象提供了多种方法，这里我们仅学习 group、groups、start 和 end 这几种方法的使用，如表 6-5 所示。

表 6-5　Match 对象的部分方法

Match 对象方法	描述
group([group1,...])	根据传入的组号返回对应分组的匹配结果。如果传入一个组号，则返回一个字符串形式的匹配结果；如果传入多个组号，则返回一个由多个匹配结果字符串组成的元组。如果传入 0，则返回的是与正则表达式匹配的整个字符串
groups()	返回一个由所有分组的匹配结果字符串组成的元组
start(group=0)	返回指定分组的匹配结果字符串在原字符串中的起始位置；如果 group 值为 0（默认值），则返回与正则表达式匹配的整个字符串在原字符串中的起始位置
end(group=0)	返回指定分组的匹配结果字符串在原字符串中的结束位置；如果 group 值为 0（默认值），则返回与正则表达式匹配的整个字符串在原字符串中的结束位置

例如，对于代码清单 6-8：

代码清单 6-8　Match 对象操作示例 2

```
1    import re
2    str='''sno:#1810101#,name:# 李晓明 #,age:#19#,major:# 计算机 #
3    sno:#1810102#,name:# 马红 #,age:#20#,major:# 数学 #'''
4    rlt=re.search(r'name:#([\s\S]*?)#[\s\S]*?major:#([\s\S]*?)#', str, re.I)
5    if rlt: # 判断是否有匹配结果
6        print('匹配到的整个字符串：', rlt.group())
7        print('name:%s, startpos:%d, endpos:%d'%(rlt.group(1), rlt.start(1), rlt.end(1)))
8        print('major:%s, startpos:%d, endpos:%d'%(rlt.group(2), rlt.start(2), rlt.end(2)))
9        print('所有分组匹配结果：', rlt.groups())
10   else:
11       print('未找到匹配信息')
```

程序执行完毕后，将在屏幕上输出如下结果：

```
匹配到的整个字符串：name:# 李晓明 #,age:#19#,major:# 计算机 #
name: 李晓明，startpos:20, endpos:23
major: 计算机，startpos:41, endpos:44
所有分组匹配结果：(' 李晓明 ', ' 计算机 ')
```

提示　代码清单 6-8 第 4 行中的 "[\s\S]*?" 表示匹配字符中可包括空白字符和非空白字符，且匹配结果中应包含尽可能少的字符。读者可尝试将 "[\s\S]*?" 改为 "[\s\S]*" 并查看输出结果有何不同。

代码清单 6-8 中的第 6～9 行代码说明了表 6-5 中各 Match 对象方法的具体作用。读者可对照代码清单 6-8 的输出结果，理解表 6-5 中各 Match 对象方法的描述。

5. findall

re 模块中的 findall 函数用于在字符串中找到所有与正则表达式匹配的子串。re.findall 函数的语法格式如下：

```
re.findall(pattern, string, flags=0)
```

各参数含义与 re.match 和 re.search 函数完全相同。如果匹配成功，则将匹配的子串以列表的形式返回；如果匹配失败，则返回空列表。例如，对于下面的代码：

```
1    import re
2    str='''sno:#1810101#,name:# 李晓明 #,age:#19#,major:# 计算机 #
3    sno:#1810102#,name:# 马红 #,age:#20#,major:# 数学 #'''
4    rlt=re.findall(r'name:#([\s\S]*?)#[\s\S]*?major:#([\s\S]*?)#', str, re.I)
5    print(rlt)
```

程序执行结束后，将在屏幕上输出如下结果：

```
[(' 李晓明 ', ' 计算机 '), (' 马红 ', ' 数学 ')]
```

> **提示** 与 re.match 和 re.search 函数不同，re.findall 函数可以一次完成字符串中所有满足正则表达式规则的子串的匹配。

6. finditer

re 模块中的 finditer 函数与 re.findall 函数功能完全相同，唯一的区别在于 re.findall 函数返回列表形式的结果，而 re.finditer 返回迭代器形式的结果。re.finditer 的语法格式如下：

```
re.finditer(pattern, string, flags=0)
```

各参数含义与 re.findall 函数完全相同。例如，对于下面的代码：

```
1   import re
2   str='''sno:#1810101#,name:# 李晓明 #,age:#19#,major:# 计算机 #
3   sno:#1810102#,name:# 马红 #,age:#20#,major:# 数学 #'''
4   rlt1=re.finditer(r'name:#([\s\S]*?)#[\s\S]*?major:#([\s\S]*?)#', str, re.I)
5   rlt2=re.finditer(r'department:#([\s\S]*?)#', str, re.I)
6   print('rlt1:')
7   for r in rlt1:
8       print(r)
9   print('rlt2:')
10  for r in rlt2:
11      print(r)
```

程序执行结束后，将在屏幕上输出如下结果：

```
rlt1:
<re.Match object; span=(14, 45), match='name:# 李晓明 #,age:#19#,major:# 计算机 #'>
<re.Match object; span=(60, 89), match='name:# 马红 #,age:#20#,major:# 数学 #'>
rlt2:
```

> **提示** re.finditer 函数返回的迭代器中每一个元素都是一个 Match 对象。当匹配失败时，返回的迭代器中不包含任何元素。

7. split

re 模块中的 split 函数用于将字符串按与正则表达式匹配的子串分割。re.split 函数的语法格式如下：

```
re.split(pattern, string, maxsplit=0, flags=0)
```

其中，pattern 是正则表达式；string 是要分割的字符串；maxsplit 是最大分割次数，默认为 0 表示不限制分割次数；flags 与 re.match 等函数中的 flags 参数含义相同。

例如，对于代码清单 6-9：

代码清单 6-9 re.split 函数使用示例

```
1   import re
2   str='sno:1810101,name:李晓明 ,age:19,major: 计算机 '
3   rlt=re.split(r'\W+', str)
4   print(rlt)
```

程序执行完毕后，将在屏幕上输出如下结果：

```
['sno', '1810101', 'name', ' 李晓明 ', 'age', '19', 'major', ' 计算机 ']
```

> **提示** 代码清单 6-9 的第 3 行代码中，"\W+"表示一个或多个非单词字符（读者可参考表 6-2 和表 6-3）。字符串 str 中的 ":" 和 ","都是非单词字符，因此，最后得到了程序输出列表中的那些分割结果字符串。

8. sub

re 模块的 sub 函数用于替换字符串中与正则表达式匹配的子串。re.sub 函数的语法格式如下：

```
re.sub(pattern, repl, string, count=0, flags=0)
```

其中，pattern 是正则表达式；repl 是要将匹配子串替换成的字符串；string 是待做替换操作的字符串；count 是最大替换次数，默认为 0 表示不限制替换次数（即将所有符合正则表达式的子串都替换成 repl）；flags 与 re.match 等函数中的 flags 参数含义相同。

例如，对于代码清单 6-10：

代码清单 6-10　re.sub 函数使用示例

```
1    import re
2    html='''<h3 class="c-title">
3    <a href="http://edu.people.com.cn/n1/2018/0905/c367001-30274290.html"><em> 南
     开大学 </em> 校长曹雪涛寄语新生 </a>
4    </h3>'''
5    content=re.sub(r'<[^<]*>', '', html)
6    content=content.strip()    # 去除字符串 content 中两边的空白符
7    print(' 去除 HTML 标记后的内容为 ', content)
```

程序执行完毕后，将在屏幕上输出如下结果：

去除 HTML 标记后的内容为南开大学校长曹雪涛寄语新生

> **提示** 代码清单 6-10 的第 5 行代码中，"<[^<]*>"表示匹配由一对尖括号括起来的字符串，通过"[^<]"指定匹配的字符串中不能包含左尖括号"<"。读者可尝试将"<[^<]*>"改为"<[\s\S]*>"，并查看结果会产生何种变化。

9. subn

re 模块中的 subn 函数与 re.sub 函数功能完全相同，只是 re.subn 函数会以一个元组的形式同时返回替换匹配子串后得到的新字符串和替换的次数。re.subn 函数的语法格式如下：

```
re.subn(pattern, repl, string, count=0, flags=0)
```

各参数含义与 re.sub 函数相同。例如，对于代码清单 6-11：

代码清单 6-11　re.subn 函数使用示例

```
1    import re
2    html='''<h3 class="c-title">
3    <a href="http://edu.people.com.cn/n1/2018/0905/c367001-30274290.html"><em>
         南开大学</em>校长曹雪涛寄语新生</a>
4    </h3>'''
5    content=re.subn(r'<[^<]*>', '', html)
6    print('去除HTML标记后的内容为 ', content)
```

程序执行完毕后，将在屏幕上输出如下结果：

去除 HTML 标记后的内容为　('\n 南开大学校长曹雪涛寄语新生 \n', 6)

即调用 re.subn 函数时对 6 个匹配的子串进行了替换。

这里通过一个简单的爬虫程序，说明正则表达式在实际中的应用，具体参见代码清单 6-12。

代码清单 6-12　爬虫程序示例

```
1    import re
2    import requests
3    from urllib.parse import quote
4    class BaiduNewsCrawler: #定义 BaiduNewsCrawler 类
5        headersParameters = { #发送 HTTP 请求时的 HEAD 信息
6            'Connection': 'Keep-Alive',
7            'Accept': 'text/html, application/xhtml+xml, */*',
8            'Accept-Language': 'en-US,en;q=0.8,zh-Hans-CN;q=0.5,zh-Hans;q=0.3',
9            'Accept-Encoding': 'gzip, deflate',
10           'User-Agent': 'Mozilla/6.1 (Windows NT 6.3; WOW64; Trident/7.0; rv:11.0) like Gecko'
11       }
12       def __init__(self, keyword, timeout): #定义构造方法
13           self.url='http://news.baidu.com/ns?word=' + quote(keyword) + '&tn
                 =news&from=news&cl=2&rn=20&ct=1' #要爬取的新闻网址
14           self.timeout=timeout #连接超时时间设置（单位：秒）
15       def GetHtml(self): #定义 GetHtml 方法
16           request=requests.get(self.url, timeout=self.timeout, headers=self.
                 headersParameters) #根据指定网址爬取网页
17           self.html=request.text #获取新闻网页内容
18       def GetTitles(self): #定义 GetTitles 方法
19           self.titles = re.findall(r'<h3 class="c-title">([\s\S]*?)</
                 h3>',self.html) #匹配新闻标题
20           for i in range(len(self.titles)): #对于每一个标题
21               self.titles[i]=re.sub(r'<[^>]+>','',self.titles[i]) #去除所有
                     # HTML 标记，即 <...>
22               self.titles[i]=self.titles[i].strip() #将标题两边的空白符去掉
23       def PrintTitles(self): #定义 PrintTitles 方法
24           no=1
25           for title in self.titles: #输出标题
```

```
26                print(str(no)+':'+title)
27                no+=1
28    if __name__ == '__main__':
29        bnc = BaiduNewsCrawler('南开大学',30) # 创建 BaiduNewsCrawler 类对象
30        bnc.GetHtml()      # 获取新闻网页的内容
31        bnc.GetTitles()    # 获取新闻标题
32        bnc.PrintTitles()  # 输出新闻标题
```

程序执行完毕后，将在屏幕上输出如下结果：

1：首届南开大学中国史前沿论坛举行
2：抢抓机遇打造计算机学科新高地——南开大学计算机学科在智能计算...
3：南开大学来信祝贺赣州第一中学 120 周年校庆
4：南开大学：学生参与宿舍灭火获奖励
5：南开大学"牵手"中国建设银行共建建行大学华北学院
6：南开大学"至本奖学金、奖教金"捐赠仪式举行
……

提示 因为程序输出的是实时从百度新闻上抓取的新闻标题，所以读者实际运行该程序时会看到不同的输出结果。

在使用 requests 模块前需要先安装，可以在系统控制台下输入如下命令完成 requests 模块的下载和安装：

```
pip install requests -i http://pypi.douban.com/simple --trusted-host=pypi.douban.com
```

用正则表达式对爬取的网页进行分析前，可以先在浏览器下访问网页，按键盘上的 F12 功能键，出现浏览器的调试工具，可查看页面上的元素；然后查看要获取元素的 HTML 代码，并根据 HTML 代码书写正则表达式进行元素匹配。例如，在代码清单 6-12 的第 19 行中：

```
<h3 class="c-title">([\s\S]*?)</h3>
```

即为每条新闻标题对应的 HTML 代码格式。

6.4 本章小结

本章在第 2 章内容基础上更加深入地介绍了字符串。通过本章的学习，读者应掌握字符串创建、字符串比较等常用字符串操作方法，掌握占位符和 format 方法的使用，理解正则表达式的基础语法并掌握 re 模块的使用方法，能够利用正则表达式编写爬虫程序。

6.5 课后习题

1. Python 中，创建字符串时，可以使用单引号、_____ 和三引号。
2. Python 中，使用字符串的 _____ 方法可以按照指定的分隔符对字符串进行切割，返回由切

割结果组成的列表。

3. 可以利用运算符"+"连接两个字符串，也可以使用_____方法将序列中的元素以指定的字符连接成一个新的字符串。

4. Python 中对正则表达式中的普通字符需要做精确匹配，而特殊字符指定的匹配模式则对应了用于_____匹配的规则。

5. Python 中正则表达式的特殊序列是由_____和一个字符构成。

6. 使用 Python 提供的_____模块，可以实现基于正则表达式的模糊匹配。

7. _____函数用于将一个字符串形式的正则表达式编译成一个正则表达式对象，供 match、search 以及其他函数使用。

8. re 模块中的 match 函数用于对字符串开头的若干字符进行正则表达式的匹配。匹配成功，返回一个_____；匹配失败，返回_____。

9. re 模块中的 finditer 函数与 re.findall 函数功能都是用于在字符串中找到所有与正则表达式匹配的子串，区别在于 re.findall 函数返回_____形式的结果，而 re.finditer 返回_____形式的结果。

10. re 模块中的_____函数用于将字符串按与正则表达式匹配的子串分割。

11. 已知 s1="I 'am a student.", s2='I \'am a student'，则 print(s1,s2) 的输出结果为（　　）。
   A. I 'am a student. I 'am a student
   B. I "am a student. I 'am a student
   C. I "am a student. I \'am a student
   D. 程序报错

12. 下列说法错误的是（　　）。
   A. find 方法是在指定检索范围中按照从左至右的顺序检索，找到子串第一次出现的位置
   B. rfind 方法在指定检索范围中按照从右至左的顺序检索，找到子串第一次出现的位置
   C. index 与 find 作用相同，rindex 与 rfind 作用相同，只是 find 和 rfind 在检索不到字符串时返回 −1，而 index 和 rindex 会引发 ValueError 异常
   D. index 与 find 作用相同，rindex 与 rfind 作用相同，只是 find 和 rfind 找到一个就返回，而 index 和 rindex 会检索到所有的子串

13. 下列关于 replace 方法 str.replace(old, new[, max]) 的说法错误的是（　　）。
   A. 使用字符串中的 replace 方法可以将字符串中的指定子串替换成其他内容
   B. str 是要做替换操作的字符串，old 和 new 分别是要替换的子串和替换成的字符串
   C. max 是最多替换的子串数量，如果不指定 max 参数，则只替换第一个满足条件的子串
   D. replace 方法返回替换后的字符串

14. print(len(" 中国 \"china "))的输出结果是（　　）。
   A. 7　　　　B. 8　　　　C. 9　　　　D. 10

15. 下列匹配模式叙述错误的是（　　）。
   A. "^" 用于匹配字符串开头的若干字符
   B. "*" 用于匹配前一个模式 0 次或多次
   C. "?" 用于匹配前一个模式 0 次或 1 次
   D. A|B 表示同时匹配模式 A 和模式 B

16. 关于正则表达式特殊序列叙述错误的是（　　）。
   A. \A 匹配字符串开头的若干字符，功能同 "^"
   B. \d 匹配任一数字字符，等价于 [0-9]
   C. \S 匹配任一空白字符

D. \D 与 \d 作用相反，匹配任一非数字字符，等价于 [^0-9]

17. 写出下面程序的运行结果。

    ```
    print("ad">"abcd")
    print("AD">"abcd")
    print("AD">"ADC")
    print("tianjin">"beijing")
    print(" 天津 ">" 北京 ")
    ```

18. 写出下面程序的运行结果。

    ```
    s1="I am a student."
    s2="C++90 分 Python88 分 Java85 分 "
    s3="I am a student.\nI like programming.\n"
    print(s1.split())
    print(s2.split(" 分 "))
    print(s2.split(" 分 ",2))
    print(s3.splitlines())
    ```

19. 写出下面程序的运行结果。

    ```
    str=" a b c "
    print("123"+str.strip()+"456")
    print("123"+str.lstrip()+"456")
    print("123"+str.rstrip()+"456")
    ```

20. 写出下面程序的运行结果。

    ```
    n,f=34,56.78
    print("%d,%o,%x"%(n,n,n))
    print("%f,%e"%(f,f))
    r=5
    s=3.14*r*r
    s1=" 半径为 {0} 的圆面积为 {1}"
    s2=" 半径为 {radius} 的圆面积为 {area}"
    print(s1.format(r,s))
    print(s2.format(area=s,radius=r))
    ```

21. 写出下面程序的运行结果。

    ```
    import re
    pattern=re.compile(r'Student', re.I) # 生成正则表达式对象
    r1=pattern.match('Students study programming')
    r2=pattern.match('I am a student！ ',3)
    r3=pattern.match('I am a student！ ',7)
    r4=re.search(r'Student','I am a student',re.I)
    r5=re.match(r'Student','I am a student',re.I)
    print(r1)
    print(r2)
    print(r3)
    print(r4)
    print(r5)
    ```

22. 写出下面程序的运行结果。

    ```
    import re
    str='''sno:#1810101#,name:# 李晓明 #,age:#19#,major:# 计算机 #
    ```

```
   sno:#1810102#,name:# 马红 #,age:#20#,major:# 数学 #'''
   rlt=re.search(r'sno:#([\s\S]*?)#[\s\S]*?major:#([\s\S]*?)#', str, re.I)
   if rlt:  # 判断是否有匹配结果
       print('匹配到的整个字符串：', rlt.group())
       print('sno:%s, startpos:%d, endpos:%d'%(rlt.group(1), rlt.start(1), rlt.end(1)))
       print('major:%s, startpos:%d, endpos:%d'%(rlt.group(2), rlt.start(2), rlt.end(2)))
       print('所有分组匹配结果：', rlt.groups())
   else:
       print('未找到匹配信息')
```

23. 写出下面程序的运行结果。

    ```
    import re
    html='''%abc%%def%python(ghi)'''
    content=re.sub(r'%[\s\S]*%', '&', html)
    content=content.strip()
    print('替换之后的内容为', content)
    content2=re.subn(r'%[\s\S]*%', '&', html)
    print('替换之后的内容及替换次数为', content2)
    ```

24. 下面的程序从键盘输入一个字符串，然后将其中的大写字母转换为小写字母，小写字母转换为大写字母，其他字符不变，请将程序填写完整。

    ```
    str = input("请输入一个字符串")
    ns=''
    for c in str:
        if c>='A' and c<='Z':
            ns+=_____
        elif_____
            ns+=c.upper()
        else:
            _____
    print(ns)
    ```

第 7 章 I/O 编程与异常

程序运行时，所有处理结果都存放在内存中。然而，内存中的数据是临时性的，当程序执行完毕后，内存中的数据则无法再次访问。I/O 编程可以将内存中的数据以文件的形式保存到外存（如硬盘、U 盘等）中，从而实现数据的长期保存及可重复利用。同时，我们也可以利用 os 模块方便地使用与操作系统相关的功能，如生成文件路径、创建不存在的目录等，为文件读写操作提供辅助支持。

本章首先介绍 os 模块的使用；然后，介绍文件读写操作；接着，介绍一维数据和二维数据的概念，以及可用于存储一维/二维数据的 CSV 格式文件的操作方法；最后，介绍异常相关的内容，包括异常的定义、分类和处理。

7.1 os 模块的使用

通过 os 模块可以方便地使用操作系统的相关功能，下面介绍 os 模块的部分常用功能。

> 提示　使用 os 模块的功能前，需要先通过 import os 将其导入。

7.1.1 查看系统平台

使用 os.name 可以查看当前操作系统的名字，Windows 中用字符串 'nt' 表示，Linux 中用字符串 'posix' 表示。

> 提示　如果需要在不同的系统平台上执行不同的代码，则可以在代码中对 os.name 的值进行判断。当 os.name=='nt' 时，则执行 Windows 平台的代码；当 os.name=='posix' 时，则执行 Linux/UNIX 平台的代码。

7.1.2 获取当前系统平台路径分隔符

不同操作系统可能会使用不同的路径分隔符。例如，Windows 系统以 "\" 作为路径分隔符，而 Linux 系统以 "/" 作为路径分隔符。使用 os.sep 可以获取当前系统平台的路径分隔符。

> 提示　在程序中书写路径时，应该使用 os.sep 以使得程序可以在不同平台上运行。例如，如果要访问当前路径下 data 目录中的 test.dat 文件，则文件路径应写为 'data'+os.sep+'test.dat' 或 'data{sep}test.dat'.format(sep=os.sep)。

7.1.3 获取当前工作目录

使用 os.getcwd 函数可以获取当前工作目录。因此，如果要访问当前工作目录下 data 子目录中的 test.dat 文件，则除了可以使用 'data'+os.sep+'test.dat' 或 'data{sep}test.dat'.format(sep=os.sep) 这种相对路径形式外，还可以写为如下的绝对路径形式：

```
os.getcwd()+os.sep+'data'+os.sep+'test.dat'
```

或

```
'{cwd}{sep}data{sep}test.dat'.format(cwd=os.getcwd(),sep=os.sep)
```

如果当前工作目录是 D:\\Python\\Python37，则得到的绝对路径为 D:\\Python\\Python37\\data\\test.dat。

提示　本章后面的程序中，都假设当前工作目录是 D:\\Python\\Python37，不再特别说明。

7.1.4 获取环境变量值

os.environ 是一个包含所有环境变量值的映射对象，在 Python 控制台下直接输入 os.environ 即可查看当前所有环境变量。如果要查看某一个环境变量值，则可以采用以下方式：

```
os.environ[key]
```

或

```
os.getenv(key)
```

其中，os.getenv 是一个函数，其功能是根据参数指定的键名返回对应的环境变量值。例如，如果要查看 HOME 环境变量的值，则可以使用：

```
os.environ['HOME']
```

或

```
os.getenv('HOME')
```

7.1.5 获取文件和目录列表

使用 os.listdir 函数可以获取指定路径下的所有文件和目录的名字，os.listdir 函数的语法格式如下：

```
os.listdir(path='.')
```

其中，path 是要获取文件和目录名字的路径，默认值 "." 表示获取当前路径下的所有文件和目录的名字。返回值是由 path 路径下所有文件和目录名字组成的列表。例如，对于下面的代码：

```
os.listdir()
os.listdir(os.getcwd()+os.sep+'DLLs')
```

会分别获取到当前路径下所有文件和目录名字组成的列表，以及当前路径的 DLLs 目录下所有文件和目录名字组成的列表。

7.1.6 创建目录

使用 os.mkdir 和 os.makedirs 函数可以根据指定路径创建目录。os.mkdir 和 os.makedirs 函数的语法格式分别为：

```
os.mkdir(path)
os.makedirs(path)
```

其中，path 指明了要创建的目录。os.mkdir 函数只能用于创建路径中的最后一个目录，即要求路径中除最后一个目录外，前面的目录应该都存在；而 os.makedirs 函数能够用于依次创建路径中所有不存在的目录。例如，对于代码清单 7-1：

代码清单 7-1　os.mkdir 和 os.makedirs 函数使用示例

```
1    os.mkdir(os.getcwd()+os.sep+'newdir')
2    os.makedirs(os.getcwd()+os.sep+'subdir1'+os.sep+'subdir2')
```

程序执行完毕后，第 1 行代码将在当前工作目录下创建一个名为 newdir 的目录；第 2 行代码将在当前工作目录下先创建一个名为 subdir1 的目录，再在 subdir1 目录下创建一个名为 subdir2 的目录。

提示　如果要创建的目录已经存在，则 os.mkdir 和 os.makedirs 函数都会给出 FileExistsError 错误，即"当目录已存在时，无法创建该目录"。

　　如果将代码清单 7-1 中第 2 行代码的 os.makedirs 函数改为 os.mkdir 函数，则执行时系统会给出 FileNotFoundError 错误，即"系统找不到指定的路径"；这是因为 os.mkdir 函数要求指定路径中除最后一个目录（即 subdir2）外，前面的目录都必须存在，而实际上 subdir1 目录不存在，不符合 os.mkdir 函数的使用条件。

7.1.7 删除目录

使用 os.rmdir 函数可以删除指定路径的最后一层目录。os.rmdir 函数的语法格式如下：

```
os.rmdir(path)
```

其中，path 指定了要删除的目录。例如，对于如下代码：

```
os.rmdir(os.getcwd()+os.sep+'newdir')
```

程序执行完毕后，会将当前工作目录下的 newdir 目录删除。

注意　os.rmdir 函数只能用于删除空目录（即目录中不包含子目录和文件）。如果要删除的目录不为空，则系统会给出 OSError 错误。

如果需要删除指定路径的最后多层目录，可以使用 os.removedirs 函数，其语法格式如下：

```
os.removedirs(path)
```

其中，path 指定了要删除的目录。与 os.rmdir 函数相同，os.removedirs 函数只能删除空目录。os.removedirs 函数会从指定路径中的最后一个目录开始逐层向前删除，直到指定路径中的所有目录都删除完毕或者遇到一个不为空的目录。例如，对于下面的代码：

```
os.removedirs(os.getcwd()+os.sep+'subdir1'+os.sep+'subdir2')
```

程序执行完毕后，会首先删除当前工作目录 subdir1 下的 subdir2 子目录，然后删除当前工作目录下的 subdir1 目录；最后会因当前工作目录不是空目录而停止删除操作，os.removedirs 函数执行结束。

> **提示** 如果要删除的目录不存在，则执行 os.rmdir 和 os.removedirs 函数时系统都会给出 FileNotFoundError 错误，即"系统找不到指定的路径"。

7.1.8 获取指定相对路径的绝对路径

相对路径是指相对于当前工作目录指定的路径，其中"."表示当前目录，".."表示上一层目录；绝对路径是指从最顶层目录开始所给出的完整的路径。例如，如果要访问当前工作目录下名为 DLLs 的目录，既可以使用相对路径 '.\\DLLs' 或 'DLLs'，也可以使用绝对路径 'D:\\Python\\Python37\\DLLs'；如果要访问当前工作目录的上一层目录，既可以使用相对路径 '..'，也可以使用绝对路径 'D:\\Python'。

使用 os.path.abspath 函数可以获取指定相对路径的绝对路径，其语法格式如下：

```
os.path.abspath(path)
```

其作用是获取 path 所对应的绝对路径。例如，对于下面的代码：

```
print(os.path.abspath('..'))
print(os.path.abspath('DLLs'))
```

程序执行完毕后，将会在屏幕上输出如下结果：

```
D:\Python
D:\Python\Python37\DLLs
```

> **提示** 编写程序时应尽量使用相对路径，这样当把编写好的程序从一台机器复制到另一台机器上时也可以正常运行；而如果使用绝对路径，则通常需要根据另一台机器的目录结构对程序中使用的所有绝对路径做修改，造成了工作量的增加。

7.1.9 获取指定路径的目录名或文件名

使用 os.path.split 函数可以将指定路径分解成目录名和文件名两部分。os.path.split 函数的语法格式如下：

```
os.path.split(path)
```

其作用是返回一个由 path 分解得到的目录名和文件名组成的元组。例如，对于下面的代码：

```
print(os.path.split(os.getcwd()+os.sep+'LICENSE.txt'))
```

程序执行完毕后，将在屏幕上输出如下结果：

```
('D:\\Python\\Python37', 'LICENSE.txt')
```

> 提示　如果指定路径中不包含文件名，则会将指定路径分成两部分：最后一个目录名和由前面所有目录组成的路径名。例如，如果执行 print(os.path.split(os.getcwd()))，将在屏幕上输出如下结果：
>
> ```
> ('D:\\Python', 'Python37')
> ```

7.1.10　判断指定路径目标是否为文件

使用 os.path.isfile 函数可以判断指定路径目标是否为文件。os.path.isfile 函数的语法格式如下：

```
os.path.isfile(path)
```

其作用是判断 path 所指定的目标是否是文件。如果是文件，则返回 True；否则，返回 False。例如，对于下面的代码：

```
dir=os.getcwd()  #dir 保存了当前工作目录
file=dir+os.sep+'LICENSE.txt'  #file 保存了当前工作目录下 LICENSE.txt 文件的路径
print(dir+' 是文件: '+str(os.path.isfile(dir)))
print(file+' 是文件: '+str(os.path.isfile(file)))
```

程序执行完毕后，将在屏幕上输出如下结果：

```
D:\Python\Python37 是文件: False
D:\Python\Python37\LICENSE.txt 是文件: True
```

7.1.11　判断指定路径目标是否为目录

使用 os.path.isdir 函数可以判断指定路径目标是否为目录，其语法格式如下：

```
os.path.isdir(path)
```

其作用是判断 path 所指定的目标是否是目录。如果是目录，则返回 True；否则，返回 False。例如，对于下面的代码：

```
dir=os.getcwd()  #dir 保存了当前工作目录
file=dir+os.sep+'LICENSE.txt'  #file 保存了当前工作目录下 LICENSE.txt 文件的路径
```

```
print(dir+' 是目录: '+str(os.path.isdir(dir)))
print(file+' 是目录: '+str(os.path.isdir(file)))
```

程序执行完毕后，将在屏幕上输出如下结果：

```
D:\Python\Python37 是目录: True
D:\Python\Python37\LICENSE.txt 是目录: False
```

7.1.12　判断指定路径是否存在

使用 os.path.exists 函数可以判断指定路径是否存在，其语法格式如下：

```
os.path.exists(path)
```

其作用是判断 path 所指定的路径是否存在。如果存在，则返回 True；否则，返回 False。例如，对于下面的代码：

```
path1=os.getcwd()  #path1 保存了当前工作目录
path2=path1+os.sep+'mytest'  #path2 保存了当前工作目录下 mytest 子目录的路径
print(path1+' 存在: '+str(os.path.exists(path1)))
print(path2+' 存在: '+str(os.path.exists(path2)))
```

程序执行完毕后，将在屏幕上输出如下结果：

```
D:\Python\Python37 存在: True
D:\Python\Python37\mytest 存在: False
```

7.1.13　判断指定路径是否为绝对路径

使用 os.path.isabs 函数可以判断指定路径是否为绝对路径，其语法格式如下：

```
os.path.isabs(path)
```

其作用是判断 path 所指定的路径是否为绝对路径。如果是绝对路径，则返回 True；否则，返回 False。例如，对于下面的代码：

```
print('.. 是绝对路径: '+str(os.path.isabs('..')))
print(os.getcwd()+' 是绝对路径: '+str(os.path.isabs(os.getcwd())))
```

程序执行完毕后，将在屏幕上输出如下结果：

```
.. 是绝对路径: False
D:\Python\Python37 是绝对路径: True
```

7.1.14　分离文件扩展名

使用 os.path.splitext 函数可以将扩展名从指定路径中分离出来，其语法格式如下：

```
os.path.splitext(path)
```

其作用是将 path 所指定的路径分解为一个元组 (root, ext)，其中 ext 是扩展名，root

是扩展名前面的内容。例如，对于下面的代码：

```
print(os.path.splitext('d:\\Python\\Python37\\LICENSE.txt'))
```

程序执行完毕后，将在屏幕上输出如下结果：

```
('d:\\Python\\Python37\\LICENSE', '.txt')
```

提示 文件的扩展名表明了一个文件的类型，如扩展名为 txt 的文件是一个文本文件，扩展名为 doc 或 docx 的文件是一个 Word 文档。

7.1.15 路径连接

使用 os.path.join 函数可将一个路径的多个组成部分用系统路径分隔符（即 os.sep）连接在一起，其语法格式如下：

```
os.path.join(path, *paths)
```

其作用是将各参数用系统路径分隔符连接得到的结果返回。例如，对于下面的代码：

```
print(os.path.join('D:\\Python','Python37','LICENSE.txt'))
```

程序执行完毕后，将在屏幕上输出如下结果：

```
D:\Python\Python37\LICENSE.txt
```

7.1.16 获取文件名

使用 os.path.basename 可以获取指定路径中的文件名，其语法格式如下：

```
os.path.basename(path)
```

其作用是返回 path 中的文件名。例如，对于下面的代码：

```
print(os.path.basename('D:\\Python\\Python37\\LICENSE.txt'))
```

程序执行完毕后，将在屏幕上输出如下结果：

```
LICENSE.txt
```

7.1.17 获取文件路径

使用 os.path.dirname 可以获取去除文件名后的文件路径，其语法格式如下：

```
os.path.dirname(path)
```

其作用是返回 path 中的文件路径。例如，对于下面的代码：

```
print(os.path.dirname('D:\\Python\\Python37\\LICENSE.txt'))
```

程序执行完毕后，将在屏幕上输出如下结果：

```
D:\Python\Python37
```

7.2 文件读写

程序中的数据都存储在内存中,当程序执行完毕后,内存中的数据将丢失。文件可以用来进行数据的长期保存,本节将介绍 Python 中文件读/写的实现方法。

7.2.1 open 函数

使用 open 函数可以打开一个要做读/写操作的文件,其常用形式如下:

```
open(filename, mode='r')
```

其中,filename 是要打开文件的路径;mode 是文件打开方式(如表 7-1 所示),不同文件打开方式可以组合使用(如表 7-2 所示),默认打开方式为 'r'(等同于 'rt')。使用 open 函数打开文件后会返回一个文件对象,利用该文件对象可完成文件中数据的读/写操作。例如,对于下面的代码:

```
f=open('D:\\Python\\test.txt', 'w+')
```

即以 w+ 方式打开文件 D:\Python\test.txt,并将返回的文件对象赋给 f,后面可用 f 对该文件进行读/写操作。

表 7-1 文件打开方式

文件打开方式	描 述
'r'	以只读方式打开文件(默认),不允许写数据
'w'	以写方式打开文件,不允许读数据。若文件已存在,会先将文件内容清空,若文件不存在,则会创建新文件
'a'	以追加写方式打开文件,不允许读数据。在文件已有数据后继续向文件中写新数据,文件不存在时会创建新文件
'b'	以二进制方式打开文件
't'	以文本方式打开文件(默认)
'+'	以读写方式打开文件,可以读/写数据

提示 文件中有一个文件指针,其指向当前要读/写数据的位置。在打开文件时,如果打开方式中不包括 'a',则文件指针指向文件首的位置;随着读/写操作,文件指针顺序向后移动,直至读/写完毕。如果打开方式中包括 'a',则文件指针指向文件尾的位置,此时向文件中写数据时就会在已有数据后写入新数据。

表 7-2 常用文件打开方式组合

文件打开方式	描 述
'r+' 或 'rt+'	以文本方式打开文件并可以对文件进行读/写操作。文件不存在会报错
'w+' 或 'wt+'	以文本方式打开文件并可以对文件进行读/写操作。文件不存在时会新建文件,若文件已存在,则会清空文件内容
'a+' 或 'at+'	以文本、追加方式打开文件,可对文件进行读/写操作。文件不存在时会创建新文件,若文件已存在,则文件指针会自动移动到文件尾
'rb+'	与 'r+' 类似,只是以二进制方式打开文件

(续)

文件打开方式	描述
'wb+'	与 'w+' 类似，只是以二进制方式打开文件
'ab+'	与 'a+' 类似，只是以二进制方式打开文件

使用 open 函数打开文件并完成读/写操作后，必须使用文件对象的 close 方法将文件关闭。例如，假设有一个文件对象 f，则在对 f 所对应的文件完成读/写操作后，应使用 f.close() 关闭文件。例如，对于下面的代码：

```
f=open('D:\\Python\\test.txt', 'w+')
print(' 文件已关闭: ',f.closed)
f.close()
print(' 文件已关闭: ',f.closed)
```

程序执行完毕后，将在屏幕上输出如下结果：

```
文件已关闭: False
文件已关闭: True
```

提示 使用文件对象的 closed 属性可以判断当前的文件状态。如果文件对象的 closed 属性值为 True，则表明文件是关闭状态；否则，文件是打开状态。

7.2.2 with 语句

使用 with 语句可以让系统在文件操作完毕后自动关闭文件，从而避免忘记调用 close 方法而不能及时释放文件资源的问题。下面的代码说明了 with 语句的作用。

```
with open('D:\\Python\\test.txt','w+') as f:
    pass
print(' 文件已关闭: ',f.closed)
```

程序执行完毕后，将在屏幕上输出如下结果：

```
文件已关闭: True
```

7.2.3 文件对象方法

使用 open 函数打开文件后，即可使用返回的文件对象对文件进行读/写操作。下面介绍文件对象中与读/写数据相关的几种方法。

1. write 方法

使用文件对象的 write 方法可以将字符串写入文件中，其语法格式如下：

```
f.write(str)
```

其中，f 是 open 函数返回的文件对象，str 是要写入文件中的字符串。f.write 方法执行完毕后将返回写入到文件中的字符数。例如，对于代码清单 7-2：

代码清单 7-2　write 方法使用示例

```
charnum=0
with open('D:\\Python\\test.txt','w+') as f:
    charnum+=f.write('Python是一门流行的编程语言！\n')
    charnum+=f.write(' 我喜欢学习Python语言！ ')
print(' 总共向文件中写入的字符数：%d'%charnum)
```

程序执行完毕后，将在屏幕上输出如下结果：

总共向文件中写入的字符数：32

打开文件 D:\Python\test.txt，可看到文件中的内容为：

Python是一门流行的编程语言！
我喜欢学习Python语言！

即通过 write 方法向文件中写入了两行字符串。

> **提示**　使用 write 方法向文件中写入一个字符串后并不会自动在字符串后加换行。如果加换行，需要手动向文件中写入换行符 '\n'。
> 　　　write 方法返回的写入文件的字符数包括换行符 '\n'。

2. read 方法

使用文件对象的 read 方法可以从文件中读取数据，其语法格式如下：

f.read(n=-1)

其中，f 是 open 函数返回的文件对象；n 指定了要读取的字节数，默认值 -1 表示读取文件中的所有数据。read 方法将从文件中读取的数据返回。例如，对于代码清单 7-2 中生成的文本文件 test.txt，利用下面的代码可读取其内容：

```
with open('D:\\Python\\test.txt','r') as f:
    content1=f.read()
    content2=f.read()
print('content1:\n%s'%content1)
print('content2:\n%s'%content2)
```

程序执行完毕后，将在屏幕上输出如下结果：

```
content1:
Python是一门流行的编程语言！
我喜欢学习Python语言！
content2:
```

可见，第一次调用 read 方法时一次性地把文件中的所有数据读取到了 content1 中，且此时文件指针自动移动到刚读取数据的后面（即文件尾）；第二次再调用 read 方法时不会读取到任何数据，因此 content2 是一个空字符串。

3. readline 方法

使用文件对象的 readline 方法可以从文件中每次读取一行数据，其语法格式如下：

```
f.readline()
```

其中，f 是 open 函数返回的文件对象。readline 方法将从文件中读取的一行数据返回。例如，对于代码清单 7-2 中生成的文本文件 test.txt，利用下面的代码可逐行读取其内容：

```
ls=[]
with open('D:\\Python\\test.txt','r') as f:
    ls.append(f.readline())
    ls.append(f.readline())
print(ls)
```

程序执行完毕后，将在屏幕上输出如下结果：

```
['Python 是一门流行的编程语言！ \n', '我喜欢学习 Python 语言！ ']
```

> **提示** 文件对象是一个可迭代对象，因此可以使用 for 循环遍历。例如，对于下面的代码：
>
> ```
> ls=[]
> with open('D:\\Python\\test.txt','r') as f:
>     for line in f:
>         ls.append(line)
> print(ls)
> ```
>
> 程序执行完毕后，将在屏幕上输出如下结果：
>
> ```
> ['Python 是一门流行的编程语言！ \n', '我喜欢学习 Python 语言！ ']
> ```

4. readlines 方法

使用文件对象的 readlines 方法可以从文件中按行读取所有数据，其语法格式如下：

```
f.readlines()
```

其中，f 是 open 函数返回的文件对象。readlines 方法将从文件中按行读取的所有数据以列表形式返回。例如，对于代码清单 7-2 中生成的文本文件 test.txt，利用代码清单 7-3 可得到所有行的数据。

代码清单 7-3　readlines 方法使用示例

```
1    with open('D:\\Python\\test.txt','r') as f:
2        ls=f.readlines()
3    print(ls)
```

程序执行完毕后，将在屏幕上输出如下结果：

```
['Python 是一门流行的编程语言！ \n', '我喜欢学习 Python 语言！ ']
```

> **提示** 使用 list 函数也可以得到与 readlines 方法同样的结果。例如，对于代码清单 7-3 中的第 2 行代码，将其改为 ls=list(f)，最后运行结果相同。

5. seek 方法

使用 seek 方法可以移动文件指针，从而实现文件的随机读写，其语法格式如下：

f.seek(pos, whence=0)

其中，f 是 open 函数返回的文件对象；pos 是要移动的字节数；whence 是参照位置，默认值 0 表示以文件首作为参照位置，1 和 2 分别表示以当前文件指针位置和文件尾作为参照位置。seek 方法没有返回值。例如，对于代码清单 7-2 中生成的文本文件 test.txt，利用下面的代码可从指定位置读取数据：

```
with open('D:\\Python\\test.txt','r') as f:
    f.seek(6,0)
    print(f.readline())
```

程序执行完毕后，将在屏幕上输出如下结果：

是一门流行的编程语言！

可见，通过 f.seek(6,0) 跳过了文件开头的 6 个字节，f.readline() 从第 7 个字节开始读取一行数据。

> **提示** 文件的顺序读写是指打开文件后，按照从前向后的顺序依次进行数据的读/写操作；而随机读写可以直接使文件指针指向某个位置，并对该位置的数据进行读/写操作，即读/写数据的位置不按固定顺序，可以随机指定。
>
> 当以文本方式打开文件后，只支持以文件首作为参照位置进行文件指针的移动；而以二进制方式打开文件后，可以支持全部的三种参照位置。通过 seek 方法实现的文件随机读写主要用于二进制文件，建议读者尽量不对文本文件进行随机读写。
>
> 与 seek 方法对应的还有一个 tell 方法，其用于获取当前文件指针的位置。

7.3 数据的处理

从维度上分，我们平常处理的数据可分为一维数据、二维数据以及更高维的数据，这里我们介绍一维数据和二维数据的概念，以及对可用于存储一维/二维数据的 CSV 格式文件的操作方法。

7.3.1 一维数据

一维数据是指数据元素的值由一个因素唯一确定。例如，对于 N 名学生在语文考试中的成绩，每个成绩由学生唯一确定，如图 7-1 所示，学生 1 的考试成绩为成绩 1，学生 2 的考试成绩为成绩 2，……，学生 N 的考试成绩为成绩 N。

图 7-1　一维数据示例

对于一维有序数据，可以使用列表存储；对于一维无序数据，可以使用集合存储。例如，对于 5 名学生的语文课成绩，可以使用代码清单 7-4 中所示形式的列表存储：

代码清单 7-4　一维数据存储示例

```
data1D=[90,70,95,98,65]
```

7.3.2　二维数据

二维数据是指数据元素的值由两个因素共同确定。例如，对于 M 名学生在语文、数学、英语三门课程考试中的成绩，由学生和课程因素共同确定，如图 7-2 所示，学生 1 在语文、数学和英语课上的考试成绩分别为成绩 11、成绩 12 和成绩 13；学生 2 在语文、数学和英语课上的考试成绩分别为成绩 21、成绩 22 和成绩 23；……；学生 M 在语文、数学和英语课上的考试成绩分别为成绩 M1、成绩 M2 和成绩 M3。二维数据可以看作由多个一维数据组成。

	语文	数学	英语
学生 1	成绩	成绩 12	成绩 13
学生 2	成绩 21	成绩 22	成绩 23
⋮	⋮	⋮	⋮
学生 M	成绩 M1	成绩 M2	成绩 M3

图 7-2　二维数据示例

通过二维列表可以存储二维数据。例如，要使用二维列表存储 5 名学生在 3 门课程上的成绩，需要写成代码清单 7-5 中所示形式：

代码清单 7-5　二维数据存储示例

```
data2D=[[90,98,87], #第 1 名学生的 3 门课程成绩
[70,89,92], #第 2 名学生的 3 门课程成绩
[95,78,81], #第 3 名学生的 3 门课程成绩
[98,90,95], #第 4 名学生的 3 门课程成绩
[65,72,70]] #第 5 名学生的 3 门课程成绩
```

7.3.3　使用 CSV 格式操作一维、二维数据

CSV（Comma-Separated Values）是一种国际通用的一维、二维数据存储格式，其对应文件的扩展名为 .csv，可使用 Excel 软件直接打开。CSV 文件中每行对应一个一维数据，一维数据的各数据元素之间用英文半角逗号分隔（逗号两边不需要加额外的空格）；对于缺失元素，也要保留逗号，使得元素的位置能够与实际数据对应。CSV 文件中的多行形成了一个二维数据，即一个二维数据由多个一维数据组成；二维数据中的第一行可以是列标题，也可以直接存储数据（即没有列标题）。

例如，对于代码清单 7-4 中的一维数据，使用 CSV 文件存储的结果如下：

```
90,70,95,98,65
```

对于代码清单 7-5 中的二维数据，使用 CSV 文件存储的结果如下：

```
90,98,87
70,89,92
95,78,81
98,90,95
65,72,70
```

Python 中提供了 csv 模块用于进行 CSV 文件的读/写操作，这里介绍几种相关方法。

csv 模块的 writer 方法可以生成一个 writer 对象，使用该对象可以将数据以逗号分隔的形式写入 CSV 文件中。csv.writer 方法的语法格式如下：

```
csv.writer(csvfile)
```

其中，csvfile 是一个具有 write 方法的对象。如果将 open 函数返回的文件对象作为实参传给 csvfile，则调用 open 函数打开文件时必须加上一个关键字参数"newline=''"。

生成 writer 对象后，就可以使用 writer 对象的 writerow 和 writerows 方法向 CSV 文件中写入数据。writer.writerow 和 writer.writerows 方法的语法格式分别为：

```
writer.writerow(row)
writer.writerows(rows)
```

其中，writer 是 csv.writer 方法返回的 writer 对象；row 是要写入 CSV 文件中的一行数据（如一维列表）；rows 是要写入 CSV 文件中的多行数据（如二维列表）。

csv 模块的 reader 方法可以生成一个 reader 对象，使用该对象可以将以逗号分隔的数据从 CSV 文件中读取出来。csv.reader 方法的语法格式如下：

```
csv.reader(csvfile)
```

其中，csvfile 要求传入一个迭代器。open 函数返回的文件对象除了是可迭代对象，同时也是迭代器。如果将文件对象作为实参传给 csvfile，则调用 open 函数打开文件时应加上一个关键字参数"newline=''"。返回的 reader 对象是一个可迭代对象，因此可以使用 for 循环直接遍历 CSV 文件中的每一行数据，每次遍历会返回一个由字符串组成的列表。

例如，代码清单 7-6 说明了 csv 模块中 writer、writerow、writerows 和 reader 这 4 种方法的使用：

代码清单 7-6　CSV 文件读写示例

```
1    import csv  # 导入 csv 模块
2    data2D=[[90,98,87],    # 第 1 名学生的 3 门课程成绩
3           [70,89,92],    # 第 2 名学生的 3 门课程成绩
4           [95,78,81],    # 第 3 名学生的 3 门课程成绩
5           [98,90,95],    # 第 4 名学生的 3 门课程成绩
6           [65,72,70]]    # 第 5 名学生的 3 门课程成绩
7    with open('D:\\Python\\score.csv','w',newline='') as f:  # 打开文件
```

```
8       csvwriter=csv.writer(f)  # 得到 writer 对象
9       csvwriter.writerow(['语文','数学','英语'])  # 先将列标题写入 CSV 文件
10      csvwriter.writerows(data2D)  # 将二维列表中的数据写入 CSV 文件
11  ls2=[]
12  with open('D:\\Python\\score.csv','r',newline='') as f:  # 打开文件
13      csvreader=csv.reader(f)  # 得到 reader 对象
14      for line in csvreader:  # 将 CSV 文件中的一行数据读取到列表 line 中
15          ls2.append(line)  # 将当前行数据的列表添加到 ls2 的尾部
16  print(ls2)  # 输出 ls2
```

程序执行完毕后，将在屏幕上输出如下结果：

[['语文', '数学', '英语'], ['90', '98', '87'], ['70', '89', '92'], ['95', '78', '81'], ['98', '90', '95'], ['65', '72', '70']]

提示　在代码清单7-6中，第 7～10 行代码完成了 CSV 文件的写入操作，这些代码执行完毕后将生成文件 D:\Python\score.csv，其中包含了 5 行数据，每行数据的相邻两个元素用逗号分隔。

第 12～15 行代码完成了 CSV 文件的读取操作，从 D:\Python\score.csv 文件中依次读取每行数据并将得到的元素列表添加到 ls2 的尾部。

7.4 异常的定义和分类

7.4.1 异常的定义

异常是指因程序运行时发生错误而产生的信号。如果程序中没有对异常进行处理，则程序会抛出该异常并停止运行。为了保证程序的稳定性和容错性，我们需要在程序中捕获可能的异常并对其进行处理，使得程序不会因异常而意外停止。

7.4.2 异常的分类

异常可以分为语法错误和逻辑错误两类，下面分别介绍。

1. 语法错误

语法错误是指编写的程序不符合编程语言的语法要求。例如，将下面的代码放在名为 test.py 的 Python 脚本文件中：

```
if True
    print('Hello World!')
```

程序运行时，就会出现如下错误提示：

```
  File "test.py", line 1
    if True
          ^
SyntaxError: invalid syntax
```

即在 test.py 的第 1 行存在语法错误（SyntaxError）。根据该错误提示仔细检查第 1 行代码后，会发现该行代码最后缺少一个冒号，加上冒号即可正常运行。

2. 逻辑错误

逻辑错误是指虽然编写的程序符合编程语言的语法要求，但要执行的数据操作不被系统或当前环境所支持。在前面的章节中我们已经看到过一些由逻辑错误引发的异常，如文件打开失败、访问不存在的属性或变量等，这里对常见的异常做一下总结，如表 7-3 所示。

表 7-3 常见异常

异　　常	描　　述
AssertionError	当 assert 语句执行失败时引发该异常
AttributeError	当访问一个属性失败时引发该异常
ImportError	当导入一个模块失败时引发该异常
IndexError	当访问序列数据的下标越界时引发该异常
KeyError	当访问一个映射对象（如字典）中不存在的键时引发该异常
MemoryError	当一个操作使内存耗尽时引发该异常
NameError	当引用一个不存在的标识符时引发该异常
OverflowError	当算术运算结果超出表示范围时引发该异常
RecursionError	当超过最大递归深度时引发该异常
RuntimeError	当产生其他所有类别以外的错误时引发该异常
StopIteration	当迭代器中没有下一个可获取的元素时引发该异常
TabError	当使用不一致的缩进方式时引发该异常
TypeError	当传给操作或函数的对象类型不符合要求时引发该异常
UnboundLocalError	引用未赋值的局部变量时引发该异常
ValueError	当内置操作或函数接收到的参数具有正确类型、但不正确的值时引发该异常
ZeroDivisionError	当除法或求模运算的第 2 个操作数为 0 时引发该异常
FileNotFoundError	当要访问的文件或目录不存在时引发该异常
FileExistsError	当要创建的文件或目录已存在时引发该异常

例如，对于下面的 3 行代码：

```
1    10*(1/0)
2    4+a*3
3    '2'+2
```

分别会引发如下所示的 3 种异常：

```
1    ZeroDivisionError: division by zero
2    NameError: name 'a' is not defined
3    TypeError: can only concatenate str (not "int") to str
```

7.5 异常处理

编写程序时可以对指定的异常做处理，以增强程序的稳定性和容错性。

7.5.1 try except

使用 try except 语句可以捕获异常并做异常处理，其语法格式如下：

try:
  try 子句的语句块
except 异常类型 1：
  异常类型 1 的处理语句块
except 异常类型 2：
  异常类型 2 的处理语句块
...
except 异常类型 N：
  异常类型 N 的处理语句块

try except 语句的处理过程为执行 try 子句的语句块。如果没有异常发生，则 except 子句不被执行。如果有异常发生，则根据异常类型匹配每一个 except 关键字后面的异常名，并执行匹配的 except 子句的语句块；如果异常类型与所有 except 子句都不匹配，则该异常会传给更外层的 try except 语句；如果异常无法被任何 except 子句处理，则程序抛出异常并停止运行。

> **提示** except 子句后面的异常类型，既可以是单个异常类型，如"except NameError:"；也可以是由多个异常类型组成的元组，如"except (TypeError, ZeroDivisionError):"；还可以为空，即"except:"，表示捕获所有的异常。

例如，对于代码清单 7-7：

代码清单 7-7　try except 语句使用示例

```
for i in range(3):  # 循环 3 次
    try:
        num=int(input('请输入一个数字：'))
        print(10/num)
    except ValueError:
        print('值错误！')
    except:
        print('其他异常！')
```

程序运行后，对于不同的输入将会产生不同的输出结果，如下所示：

```
请输入一个数字：abc
值错误！
请输入一个数字：0
其他异常！
请输入一个数字：10
1.0
```

7.5.2 else

else 子句是 try except 语句中的一个可选项。如果 try 子句执行时没有发生异常，则在 try 子句执行结束后会执行 else 子句；如果发生异常，则 else 子句不会执行。例如，与代码清单 7-7 相比，代码清单 7-8 中为 try except 语句增加了 else 子句（参见加粗部分）：

代码清单 7-8　else 子句使用示例

```
for i in range(3):  # 循环 3 次
    try:
        num=int(input('请输入一个数字：'))
        print(10/num)
    except ValueError:
        print('值错误！')
    except:
        print('其他异常！')
    else:
        print('else子句被执行！')
```

程序运行后，对于不同的输入将会产生不同的输出结果，如下所示：

```
请输入一个数字：abc
值错误！
请输入一个数字：0
其他异常！
请输入一个数字：10
1.0
else子句被执行！
```

7.5.3　finally

finally 子句是 try except 语句中的另一个可选项。无论 try 子句执行时是否发生异常，finally 子句都会被执行。例如，与代码清单 7-7 相比，代码清单 7-9 中为 try except 语句增加了 finally 子句（参见加粗部分）：

代码清单 7-9　finally 子句使用示例

```
for i in range(3):  # 循环 3 次
    try:
        num=int(input('请输入一个数字：'))
        print(10/num)
    except ValueError:
        print('值错误！')
    except:
        print('其他异常！')
    finally:
        print('finally子句被执行！')
```

程序运行后，对于不同的输入将会产生不同的输出结果，如下所示：

```
请输入一个数字：abc
值错误！
finally子句被执行！
```

```
请输入一个数字: 0
其他异常!
finally 子句被执行!
请输入一个数字: 10
1.0
finally 子句被执行!
```

7.5.4 raise

除了系统遇到错误产生异常外，我们也可以使用 raise 产生异常。例如，对于代码清单 7-10：

代码清单 7-10　raise 使用示例

```
1    for i in range(2):  # 循环 2 次
2        try:
3            num=int(input('请输入一个数字：'))
4            if num==0:
5                raise ValueError('输入数字不能为 0！')
6            print(10/num)
7        except ValueError as e:
8            print('值错误：',e)
```

程序执行后，对于不同的输入将产生不同的输出，如下所示：

```
请输入一个数字: 0
值错误：输入数字不能为 0！
请输入一个数字: 10
1.0
```

提示　代码清单 7-10 中，第 5 行代码通过 raise 产生了一个 ValueError 异常，同时异常提示信息设置为"输入数字不能为 0！"。第 7 行的 except 子句捕获了该 ValueError 异常，同时通过 as e 生成了 ValueError 的一个实例；第 8 行通过 ValueError 的实例 e 可以显示异常提示信息。

7.5.5 断言

使用 assert 可以判断一个条件是否成立，如果成立则继续执行后面的语句；如果不成立则会引发 AssertionError 异常。例如，对于下面的代码：

```
for i in range(2):  # 循环 2 次
    try:
        num=int(input('请输入一个数字：'))
        assert num!=0
        print(10/num)
    except AssertionError:
        print('断言失败！')
```

程序执行后,对于不同的输入将产生不同的输出,如下所示:

```
请输入一个数字: 0
断言失败!
请输入一个数字: 10
1.0
```

7.5.6 自定义异常

除了系统提供的异常类型外,还可以根据需要定义新的异常。自定义异常,实际上就是以 BaseException 类作为父类创建一个子类。例如,下面的代码中定义并使用了 ScoreError 异常:

```
class ScoreError(BaseException): # 以 BaseException 类作为父类创建 ScoreError 类
    def __init__(self,msg): #定义构造方法
        self.msg=' 输入成绩为 %d, 成绩应在 0 ~ 100 之间 '%msg
    def __str__(self): #定义 __str__ 方法,将 ScoreError 类对象转换为字符串时自动调用
        return self.msg
if __name__=='__main__':
    for i in range(2): #循环 2 次
        try:
            score=int(input(' 请输入一个成绩: '))
            if score<0 or score>100:
                raise ScoreError(%score)
            print(' 输入成绩为 %d'%score)
        except ScoreError as e:
            print(' 分数错误: ',e)
```

程序执行后,对于不同的输入将产生不同的输出,如下所示:

```
请输入一个成绩: 90
输入成绩为 90
请输入一个成绩: -1
分数错误: 输入成绩为 -1,成绩应在 0 ~ 100 之间
```

7.6 本章小结

本章主要介绍了 I/O 编程和异常的相关知识。通过本章的学习,读者应掌握利用 os 模块进行目录创建、目录删除等与操作系统相关操作的方法,掌握文件读写方法,理解一维数据和二维数据的概念,掌握 CSV 格式数据的读写方法,了解异常的作用和分类,掌握异常处理的实现方法。

7.7 课后习题

1. 利用 os 模块查看当前系统的名字,应当使用_____。
2. 利用 os 模块获取当前系统平台路径的分隔符,应当使用_____。

3. 利用 os 模块获取当前工作目录，应当使用_____方法。
4. 利用 os 模块创建目录，可以使用_____方法或_____方法。
5. os 模块中判断指定路径目标是否是文件的方法是_____。
6. os 模块中判断指定路径是否存在的方法是_____。
7. 根据文件对象的_____属性可以判断文件是否已关闭。
8. 使用文件对象的_____方法可以移动文件指针，从而实现文件的随机读写。
9. 使用 writer 对象的_____方法或_____方法可以向 CSV 文件中写入数据。
10. os 模块中用于依次创建路径中所有不存在的目录的方法是（　　）。
    A. makedirs   B. makedir   C. mkdirs   D. mkdir
11. 下列说法中错误的是（　　）。
    A. 如果要创建的目录已经存在，则 os.mkdir 函数会报错
    B. 如果要创建的目录已经存在，则 os.makedirs 函数不会报错
    C. 如果要删除的目录不存在，则 os.rmdir 函数会报错
    D. 如果要删除的目录已存在但目录不为空，则 os.rmdir 函数会报错
12. os 模块中用于删除指定路径的最后多层目录的方法是（　　）。
    A. removedirs   B. removedir   C. rmdirs   D. rmdir
13. open 函数的默认文件打开方式是（　　）。
    A. w   B. w+   C. r   D. r+
14. 下列文件打开方式中，不能对打开的文件进行写操作的是（　　）。
    A. w   B. wt   C. r   D. a
15. 要从文件中按行读取所有数据，则应使用（　　）方法。
    A. read   B. readall   C. readline   D. readlines
16. 无论 try 子句执行时是否发生异常，都会执行的子句是（　　）。
    A. else   B. finally   C. except   D. 不存在
17. 写出下面程序的运行结果。

```
for i in range(3): #循环3次
    try:
        num=(i+1)*5
        assert num%2!=0
        print(num)
    except AssertionError:
        print('断言失败! num=%d'%num)
```

18. 写出下面程序的运行结果。

```
import os
for n in os.path.split('D:\\mydir\\subdir1\\test.txt'):
    print(n)
```

19. 下面程序在 D 盘的 mydir 目录下创建一个名字为 test.txt 的文件并向文件中写入字符串"南开大学"，请将程序填写完整。

```
_____ open('D:\\mydir\\test.txt','w+') as f:
    f._____('南开大学')
```

20. 下面程序在 D 盘的 mydir 目录下创建一个名为 score.csv 的文件，并将 2 名学生的 3 门课程成绩写入文件中，请将程序填写完整。

```
import csv  # 导入csv模块
data2D=[[90,98,87],  # 第1名学生的3门课程成绩
[70,89,92]]  # 第2名学生的3门课程成绩
with open('D:\\mydir\\score.csv','w',newline='') as f:  # 打开文件
    csvwriter=csv._____(f)
    csvwriter._____(['语文','数学','英语'])  # 先将列标题写入CSV文件
    csvwriter._____(data2D)  # 将二维列表中的数据写入CSV文件
```

21. 下面的 UserError 是自定义的异常类，请将程序填写完整。

```
class UserError(_____):
    def __init__(self,msg):  # 定义构造方法
        self.msg=msg
    def _____(self):  # 将UserError类对象转换为字符串时自动调用该方法
        return self.msg
```

第 8 章　多线程与多进程

现在的计算机使用的是多核 CPU，通过并行计算充分利用硬件资源，提高系统的任务处理速度和吞吐量，让各个部件都处于高速运转和忙碌状态。Python 语言支持多线程和多进程的并行编程，对于一些可并行的编程任务，可以大幅提升程序的执行效率。

8.1 线程与进程的定义

8.1.1 线程

线程是操作系统进行运算调度的最小单位。线程包含在进程之中，在进程的上下文中被创建、运行和结束，不能脱离进程而独立存在，负责执行进程地址空间中的代码并访问其中的资源。当一个进程被创建时，操作系统会自动为进程建立一个线程，通常称为主线程。一个进程可以并发多个线程，主线程可以动态创建其他的子线程，操作系统为每个线程保存单独的寄存器环境和单独的堆栈，但是所有线程共享其所属进程的地址空间、代码、数据和其他资源。同一个进程的多个线程之间可以进行数据共享和同步控制。除了主线程的生命周期与所属进程的生命周期一样之外，其他线程的生命周期都小于其所属进程的生命周期。

在多核、多处理器的硬件平台上，在任意时刻每个 CPU 核只运行一个线程，多个线程同时运行并相互协作，从而达到高速处理任务的目的。CPU 核的数量是有限的，通常一个操作系统上的线程数量远远多于核的数量，操作系统通过线程调度来决定某个时刻哪些线程可以使用 CPU 资源。在线程调度时，操作系统将 CPU 资源按时间分成很多很短的时间片，所有线程根据调度算法获得不同的时间片，轮流使用 CPU 资源。当一个时间片用完以后，线程还没有执行结束，就需要释放 CPU 资源，等待下一次调度，同时操作系统按照优先级将 CPU 资源分配给另一个线程。一个线程可能需要被调度并执行很多次才能完成一个计算任务。

由于 CPU 中寄存器的数量有限，不同的线程会使用到相同的寄存器。因此，在线程调度时要做好上下文的保存和恢复工作，以保证线程下次获得 CPU 资源的时间片后，能够继续上次的执行。虽然线程的切换过程很快，但是也要消耗一定的时间。当进程中的线程数量过多时，可能会因为线程的频繁切换而导致整个进程执行效率下降。

8.1.2 进程

进程是一个正在执行的应用程序所有资源的集合，如图 8-1 所示。一个进程会有一个与其他进程独立的进程 ID、虚拟地址空间、可执行代码、操作系统接口、安全上下文、环境变量、优先级类，还有至少一个主线程。

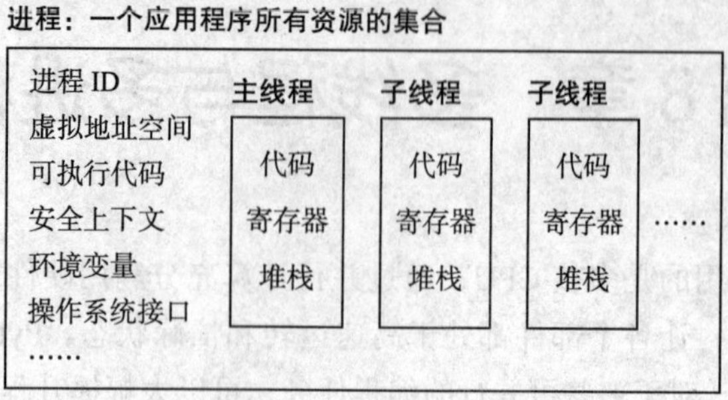

```
进程：一个应用程序所有资源的集合
┌─────────────────────────────────────────────────┐
│ 进程ID        主线程      子线程      子线程     │
│ 虚拟地址空间  ┌────┐     ┌────┐     ┌────┐      │
│ 可执行代码    │代码│     │代码│     │代码│      │
│ 安全上下文    │寄存│     │寄存│     │寄存│  ……  │
│ 环境变量      │器  │     │器  │     │器  │      │
│ 操作系统接口  │堆栈│     │堆栈│     │堆栈│      │
│ ……           └────┘     └────┘     └────┘      │
└─────────────────────────────────────────────────┘
```

图 8-1 进程和线程

线程是 CPU 的一个执行单元，负责执行任务的指令，而进程则是与运算相关的所有资源的集合。因此，在一个进程中创建并启动新的线程比较容易，但是创建新的进程需要对所有相关资源进行复制，进程的启动速度比线程慢。

8.2 多线程

Python 提供两个标准模块进行多线程编程，分别是 thread 和 threading。thread 是比较低级的模块，用于底层的操作，一般在应用开发中不常用。threading 模块是在底层模块 thread 的基础上开发的更高层次的多线程编程接口，提供了大量的方法和类来支持多线程编程，极大地方便了用户使用。threading 模块提供的常用类和方法如表 8-1 所示。

表 8-1 threading 模块提供的常用类和方法

类和方法	描 述
Thread	线程类，用于创建和管理线程
Event	事件类，用于线程间同步
Condition	条件类，用于线程间同步
Lock、RLock	锁类，用于线程间同步
Semaphore、BoundedSemaphore	信号量类，用于线程间同步
Timer	定时器，用于设定线程在多长时间之后执行某个操作
Queue	队列类，用于建立线程队列
start()	启动线程
join()	等待线程终止
isAlive()	返回线程是否处于活动状态
getName()	返回线程的名称
setName()	设置线程的名称
current_thread()	返回当前线程对象

8.2.1 多线程的创建和启动

函数调用是一种线性执行过程。一个函数调用另一个函数时，当前函数中断执行，将 CPU 控制权转移到另一个函数的入口地址执行。当被调用函数执行结束并返回后，当前函数才恢复执行当前函数的代码。不同于函数调用，使用创建线程来执行一个函数，可以不中断当前函数的执行，实现多个函数并行执行，提高程序的执行效率。

创建并启动一个线程就是把一个函数传入并创建 Thread 实例，如下面的代码所示，然后调用 start() 开始执行。

```
class threading.Thread(group=None, target=None, name=None, args=(), kwargs={},
*, daemon=None)
```

下面介绍各参数的含义：
- group：ThreadGroup 类实施时，作为保留关键字扩展。
- target：一个可调用的对象（线程函数），可以被 Thread 的 run() 方法调用。
- name：一个线程的名字，默认情况下，线程的名字是 Thread-N，其中 N 是一个十进制数。
- args：一个对应 target 调用的元组（线程函数的参数），初始化为"()"。
- kwargs：一个对应 target 调用的关键字字典（线程函数的参数关键字字典），初始化为"{}"。

例如，对于代码清单 8-1：

代码清单 8-1　多线程的创建和启动

```python
import time, threading
# 线程函数的定义
def func(x):
    print("Thread %s is running." % threading.current_thread().name)
    time.sleep(x)
    print("Thread %s ended." % threading.current_thread().name)
if __name__ == "__main__":
    print("Thread %s is running." % threading.current_thread().name)
    t_1 = threading.Thread(target=func, args=(10,))
    t_2 = threading.Thread(target=func, args=(5,))
    t_1.start()
    t_2.start()
```

输出结果如下：

```
Thread MainThread is running.
Thread Thread-1 is running.
Thread Thread-2 is running.
Thread Thread-2 ended.
Thread Thread-1 ended.
```

程序运行后，创建主线程 MainThread，之后主线程通过实例化 Thread 类创建 Thread-1 和 Thread-2 两个子线程，并调用子线程的 start() 方法启动子线程。

另一种创建并启动线程的方法是继承 threading 的 Thread 类，重构 Thread 类中的 __init__() 和 run() 方法，从而自定义线程类，参见代码清单 8-2。

代码清单 8-2　线程类的自定义

```python
import time, threading
class my_thread(threading.Thread):
    def __init__(self, x):
        threading.Thread.__init__(self)
        self.x = x
    def run(self):
        print("Thread %s is running." % \
                threading.current_thread().name)
        time.sleep(self.x)
        print("Thread %s ended." % threading.current_thread().name)
if __name__ == "__main__":
    print("Thread %s is running." % threading.current_thread().name)
    t_1 = my_thread(10)
    t_2 = my_thread(5)
    t_1.start()
    t_2.start()
```

上面的程序通过继承 threading.Thread 类，自定义了线程类 my_thread，并重构了类中 __init__() 和 run() 方法。在程序执行过程中，直接使用 my_thread 类实例化了两个子线程 Thread-1 和 Thread-2，并调用线程对象的 start() 方法启动子线程。程序的输出结果如下：

```
Thread MainThread is running.
Thread Thread-1 is running.
Thread Thread-2 is running.
Thread Thread-2 ended.
Thread Thread-1 ended.
```

另外，threading 模块还支持使用 Timer 类创建定时启动的线程，threading.Timer 类的定义格式如下：

```python
class threading.Timer(interval, function, args=[], kwargs={})
```

用 Timer 类创建的线程实例在调用线程的 start() 方法之后，线程会在指定的时间 interval（单位是秒）之后调用线程函数 function，args 和 kwargs 用于传递函数的参数。例如，对于代码清单 8-3：

代码清单 8-3　Timer 类创建线程

```python
import time, threading
deffunc():
    print("Thread %s is running." % threading.current_thread().name)
    print("Thread %s ended." % threading.current_thread().name)
if __name__ == "__main__":
    t = threading.Timer(5, func)
    t.start()
```

输出结果如下：

```
Thread Thread-1 is running.
Thread Thread-1 ended.
```

我们将 Timer 定时器的参数设置为 5(秒)，所以在程序运行 5 秒后才能看到这些输出。

8.2.2 多线程的合并

进行多线程编程时，主线程经常需要等待其他线程执行的结果才能继续执行。Thread 提供了 join([timeout]) 方法，可阻塞当前线程，等待被调线程结束或者超时后再继续执行当前线程的后续代码。参数 timeout 用来指定 join() 的最长等待时间，单位是秒。方法 join() 的返回值总是 None，需要用 isAlive 方法来判断 join() 是因为目标线程结束返回还是因为超时返回。如果 isAlive() 的返回值是 True，则说明线程仍在运行，join() 方法是因为超时而返回的。在一个线程中可以多次调用 join() 方法（如果线程已结束，join() 会立即返回），但不允许线程调用自己的 join，否则会造成死锁，产生 RuntimeError 异常。在线程开始执行之前调用 join()，也会产生 RuntimeError 异常。例如，对于代码清单 8-4：

代码清单 8-4　线程对象 join() 方法

```python
import time, threading
def func(x):
    print("Thread %s is running." % threading.current_thread().name)
    time.sleep(x)
    print("Thread %s ended." % threading.current_thread().name)
if __name__ == "__main__":
    print("Thread %s is running." % threading.current_thread().name)
    t_1 = threading.Thread(target=func, args=(5,))
    t_2 = threading.Thread(target=func, args=(10,))
    t_1.start()
    t_1.join()  # 阻塞当前进程，等待线程 t_1 结束后，再继续执行后面的代码
    t_2.start()
    t_2.join(3)
    print("Thread %s is running." % threading.current_thread().name)
    print(t_1.isAlive())
    print(t_2.isAlive())
```

执行结果如下：

```
Thread MainThread is running.
Thread Thread-1 is running.
Thread Thread-1 ended.
Thread Thread-2 is running.
Thread MainThread is running.
False
True
Thread Thread-2 ended.
```

在代码清单 8-4 中，首先创建了两个子线程 Thread-1 和 Thread-2。子线程 Thread-1 先启动，然后调用 Thread-1 的 join() 方法，主线程 MainThread 被阻塞，直到子线程

Thread-1 执行结束。接着，子线程 Thread-2 启动，然后调用 Thread-2 的 join() 方法，并设置超时时间为 3 秒。Thread-2 的 join() 方法阻塞了主线程 MainThread 的执行，等待 3 秒后 join() 方法超时，主线程继续执行，输出 Thread MainThread is running。主线程调用 isAlive 检查子线程的状态，此时子线程 Thread-1 已经结束，输出线程状态 False；而子线程 Thread-2 还在执行，输出线程状态 True。之后子线程 Thread-2 结束，输出 Thread Thread-2 ended，整个进程结束。

8.2.3 守护线程

在代码清单 8-4 中，主线程 MainThread 要等待子线程 Thread-1 和 Thread-2 都退出之后才结束，其中 Thread-1 和 Thread-2 都是非守护线程。Python 中有一种线程叫作守护线程，主线程执行结束，不需要等待守护进程结束，就可以结束整个程序。二者的区别在于：

- 非守护线程：如果非守护线程没有执行结束，程序需要等待所有非守护线程执行结束才能退出。
- 守护线程：守护线程执行结束与否不会影响程序的退出过程。

Thread 类创建的线程默认是非守护线程。如果要创建守护线程，则在创建线程实例时应设置线程 daemon 属性为 True；也可以在线程执行之前，调用 setDaemon() 方法或者直接设置线程的 daemon 属性为 True，表示这个线程是守护线程。

代码清单 8-5 是在代码清单 8-1 的基础上，添加了一行代码 t_1.daemon = True，将线程 Thread-1 的 daemon 属性修改为 True，使 Thread-1 成为守护线程。

代码清单 8-5　守护线程

```
import time, threading
# 线程函数的定义
def func(x):
    print("Thread %s is running." % threading.current_thread().name)
    time.sleep(x)
    print("Thread %s ended." % threading.current_thread().name)
if __name__ == "__main__":
    print("Thread %s is running." % threading.current_thread().name)
    t_1 = threading.Thread(target=func, args=(10,))
    t_2 = threading.Thread(target=func, args=(5,))
    t_1.daemon = True
    t_1.start()
    t_2.start()
```

代码清单 8-5 的执行结果如下：

```
Thread MainThread is running.
Thread Thread-1 is running.
Thread Thread-2 is running.
Thread Thread-2 ended.
```

此输出结果中只有 Thread Thread-2 ended，而没有 Thread Thread-1 ended，说明主线

程等待非守护线程 Thread-2 执行结束（并没有等待守护线程 Thread-1 的执行结束）就直接退出。

8.2.4 多线程的同步

当多个线程对某一个共享数据进行操作时，就需要考虑到线程安全问题。threading 模块中定义了 Lock 类、Condition 类、Queue 类等机制来保证多线程情况下数据的正确性。下面我们分别介绍 Lock、RLock、Condition、Semaphore、Event、Queue、Barrier 等与多线程同步相关的对象。

1. Lock 和 RLock 对象

为了同步多线程对资源的访问，可以对资源进行加锁，也就是线程只能访问解锁状态的资源。对于加锁状态的资源，线程需要等待其他线程对资源解锁后才能访问。

Lock 是一种同步原语，在锁定时不属于特定线程。在 Python 中，Lock 是当前可用的最低级别同步原语，由线程扩展模块直接实现。

一个锁在两种状态——locked 和 unlocked 间切换，刚创建的 Lock 对象默认是 unlocked 状态。Lock 有两个基本方法：acquire() 和 release()。当锁处于 unlocked 状态时，acquire() 方法将其状态修改为 locked，并立即返回；当锁处于 locked 状态时，后面的 acquire() 方法调用被阻塞，等待其他线程调用锁的 release() 方法，将锁的状态修改为 unlocked 之后，acquire() 方法才继续执行。任何线程在锁的状态为 locked 时，都可以调用 release() 方法，将锁的状态改为 unlocked。但是，release() 方法只能在锁的状态为 locked 时才能调用，在 unlocked 状态下调用 release() 会产生 ThreadError 异常。

代码清单 8-6 中给出了用 Lock 实现线程同步的示例。

代码清单 8-6　Lock 实现线程同步

```
import time, threading
x = 0 # 全局变量x
lock = threading.Lock() # 创建锁
def func(i):
    print("%s is acquiring lock." % threading.current_thread().name)
    lock.acquire() # 获取锁
    global x
    x = x + i
    print("%s: x = %d" % (threading.current_thread().name, x))
    print("%s is releasing lock." % threading.current_thread().name)
    time.sleep(1)
    lock.release() # 释放锁
if __name__ == "__main__":
    thread_list = []
    for i in range(5):
        t = threading.Thread(target=func, args=(i,))
        thread_list.append(t)
    for t in thread_list: # 启动所有线程
        t.start()
```

以上程序的输出结果如下：

```
Thread-1 is acquiring lock.
Thread-1: x = 0
Thread-2 is acquiring lock.
Thread-1 is releasing lock.
Thread-3 is acquiring lock.
Thread-4 is acquiring lock.
Thread-5 is acquiring lock.
Thread-2: x = 1
Thread-2 is releasing lock.
Thread-3: x = 3
Thread-3 is releasing lock.
Thread-4: x = 6
Thread-4 is releasing lock.
Thread-5: x = 10
Thread-5 is releasing lock.
```

代码清单 8-6 的输出显示，Thread-1 先获得锁，对全局变量 x 操作以后释放锁。其他线程依次获得锁，按顺序对全局变量 x 进行操作，保证了对全局变量 x 操作的安全性。

需要注意的是，进行多线程同步时，如果一个资源对应着多个锁，则可能发生死锁问题，在使用多个锁时要认真检查。

Lock 对象无法多次调用 acquire() 方法。为了支持在同一线程中多次请求同一资源，Python 提供了可重入锁 RLock。RLock 对象也是一种常用的线程同步原语，其内部维护着一个 Lock 和一个 counter 变量。通过 RLock 对象，一个资源可以被同一线程多次获取，counter 变量记录了调用 acquire() 方法的次数。对于一个线程多次获取的某一资源，通过多次调用 release() 方法将多次获取的同一资源都释放后，其他线程才能获得该资源。代码清单 8-7 中给出了用 RLock 实现线程同步的示例。

代码清单 8-7　RLock 实现线程同步

```
import threading, time
total = 0
lock = threading.RLock()
def func1(thread_name):
  global total
  for i in range(3):
    lock.acquire()
    total += 1
    time.sleep(1)
    print(thread_name,"acquire",total)
  for j in range(3):
    lock.release()
    total -= 1
    print(thread_name,"release",total)
def func2(thread_name):
  global total
  for i in range(2):
```

```
        lock.acquire()
        total += 1
        time.sleep(1)
        print(thread_name,"acquire",total)
    for j in range(2):
        lock.release()
        total -= 1
        print(thread_name,"release",total)
thread1=threading.Thread(target=func1, args=('thread1',))
thread2=threading.Thread(target=func2, args=('thread2',))
thread1.start()
thread2.start()
thread1.join()
thread2.join()
print(total)
```

以上代码的运行结果如下：

```
('thread1', 'acquire', 1)
('thread1', 'acquire', 2)
('thread1', 'acquire', 3)
('thread1', 'release', 2)
('thread1', 'release', 1)
('thread1', 'release', 0)
('thread2', 'acquire', 1)
('thread2', 'acquire', 2)
('thread2', 'release', 1)
('thread2', 'release', 0)
0
```

2. Condition 对象

Lock 和 RLock 可以实现多线程间的同步，在更加复杂的环境下，需要针对锁进行一些条件判断。Python 中提供了 Condition 对象，除了具有锁的 acquire() 和 release() 方法之外，还提供了 wait()、wait_for()、notify()、notify_all() 等方法，其中：

- wait(timeout=None) 方法释放锁，并阻塞当前线程，直到超时或者其他线程针对同一个 Condition 对象调用 notify()/notify_all() 方法，被唤醒的线程会重新尝试获取锁并在成功获取锁之后结束 wait() 方法，然后继续执行。
- wait_for(predicate,timeout=None) 方法阻塞当前线程，直到超时或条件得到满足。
- notify(n=1) 唤醒等待该 Condition 对象的一个或多个线程，该方法不负责释放锁。
- notify_all() 方法会唤醒等待该 Condition 对象的所有线程。

线程首先获取一个条件变量锁。如果条件不足，则该线程等待；如果条件满足，就执行线程，甚至可以唤醒其他线程。其他处于 wait 状态的线程接到通知后会重新判断条件。

条件变量可以看成不同的线程先后调用 acquire() 方法获得锁，如果不满足条件，可以理解为被扔到一个（Lock 或 RLock 的）waiting 池，直到其他线程被唤醒之后再重新判断条件。该模式常用于生成消费者模式。

下面通过经典的生产者/消费者问题来演示 Condition 对象的用法。程序中，生产者线程和消费者线程共同访问一个队列，生产者在队列尾部添加元素，消费者从队列首部获取并删除元素。如果队列长度到了 5，表示已满，则生产者等待；如果队列已空，则消费者等待。

代码清单 8-8 中给出了用 Condition 对象实现多线程同步的示例。

代码清单 8-8　Condition 对象实现多线程同步

```python
import threading, time, random
q = [] # 队列
con = threading.Condition() # Condition 对象
# 自定义生产者线程类
class Producer(threading.Thread):
    def __init__(self):
        threading.Thread.__init__(self)
    def run(self):
        global q
        while True:
            con.acquire()
            # 队列中最多能容纳 5 个元素
            if len(q)==5:
                con.wait() # 如果队列满了则等待
                print("Producter is waiting.")
            else:
                elem = random.randrange(100)
                q.append(elem)
                print("Procucer: ", q)
                time.sleep(1)
                con.notify()# 唤醒等待条件的线程
            # 释放锁
            con.release()
# 自定义消费者线程类
class Consumer(threading.Thread):
    def __init__(self):
        threading.Thread.__init__(self)
    def run(self):
        global q
        while True:
            con.acquire()# 获取锁
            if len(q) == 0:
                con.wait()  # 等待
                print("Consumer is waiting.")
            else:
                elem = q.pop(0)
                print("Consumer: ", elem, q)
                time.sleep(2)
                con.notify()
            con.release()
if __name__ == "__main__":
```

```
# 创建Condition对象以及生产者线程和消费者线程
p=Producer()
c=Consumer()
p.start()
c.start()
p.join()
c.join()
```

程序运行结果如下:

```
Procucer:    [88]
Procucer:    [88, 41]
Procucer:    [88, 41, 80]
Consumer:    88 [41, 80]
Consumer:    41 [80]
Consumer:    80 []
Procucer:    [4]
Consumer:    4 []
Procucer:    [45]
```

3. Semaphore 对象和 BoundedSemaphore 对象

Semaphore 是计算机科学史上最古老的同步原语之一,由荷兰计算机科学家 Edsger W. Dijkstra 发明。

Semaphore 对象维护着一个内部计数器,调用 acquire() 方法时该计数器的值减 1,调用 release() 方法时该计数器的值加 1。当计数器的值为 0 时,线程调用 acquire() 方法会被阻塞,一直等到有其他线程调用了 release() 方法,所以计数器的值永远不会小于 0。当多个调用 acquire() 方法的线程被阻塞时,调用一次 release() 方法只能随机使其中的一个线程继续执行。

Semaphore 对象经常用来限定特定资源的并发访问次数,例如数据库服务器等。在资源最大并发访问数量确定的情况下,可以使用 BoundedSemaphore 对象。在多线程并发访问资源之前,应提前设定好资源的最大并发访问数量。

代码清单 8-9 中模拟了一个服务器的并发连接场景。服务器最多支持 2 个并发连接,因此设置 BoundedSemaphore 对象中计数器的初始值为 2。利用 BoundedSemaphore 的 acquire() 和 release() 方法,保证服务器同一时刻的连接数不超过 2 个,其他有连接请求的线程都处于阻塞状态,直到有连接关闭。

代码清单 8-9 使用 BoundedSemaphore 对象限制特定资源的并发访问线程数量

```
import threading, time, random
max_connect = 2
sema = threading.BoundedSemaphore(value=max_connect)
class Worker(threading.Thread):
    def __init__(self, thread_name):
        threading.Thread.__init__(self, name=thread_name)
    def run(self):
        sema.acquire()
```

```
            print(self.name, " is buiding connection")
            time.sleep(random.randint(2,4))
            print(self.name, " is closing connection")
            sema.release()
if __name__ == "__main__":
    for i in range(5):
        w = Worker("Worker-"+str(i))
        w.start()
```

程序运行结果如下:

```
Worker-0  is buiding connection
Worker-1  is buiding connection
Worker-0  is closing connection
Worker-1  is closing connection
Worker-3  is buiding connection
Worker-2  is buiding connection
Worker-2  is closing connection
Worker-3  is closing connection
Worker-4  is buiding connection
Worker-4  is closing connection
```

提示 所有 threading 模块提供的有 acquire() 和 release() 方法的对象都支持 with 关键字，例如 Lock、RLock、Condition、Semaphore 和 BoundedSemaphore 对象。

例如，通过 with 来使用 BoundedSemaphore 对象，可控制程序的并发数。将代码清单 8-9 中的 Worker 代码做一些修改，而不会影响程序的功能，保证服务器同一时刻的连接数不超过 2 个。

```
import threading, time, random
max_connect = 2
sema = threading.BoundedSemaphore(value=max_connect)
class Worker(threading.Thread):
    def __init__(self, thread_name):
        threading.Thread.__init__(self, name=thread_name)
    def run(self):
        #sema.acquire()
        with sema:
            print(self.name, " is buiding connection")
            time.sleep(random.randint(2,4))
            print(self.name, " is closing connection")
        #sema.release()
if __name__ == "__main__":
    for i in range(5):
        w = Worker("Worker-"+str(i))
        w.start()
```

程序运行结果如下:

```
('Worker-0', ' is buiding connection')
('Worker-1', ' is buiding connection')
('Worker-0', ' is closing connection')
('Worker-2', ' is buiding connection')
('Worker-1', ' is closing connection')
('Worker-3', ' is buiding connection')
('Worker-2', ' is closing connection')
('Worker-4', ' is buiding connection')
('Worker-3', ' is closing connection')
('Worker-4', ' is closing connection')
```

4. Event 对象

Event 对象是多线程之间通信的最简单机制之一,一个线程设置 Event 对象的信号,其他线程等待 Event 对象的信号。Event 对象内部包含一个信号标识,其初始值为假;set() 方法可以设置信号标识为真;clear() 方法可以设置信号标识为假;isSet() 方法用来判断信号标识的状态;wait() 方法在其内部信号标识为真时会立刻执行并返回,若信号标识为假,wait() 方法就一直等待,直至超时或者内部信号标识为真。代码清单 8-10 中给出了使用 Event 对象实现线程同步的示例。

代码清单 8-10 使用 Event 对象实现线程同步

```python
import threading, time, random
e = threading.Event()
class Worker(threading.Thread):
    def __init__(self):
        threading.Thread.__init__(self)
    def run(self):
        print(self.getName(), " is waiting .")
        global e
        e.wait()# 等待事件被触发
        print(self.getName(), " starts working.")
if __name__ == "__main__":
    for i in range(3):
        t=Worker()
        t.start()
    print("Event is triggered.")
    e.set()# 触发事件
```

其中,主线程创建了 3 个 Worker 子线程。子线程调用了 Event 对象的 wait() 方法,等待特定事件被触发。当 set() 方法使特定事件触发后,所有的 Worker 子线程开始工作。代码清单 8-10 的运行结果如下:

```
Thread-1  is waiting .
Thread-2  is waiting .
Thread-3  is waiting .
Event is triggered.
Thread-1  starts working.
Thread-2  starts working.
Thread-3  starts working.
```

5. Queue 对象

Python 的 queue 模块中提供了可用于多线程同步的队列类，包括先入先出队列 Queue、后入先出队列 LifoQueue 和优先级队列 PriorityQueue。这些队列都已经实现了锁原语，是线程安全的，不需要额外的同步机制，尤其适合需要在多个线程之间进行信息交换的场合。Queue 类对象的 get() 和 put() 方法都支持一个超时参数 timeout，调用该方法时，如果超时则会抛出异常。Queue 对象的常用方法如表 8-2 所示。

表 8-2 Queue 对象的常用方法

方法	描述
qsize()	返回队列大小
empty()	如果队列为空，则返回 True，否则返回 False
full()	如果队列满了，则返回 True，否则返回 False
get([block[, timeout]])	获取队列，超时时间是 timeout
put (item[, block[, timeout]])	写入队列，超时时间是 timeout
join()	阻塞执行，直到队列为空继续执行

代码清单 8-11 中给出了使用 Queue 对象实现多线程同步的示例。

代码清单 8-11 使用 Queue 对象实现多线程同步

```python
import threading, queue, time, random
q = queue.Queue(5)
class Producer(threading.Thread):  # 自定义生产者线程类
    def __init__(self, thread_name):
        threading.Thread.__init__(self, name=thread_name)
    def run(self):
        global q
        time.sleep(random.randint(0,3))
        if not q.full():
            elem = random.randrange(100)
            q.put(elem, timeout=1)
            print(self.name, " put ", elem, " to queue.")
        else:
            print("Queue is full.")
class Consumer(threading.Thread):  # 自定义消费者线程类
    def __init__(self, thread_name):
        threading.Thread.__init__(self, name=thread_name)
    def run(self):
        global q
        time.sleep(random.randint(0,4))
        if not q.empty():
            elem = q.get(timeout=1)
            print(self.name, " get ", elem, " from queue.")
        else:
            print("Queue is empty ")
if __name__ == "__main__":
    # 创建生产者线程和消费者线程
    for i in range(5):
```

```
        p = Producer("Producer-"+str(i))
        c = Consumer("Consumer-"+str(i))
        p.start()
        c.start()
```

程序运行结果如下所示:

```
Producer-2   put   73   to queue.
Producer-3   put   11   to queue.
Producer-4   put   15   to queue.
Consumer-2   get   73   from queue.
Producer-1   put   81   to queue.
Consumer-3   get   11   from queue.
Producer-0   put   60   to queue.
Consumer-4   get   15   from queue.
Consumer-0   get   81   from queue.
Consumer-1   get   60   from queue.
```

6. Barrier 对象

Barrier 对象提供了一个简单的同步原语,为需要互相等待的固定数量的线程提供一种同步机制。每个线程都通过调用 wait() 方法使线程阻塞,等待其他线程。当所有线程都调用了 wait() 方法后,线程同时被释放。

代码清单 8-12 中给出了用 Barrier 对象实现多线程同步的示例。

代码清单 8-12　Barrier 对象实现多线程同步

```
import threading, time, random
b = threading.Barrier(2, timeout=5)
def server():
    print("Server is initializing. ")
    time.sleep(random.randint(1,3))
    b.wait()
    print("Server waits for connection.")
def client():
    print("Client is initializing. ")
    time.sleep(random.randint(1,3))
    b.wait()
    print("Client starts connecting.")
if __name__ == "__main__":
    s = threading.Thread(target=server)
    c = threading.Thread(target=client)
    s.start()
    c.start()
```

上述代码中创建了针对两个线程的 Barrier 对象,当两个线程的 server 函数和 client 函数分别调用了 Barrier 的 wait() 方法后,Barrier 对象的等待线程数量就达到了两个,所有被 Barrier 对象阻塞的线程就同时被释放了。

程序运行结果如下:

```
Server is initializing.
Client is initializing.
Client starts connecting.
Server waits for connection.
```

提示 对于相同数量的线程，Barrier 对象可以被重复使用多次。

8.3 多进程

Python 提供了 multiprocessing 库来实现多进程编程。multiprocessing 库同时支持本地并发与远程并发，有效避免了全局解释器锁（Global Interpreter Lock，GIL）问题，可以更有效地利用 CPU 资源，尤其适合多核或多 CPU 环境。

8.3.1 创建多进程

与使用 threading 中的 Thread 类创建线程对象类似，可以通过 multiprocessing 中的 Process 类来创建一个进程对象，然后通过调用进程对象的 start() 方法来启动，或通过调用 join() 方法来等待一个进程执行结束。进程的创建与启动可参见代码清单 8-13。

代码清单 8-13　进程的创建与启动

```
import multiprocessing
import os
def func():
    print("New process ID: ", os.getpid())
if __name__ == "__main__":
    print("Process ID: ", os.getpid())
    p=multiprocessing.Process(target=func) # 创建新进程
    p.start()                              # 启动进程
    p.join()                               # 等待进程运行结束
```

程序运行结果如下：

```
Process ID:  16907
New process ID:  16908
```

通过继承 Process 类，重构 run() 函数，可以自定义一个新的进程类，参见代码清单 8-14。

代码清单 8-14　继承 Process 类自定义进程类

```
import multiprocessing, os, time
class my_process(multiprocessing.Process): # 自定义进程类
    def __init__(self):
        multiprocessing.Process.__init__(self)
    def run(self):
        print("New process ID: ", os.getpid())
        time.sleep(1)
if __name__ == '__main__':
```

```
    print("Process ID: ", os.getpid())
    for i in range(3):
        p = my_process()
        p.start()
```

程序运行结果如下:

```
Process ID:   17118
New process ID:   17119
New process ID:   17120
New process ID:   17121
```

8.3.2 多进程间的通信

multiprocessing 库支持两种进程之间的通信通道:Queue 和 Pipe。代码清单 8-15 和代码清单 8-16 中分别给出了使用 Queue 和 Pipe 对象在进程间交换数据的示例。

代码清单 8-15 使用 Queue 对象在进程间交换数据

```
from multiprocessing import Process, Queue
def func(q):
    q.put('Hello') # 把数据放入队列
if __name__=='__main__':
    q = Queue()
    p = Process(target=func,args=(q,))
    p.start()
    print(q.get()) # 从队列中获取数据
    p.join()
```

在上述代码中,一个进程把数据放入队列,另一个进程从队列中取走数据。

代码清单 8-16 使用 Pipe 对象在进程间交换数据

```
from multiprocessing import Process, Pipe
def func(conn):
    conn.send("Hello")
    conn.close()
if __name__ == '__main__':
    parent_conn, child_conn = Pipe()
    p = Process(target=f, args=(child_conn,))
    p.start()
    print(parent_conn.recv())
    p.join()
```

Pipe 对象实例化之后会创建管道的两个端,每个端都有一个 recv() 和 send() 方法,用于在管道的端上读数据和写数据。如果两个进程同时对一个端读数据或者写数据,会产生异常。两个进程可以对管道的不同端读数据或者写数据,建立一个数据传输的通道。

8.3.3 多进程间的同步

在需要协同工作完成大型任务时,多个进程间的同步非常重要,进程同步方法与线程同步方法类似，将代码稍加修改即可，我们以 Lock 对象和 Event 对象为例介绍进程间的同步方法，参见代码清单 8-17 和代码清单 8-18。

代码清单 8-17　使用 Lock 对象实现进程间同步

```
from multiprocessing import Process, Lock
import os
def func(lock):
    lock.acquire
    print("Process ID: ", os.getpid())
    lock.release
if __name__ == "__main__":
    lock=Lock()                      # 创建锁对象
    for i in range(5):
        Process(target=func,args=(lock,)).start()
```

代码清单 8-18　使用 Event 对象实现进程间同步

```
from multiprocessing import Process, Event
import os
def func(event):
    if event.is_set():
        event.wait()
        print("Process ID", os.getpid())
        event.clear()
    else:
        event.set()
if __name__ == "__main__":
    event=Event()                    # 创建 Event 对象
    for i in range(5):
        Process(target=func,args=(event,)).start()
```

8.3.4　Pool 对象

除了支持与 threading 管理线程相似的接口之外，multiprocessing 还提供了 Pool 对象支持数据的并行操作。Pool 对象提供大量的方法支持并行操作，常用方法如下：

- apply(func[,args[,kwds]])：调用函数 func，并传递参数 args 和 kwds，同时阻塞当前进程直至函数返回，函数 func 只会在线程池中的一个工作进程中运行。
- apply_async(func[,args[,kwds[,callback[,error_callback]]]])：apply() 的变形，返回结果对象，可以通过结果对象的 get() 方法获取其中的结果；参数 callback 和 error_callback 都是单参数函数，当结果对象可用时会自动调用 callback，该调用失败时会自动调用 error_callback。
- map(func,iterable[,chunksize])：内置函数 map() 的并行版本，但只能接收一个可迭代对象作为参数，该方法会阻塞当前进程直至结果可用。该方法会把迭代对象 iterable 切分为多个块，再作为独立的任务提交给进程池，块的大小可以通过参数 chunksize（默认值为 1）来设置。

- map_async(func, iterable[,chunksize[,callback[,error_callback]]])：与 map() 方法相似，但是返回结果对象，需要使用结果对象的 get() 方法来获取其中的值。
- imap(func, iterable[,chunksize])：map() 方法的惰性求值版本，返回迭代器对象。
- imap_unordered(func, iterable[,chunksize[,callback[,error_back]]])：与 imap() 方法类似，但不保证结果会按参数 iterable 中原来元素的先后顺序返回。
- starmap(func, iterable[,chunksize])：类似于 map() 方法，但要求参数 iterable 中的元素为迭代对象并可解包为函数 func 的参数。
- starmap_async(func, iterable[,chunksize[,callback[,error_back]]])：starmap() 方法和 map_async() 方法的组合，并返回结果对象。
- close()：不允许再向进程池提交任务，当所有已提交任务完成后，工作进程会退出。
- terminate()：立即结束工作进程，当进程池对象被回收时会自动调用该方法。
- join()：等待工作进程退出，在此之前必须先调用 close() 或 terminate()。

代码清单 8-19 展示了使用 Pool 对象并发计算二维数组每行平均值的实现过程。

代码清单 8-19　并发计算二维数组每行的平均值

```
from multiprocessing import Pool, TimeoutError
import time
import os
def f(x):
    return x*x
if __name__ == '__main__':
    pool = Pool(processes=4)              # 创建拥有 4 个进程的进程池
    # print("[0, 1, 4,..., 81]")
    print(pool.map(f, range(10)))
    # 以任意顺序打印相同的数字
    for i in pool.imap_unordered(f, range(10)):
        print(i)
    # 以异步方式执行 "f, (20,)"
    res = pool.apply_async(f, (20,))
    print(res.get(timeout=1))             # 输出 400
    # 以异步方式执行 "os.getpid"
    res = pool.apply_async(os.getpid, ())
    print(res.get(timeout=1))             # 输出进程的 pid
    # 以异步方式启动多个可以使用更多进程的任务
    multiple_results = [pool.apply_async(os.getpid, ()) for i in range(4)]
    print([res.get(timeout=1) for res in multiple_results])
    # 以异步方式执行 "time.sleep()" 睡眠 10 秒
    res = pool.apply_async(time.sleep, (10,))
    try:
        print(res.get(timeout=1))
    except TimeoutError:
        print("We lacked patience and got a \ multiprocessing.TimeoutError")
```

程序运行结果如下所示：

```
[0, 1, 4, 9, 16, 25, 36, 49, 64, 81]
0
1
4
9
16
25
36
49
64
81
400
3388
[20812, 20740, 3388, 20812]
We lacked patience and got a multiprocessing.TimeoutError
```

8.3.5 Manager 对象

Manager 对象提供了不同进程间共享数据的方式，甚至可以在网络中不同机器上运行的进程间共享数据。Manager 对象控制一个拥有 list、dict、Lock、Rlock、Semaphore、BoundedSemaphore、Condition、Event、Barrier、Queue、Value、Array、Namespace 等对象的服务器进程，并且允许其他进程通过代理来操作这些对象。

代码清单 8-20 给出了使用 Manager 对象实现进程间数据交换的示例。

代码清单 8-20　使用 Manager 对象实现进程间数据交换

```
from multiprocessing import Process, Manager
def f(d, l):
    d[1] = '1'
    d['2'] = 2
    d[0.25] = None
    l.reverse()
if __name__ == '__main__':
    manager = Manager()
    d = manager.dict()
    l = manager.list(range(10))
    p = Process(target=f, args=(d, l))
    p.start()
    p.join()
    print(d)
    print(l)
```

程序运行结果如下所示：

```
{0.25: None, 1: '1', '2': 2}
[9, 8, 7, 6, 5, 4, 3, 2, 1, 0]
```

8.3.6 Listener 与 Client 对象

Listener 与 Client 是 multiprocessing.connection 模块提供的对象，可以在不同机器上

的进程之间直接传输整数、实数、字符串、列表、元组、数组等类型的信息。

代码清单 8-21 展示了使用 Listener 与 Client 对象在不同机器之间传递信息的示例，涉及服务器端代码和客户端代码。

代码清单 8-21　使用 Listener 与 Client 对象在不同机器之间传递信息

```
# 服务器端代码如下：
from multiprocessing.connection import Listener
address = ('192.168.1.1', 4000)# IP 地址为本地 IP 地址
listener = Listener(address, authkey='nankai') # 等待客户端的连接
conn = listener.accept()
print("connection from", listener.last_accepted)
conn.send([1, 2, 3])
conn.send_bytes('Nankai')
conn.close()
listener.close()

# 客户端代码如下：
from multiprocessing.connection import Client
address = ('192.168.1.1', 4000) # IP 地址为服务器的 IP 地址
conn = Client(address, authkey='nankai') # 与服务器建立连接
print(conn.recv())                  # 输出 [1, 2, 3]
print(conn.recv_bytes())            # 输出 Nankai
conn.close()
```

代码清单 8-21 的服务器端运行结果如下所示：

```
('connection from', ('192.168.1.3', 56414))
```

我们可以看到，服务器接受了来自地址为 192.168.1.3 的连接，并将消息发送给这个客户端。

代码清单 8-21 的客户端的运行结果如下所示：

```
[1, 2, 3]
Nankai
```

客户端收到了服务器发送的消息。

8.4　本章小结

本章介绍了 Python 多线程与多进程编程的一些基本方法。使用多线程模块 threading 提供的 Thread、Lock、Condition、Queue、Barrier 等类，可以实现多线程创建、线程间的同步和通信。使用多进程模块 multiprocessing 提供的 Process、Pool、Queue、Pipe、Lock 等类，可实现子进程创建、进程池（批量创建子进程并管理子进程数量上限）以及进程间通信。

8.5 课后习题

1. 线程是操作系统进行_____的最小单位。
2. 当一个进程被创建时，操作系统会自动为进程建立一个线程，通常称为_____。
3. 进程是一个正在执行中的应用程序_____的集合。
4. 使用创建线程来执行一个函数，可以_____当前函数的执行，实现多个函数并行执行，提高程序的执行效率。
5. 将一个线程的_____属性设置为 True，则该线程为守护线程。
6. 一个锁在 locked 和 unlocked 两种状态间切换，刚创建的 Lock 对象默认是_____状态。
7. 多线程同步时，如果一个资源对应着多个锁，可能会发生_____问题，在使用多个锁时要认真检查。
8. 在 Python 中进行多线程编程，通常使用的高层次多线程编程模块是（   ）。
   A. thread   B. threading   C. multithread   D. multithreading
9. threading 模块中用于判断线程是否活动的方法是（   ）。
   A. start   B. isStart   C. alive   D. isAlive
10. 在 Python 中进行多进程编程，通常使用的编程模块是（   ）。
    A. process   B. processing   C. multiprocess   D. multiprocessing
11. 写出下面程序的运行结果。

    ```
    import time, threading
    def func(x):
        print("%s 线程正在运行！" % threading.current_thread().name)
        time.sleep(x)
        print("%s 线程运行结束！" % threading.current_thread().name)
    if __name__ == "__main__":
        print("%s 线程正在运行！" % threading.current_thread().name)
        t_1 = threading.Thread(target=func, args=(5,))
        t_2 = threading.Thread(target=func, args=(3,))
        t_1.start()
        t_2.start()
    ```

12. 下面的代码自定义了线程类 my_thread，请将程序填写完整。

    ```
    import time, threading
    class my_thread(____threading.Thread):
        def __init__(self, x):
            threading.Thread._____init__(self)
            self.x = x
        def run(self):
            print("%s 线程正在运行！" % \
                  threading.current_thread().name)
            time.sleep(self.x)
            print("%s 线程运行结束！" % threading.current_thread().name)
    ```

第 9 章 综合实例

前 8 章已经介绍了 Python 语言的大部分基础知识。在学习编程时请始终牢记，编程的初衷是为了解决实际问题。本章将综合运用前 8 章学习到的 Python 编程知识，包括函数、类、文件操作、正则表达式、多线程等来完成图书管理系统、图形化界面计算器和电影推荐模型的设计与开发，并且增加了 Python 的网络编程和图形用户界面的编程操作。

9.1 图书管理系统

9.1.1 实例问题描述

本节将综合运用前 8 章的 Python 编程知识编写一个图书管理系统，其功能包括：
- 定义图书类来描述图书的相关属性，包含编号、书名、作者和价格。
- 查询系统中的图书信息。
- 删除系统中的图书信息。
- 具有网络连接功能，能够远程访问图书管理系统。
- 支持多用户的同时访问。

考虑到本实例的代码可能会占据几页的篇幅，后面的小节将按照功能分别讲解代码。

9.1.2 服务器的搭建

图书管理系统能够通过网络提供图书的增加、删除和查询服务，第一步将搭建能够接受远程访问的服务器。

代码清单 9-1 完全可以运行到自己的计算机上。

代码清单 9-1　服务器连接

```
1    import socket
2    server = socket.socket(socket.AF_INET, socket.SOCK_STREAM)     # 创建套接字
3    server.bind(("127.0.0.1", 5000))                               # 绑定地址（IP 和
# 端口）
4    print("Bookmanage system is running!")
5    server.listen(10)                                              # 设置最大连接数
6    while True:
7        newSocket, addr = server.accept()                          # 通过 socket 的
# accept() 方法等待客户请求一个连接
8        print("client [%s] is connected!" % str(addr))
         # 创建新的线程为用户提供服务
9        client = threading.Thread(target=deal_client, args=(newSocket, addr))
10       client.start()
```

在代码清单 9-1 中：

第 1 行导入了 socket 模块，这是网络编程中常用的模块。

第 3 行将图书管理系统绑定到了 IP 地址是 127.0.0.1 的 5000 端口。系统绑定到了本地 IP 地址，便于系统的测试。

第 5 行设定了服务器同时最多能接受 10 个用户的远程访问。如何同时为 10 个用户提供图书的增加、删除和查询服务，就需要用到第 8 章讲到的多进程编程了。

第 7～10 行代码表示当系统接收到新的用户连接请求后，将创建一个新的线程为这个用户提供服务。当多个用户同时对图书信息进行操作时，需要使用锁，实现线程同步，防止同一时刻的多个操作产生冲突。

9.1.3 定义图书类

代码清单 9-2 中定义了图书类。

代码清单 9-2　图书类定义

```
class Book:
    bookID = "no_id"
    title  = "no_title"
    author = "no_author"
    price  = "no_price"
```

这里定义了一个 Book 类，它拥有 4 个属性，bookID 是图书编号，title 是书名，author 是图书作者，price 是图书价格。

> **提示**　此处只是编写一个实例程序来综合运用前 8 章学到的 Python 编程知识，并不是开发一套商用的图书管理软件，在一些定义和方法上进行了简化，如 Book 类属性没有涵盖书籍的全部属性，只定义了 4 个典型属性。

9.1.4 注册图书信息

代码清单 9-3 实现了图书信息的注册功能。

代码清单 9-3　图书信息注册

```
1  def registBook(newSocket:socket.socket):
2      newBook = book.Book()  # 创建一个 Book 类的实例
3      while True:
4          newSocket.send(str.encode('BookID(0000-9999):\n'))  # 图书编号的取值范围
# 为 0000～9999
5          bookID = str(newSocket.recv(1024),encoding='utf-8').strip()
6          idRuler = re.match("^[0-9]{4}$",bookID)
7          if idRuler:
8              newBook.bookID = bookID
9              break
10         else:
11             newSocket.send(str.encode('ID must be 0000-9999!\n'))
```

```
12      #set title
13      newSocket.send(str.encode('Book Title:\n'))
14      bookTitle = str(newSocket.recv(1024), encoding='utf-8').strip()
15      newBook.title = bookTitle
16      #set author
17      newSocket.send(str.encode('Author:\n'))
18      bookAuthor = str(newSocket.recv(1024), encoding='utf-8').strip()
19      newBook.author = bookAuthor
20      #set price
21      newSocket.send(str.encode('Book Price:\n'))
22      bookPrice = str(newSocket.recv(1024),encoding='utf-8').strip()
23      newBook.price = bookPrice
25      writeLock.acquire()
26      f = open('books.data','a+')
27      f.write(newBook.bookID+'\t'+newBook.title+'\t'+newBook.author+'\t'+newBook.price+'\n')
28      f.close()
29      writeLock.release()
30      newSocket.send(b'Successfully adding.\n')
```

在代码清单 9-3 中：

- registBook() 通过字符串提示与用户进行交互，引导用户录入图书信息，并存储在 books.data 文件中。
- registBook() 函数使用 socket 的 recv() 函数来接收用户的输入信息，使用 send() 函数将反馈信息发送给用户，利用这两个函数完成系统与用户之间的交互。
- 第 6 行使用了正则表达式实现对用户输入图书编号的有效性检测。正则表达式 "^[0-9]{4}$" 表示字符串是由 4 个数字组成。
- 代码在第 25 行调用了锁，保证对图书数据操作时的多线程同步。当用户添加图书信息时，系统通过对图书信息加锁，保证同一时刻只有一个进程对图书信息进行修改。锁不属于特定的线程，当图书信息处于加锁状态时，当前线程需要等待其他线程将图书信息的锁解开后才能添加新的图书信息。

提示 在调用 send() 函数发送消息时，需要将字符串参数编码成字节（byte）数组，在调用 recv() 函数接收消息时，应将字节数组解码成字符串。

9.1.5 查询图书信息

代码清单 9-4 实现了图书信息的查询功能。

代码清单 9-4 图书信息查询

```
1 def queryBook(newSocket:socket.socket):
2     newSocket.send(str.encode('1.Query book by ID\n2.Query all books\n'))
3     subOp = str(newSocket.recv(1024),encoding='utf-8').strip()
4     if subOp == '1':
5         #queryBookByID()
6         newSocket.send(b'Please enter the book\'s ID:\n')
```

```
7       bookID = str(newSocket.recv(1024),encoding='utf-8').strip()
8       f = open(BOOKS_DATA,'r')
9       allData = f.readlines()
10      f.close()
11      existFlag=0
12      for each in allData: # 遍历图书信息
13          bookInfo = each.split('\t')
14          if bookInfo[0] == bookID:
15              newSocket.send(str.encode('ID\tTITLE\tAUTHOR\tPRICE\n'+each))
16              existFlag=1
17              break
18      if not existFlag:
19          newSocket.send(str.encode('Can\'t find ID = %s book information' % bookID))
20  elif subOp == '2':
21      #queryAllBooks()
22      f = open(BOOKS_DATA,'r')
23      allData = f.read()
24      f.close()
25      newSocket.send(str.encode('ID\tTITLE\tAUTHOR\tPRICE\n'+allData))
26  else:
27      newSocket.send(b'Error operation!')
```

在代码清单 9-4 中：

- queryBook() 函数根据用户输入的图书编号来查询图书信息，它提供了两种查询方式：根据图书编号查询和查询所有图书信息。
- 代码第 8～10 行表示打开图书信息文件，读取文件中的所有内容，存入变量 allData。由于查询操作不涉及对文件的写操作，所以我们没有使用锁。
- 代码第 12～14 行表示图书的 4 个信息按顺序存储在一行字符串中，中间使用 "\t" 分隔。因此，要提取图书的编码信息，需要使用 split() 函数将图书的 4 个信息分开，存储在一个列表中，其中第一个元素就是图书的编号。

9.1.6 删除图书信息

代码清单 9-5 实现了图书信息的删除功能。

代码清单 9-5　图书信息删除

```
1   newSocket.send(str.encode('Enter the bookID you want delete:\n'))
2   bookID = str(newSocket.recv(1024),encoding='utf-8').strip()
3   writeLock.acquire() # 对图书信息进行锁定
4   f = open('books.data','w+')
5   allData = f.readlines()
6   #remove
7   for each in allData:
8       if each.startswith(booksID):
9           allData.remove(each) # 从列表中删除指定的图书信息
10  f.writelines(allData)
11  f.close()
12  writeLock.release()
13  newSocket.send(b'Successfully deleting.\n')
```

在代码清单 9-5 中：
- 实现了根据图书的编号将指定的图书信息从图书信息文件中删除的功能。
- 第 3 行和第 12 行是在删除操作之前先锁定图书信息文件，删除操作结束之后再释放锁。利用锁保证删除操作在多线程环境下不会出现混乱。
- 第 4~11 行表示先打开文件，将所有信息读到列表类型变量 allData 中；然后遍历列表，调用字符串函数 startwith() 判断图书的编号；删除图书信息使用了列表对象的 remove() 函数；最后将修改后的图书信息存回文件中。

9.1.7 系统的远程交互过程

此处的图书管理系统支持多用户同时远程访问。用户可以使用 Telnet 工具与图书管理系统进行远程交互。Windows 操作系统和 Linux 操作系统都提供了 Telnet 工具。

在 Windows 系统中，可以依次选择"控制面板"→"程序"→"程序和功能"→"打开或关闭 Windows 功能"，在弹出的对话框中安装 Telnet 客户端。安装完成后，可以在 Windows 命令行中直接使用它。

Linux 操作系统一般都默认安装了 Telnet 工具，可以直接在终端中使用。

打开命令行，输入 telnet 127.0.0.1 5000 就可以访问图书管理系统了。系统的 IP 地址和端口号是在代码中设定的，如果运行在不同的 IP 地址和端口号上，Telnet 的连接也要进行相应的调整。

在使用 Telnet 之前请确保服务器已经启动，9.1.8 节中提供了图书管理系统的完整代码。将完整代码存储在 server.py 文件中，然后使用 python server.py 命令启动图书管理系统。

图 9-1 所示是用户与图书管理系统的一个交互过程，首先与图书管理系统进行连接，然后根据提示输入相应操作的序号，并根据提示一步步输入图书信息，完成注册一本新图书的工作。

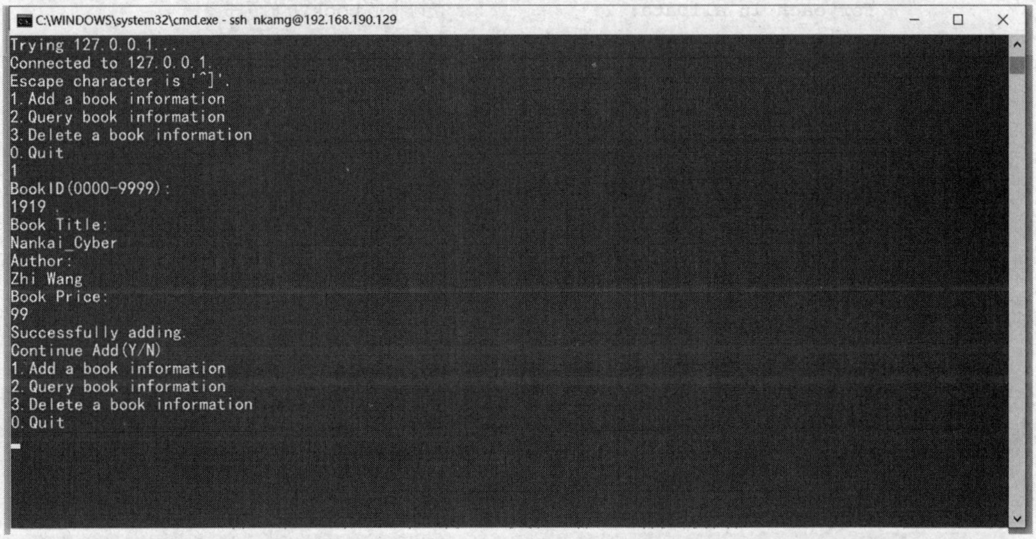

```
C:\WINDOWS\system32\cmd.exe - ssh nkamg@192.168.190.129
Trying 127.0.0.1...
Connected to 127.0.0.1.
Escape character is '^]'.
1.Add a book information
2.Query book information
3.Delete a book information
0.Quit
1
BookID(0000-9999):
1919
Book Title:
Nankai_Cyber
Author:
Zhi Wang
Book Price:
99
Successfully adding.
Continue Add(Y/N)
1.Add a book information
2.Query book information
3.Delete a book information
0.Quit
```

图 9-1　用户与图书管理系统的交互过程示例

9.1.8 系统的完整代码

代码清单9-6中给出了图书管理系统的完整代码，供读者在自己的计算机中实现并测试该系统。

代码清单9-6　图书管理系统的完整代码

```python
import socket
import threading
import re
import book

class Book:                                      # 定义 Book 类，有4个属性
    bookID = "no_id"                             # 图书编号
    title  = "no_title"                          # 书名
    author = "no_author"                         # 作者
    price  = "no_price"                          # 价格

writeLock = threading.Lock()                     # 创建线程锁

BOOKS_DATA = 'books.data'                        # 图书信息保存在文件 books.data 中
def queryBook(newSocket:socket.socket):          # 定义查询图书信息的函数
    newSocket.send(str.encode('1.Query book by ID\n2.Query all books\n'))
    subOp = str(newSocket.recv(1024),encoding='utf-8').strip()
    if subOp == '1':                             # 输入1，通过图书编号查询图书信息
        newSocket.send(b'Please enter the book\'s ID:\n') # 向客户端询问图书编号
        bookID = str(newSocket.recv(1024),encoding='utf-8').strip() # 接收客户端发来的图书编号
        f = open(BOOKS_DATA,'r')                 # 因为是查询操作，所以通过只读方式打开文件
        allData = f.readlines()                  # 读取全部图书信息
        f.close()
        existFlag=0
        for each in allData:                     # 查询指定 bookID 的图书信息
            bookInfo = each.split('\t')
            if bookInfo[0] == bookID:
                newSocket.send(str.encode('ID\tTITLE\tAUTHOR\tPRICE\n'+each))
                existFlag=1
                break
        if not existFlag:
            newSocket.send(str.encode('Can\'t find ID = %s book information' % bookID))
    elif subOp == '2':                           # 输入2，查询所有图书信息
        f = open(BOOKS_DATA,'r')
        allData = f.read()
        f.close()
        newSocket.send(str.encode('ID\tTITLE\tAUTHOR\tPRICE\n'+allData))
    else:                                        # 客户端的指令非法，返回提示
        newSocket.send(b'Error operation!')
def registBook(newSocket:socket.socket):         # 注册新的图书信息，存储在服务器中
    newBook = book.Book()                        # 创建一个 Book 实例
    while True:                                  # 向客户端询问要注册的图书信息
```

```python
            newSocket.send(str.encode('BookID(0000-9999):\n'))
            bookID = str(newSocket.recv(1024),encoding='utf-8').strip()
            idRuler = re.match("^[0-9]{4}$",bookID)
            #使用正则表达式判断图书编号是否"非法",必须是4位数字(0000~9999)
            if idRuler:
                newBook.bookID = bookID
                break
            else:
                newSocket.send(str.encode('ID must be 0000-9999!\n'))
        #set title
        newSocket.send(str.encode('Book Title:\n'))    #询问书名
        bookTitle = str(newSocket.recv(1024),encoding='utf-8').strip()
        newBook.title = bookTitle
        #set author
        newSocket.send(str.encode('Author:\n'))    #询问作者
        bookAuthor = str(newSocket.recv(1024),encoding='utf-8').strip()
        newBook.author = bookAuthor
        #set price
        newSocket.send(str.encode('Book Price:\n'))    #询问价格
        bookPrice = str(newSocket.recv(1024),encoding='utf-8').strip()
        newBook.price = bookPrice
    #使用线程锁,锁定文件books.data,防止多个线程同时写入数据造成冲突
        writeLock.acquire()
        f = open('books.data','a+')        #向文件books.data追加写入新的图书信息
        f.write(newBook.bookID+'\t'+newBook.title+'\t'+newBook.author+'\
t'+newBook.price+'\n')
        f.close()
        writeLock.release()            #释放锁
        newSocket.send(b'Successfully registing.\n')

    def delBook(newSocket:socket.socket):        #删除图书信息
        newSocket.send(str.encode('Enter the bookID you want delete:\n'))
        bookID = str(newSocket.recv(1024),encoding='utf-8').strip()

        f = open('books.data','r')        #先读取全部图书信息
        allData = f.readlines()
        f.close()
        #remove
        for each in allData:            #根据bookID删除指定的图书信息
            if each.startswith(bookID):
                allData.remove(each)
        print(allData)
        writeLock.acquire()            #使用锁,防止多个线程同时写入数据造成冲突
        f = open('books.data','w')
        f.writelines(allData)
        f.close()
        writeLock.release()            #释放锁
        newSocket.send(b'Successfully deleting.\n')

    def deal_client(newSocket:socket.socket, addr):    #负责与客户端交互的函数
```

```python
        while True:            # 与客户端不断交互,直到收到退出指令 0
            newSocket.send(str.encode('1.Regist a book information\n2.Query book information\n3.Delete a book information\n0.Quit\n'))
    # 客户端输入 1,注册图书信息
    # 输入 2,查询图书信息
    # 输入 3,删除图书信息
    # 输入 0,退出
            mainOp = str(newSocket.recv(1024),encoding='utf-8').strip()
            if mainOp == '0':
                newSocket.close()
                break
            elif mainOp == '2':
                while True:
                    queryBook(newSocket)
                    redo = newSocket.send(b'Continue Query(Y/N)\n')
                    if redo in ['y','Y']:
                        continue
                    else:
                        break
            elif mainOp == '1':
                while True:
                    registBook(newSocket)
                    redo = newSocket.send(b'Continue Regist(Y/N)\n')
                    if redo in ['y','Y']:
                        continue
                    else:
                        break
            elif mainOp == '3':
                while True:
                    delBook(newSocket)
                    redo = newSocket.send(b'Continue Delete(Y/N)\n')
                    if redo in ['y','Y']:
                        continue
                    else:
                        break
    def main():              # 定义主函数
        server = socket.socket(socket.AF_INET, socket.SOCK_STREAM)
        server.bind(("127.0.0.1", 5000))     # 绑定到 127.0.0.1 地址的 5000 端口
        print("BMS is running!")
        server.listen(10)                # 设置最大连接数为 10,最多允许 10 个客户端同时连接
        while True:
            newSocket, addr = server.accept()      # 等待客户端的连接
            print("client [%s] is connected!" % str(addr))
    # 创建新的线程为客户端提供服务
            client = threading.Thread(target=deal_client, args=(newSocket, addr))
            client.start()
    if __name__ == '__main__':
        main()
```

9.2 图形化界面计算器

9.2.1 实例问题描述

本实例将用 Python 编写一个功能简单的具有图形化界面的计算器。我们在第 2 章中已经学习了 Python 的基本数据类型和运算符，在 Python 解释器中可以直接输入运算语句完成简单的数学运算，例如下面这样：

```
>>> 3+5
8
>>> 21-7
14
>>> 34*2
68
>>> 42/3
14
>>> 3+4*2
11
```

和之前的 Python 程序一样，程序的结果总是以字符串的形式打印在命令行窗口或终端里。使用命令行进行用户交互，用户体验不够友好。让计算器拥有直观、美化的图形界面，这就是本节的图形用户界面计算器与 Python 解释器中数学计算语句不一样的地方。

> 提示　图形用户界面（Graphical User Interface，GUI）指采用图形方式显示的计算机操作用户界面，与命令行界面相比，图形界面对于用户来说在视觉上更直观，使用更加方便。

9.2.2 Python 标准 GUI 库 Tkinter

Python 的标准 GUI 库是 Tkinter，不需要安装即可在程序中导入使用，命令如下所示：

```
import tkinter
```

Tkinter 可以提供各种图形组件，如按钮、标签和文本框等，这些组件可以用于构建 Python 程序的图形界面。

Tkinter 组件列表如表 9-1 所示。

表 9-1　Tkinter 组件列表

组件	说明	组件	说明
Button	按钮组件，显示按钮	Menu	菜单组件，显示一个菜单栏
Canvas	画布组件，提供绘图功能	Menubutton	菜单按钮
Checkbutton	多选框组件，显示多选框	Message	消息组件，弹出消息框
Entry	输入组件，存储键盘输入	Text	文本域组件，可以显示多行文本内容
Frame	框架控件，作为容器包含其他组件	Radiobutton	单选按钮组件
Label	标签组件，可以显示图片和文本	Scrollbar	滚动条组件
Listbox	列表框组件，显示一个选项列表	Spinbox	可指定输入范围的输入组件

Tkinter 中的图形组件都有大小、颜色、字体等属性,可以通过设置组件的属性来让图形界面更加个性和美观,如表 9-2 所示。

表 9-2 Tkinter 组件的常用属性

属　性	说　　明	属　性	说　　明
Dimension	组件大小	Relief	组件样式
Color	颜色	Bitmap	位图
Font	显示文本的字体	Cursor	当鼠标移动到组件上显示的光标
Anchor	控制组件上内容的位置		

9.2.3 图形界面计算器的完整代码

这里给出图形界面计算器的完整代码,供读者在自己的计算机中实现并测试该系统。

代码清单 9-7　图形界面计算器的完整代码

```python
import tkinter                                  # 导入 tkinter 模块

root = tkinter.Tk()
root.minsize(280,500)
root.title('计算器')

#1.界面布局
#显示面板
result = tkinter.StringVar()
result.set(0)                                   #显示面板的显示结果1,用于显示默认数字0
result2 = tkinter.StringVar()                   #显示面板的显示结果2,用于显示计算过程
result2.set('')
#显示板
label = tkinter.Label(root,bg = '#EEE9E9',bd ='9',fg = '#828282',anchor =
        'se',textvariable = result2)
label.place(width = 280,height = 170)
label2 = tkinter.Label(root,bg = '#EEE9E9',bd ='9',fg = 'black',anchor =
        'se',textvariable = result)
label2.place(y = 170,width = 280,height = 60)

#数字键按钮
btn7 = tkinter.Button(root,text = '7',fg = ('#4F4F4F'),bd = 0.5,command =
        lambda : pressNum('7'))
btn7.place(x = 0,y = 285,width = 70,height = 55)
btn8 = tkinter.Button(root,text = '8',fg = ('#4F4F4F'),bd = 0.5,command =
        lambda : pressNum('8'))
btn8.place(x = 70,y = 285,width = 70,height = 55)
btn9 = tkinter.Button(root,text = '9',fg = ('#4F4F4F'),bd = 0.5,command =
        lambda : pressNum('9'))
btn9.place(x = 140,y = 285,width = 70,height = 55)

btn4 = tkinter.Button(root,text = '4',fg = ('#4F4F4F'),bd = 0.5,command =
        lambda : pressNum('4'))
```

```python
btn4.place(x = 0,y = 340,width = 70,height = 55)
btn5 = tkinter.Button(root,text = '5',fg = ('#4F4F4F'),bd = 0.5,command =
        lambda : pressNum('5'))
btn5.place(x = 70,y = 340,width = 70,height = 55)
btn6 = tkinter.Button(root,text = '6',fg = ('#4F4F4F'),bd = 0.5,command =
        lambda : pressNum('6'))
btn6.place(x = 140,y = 340,width = 70,height = 55)

btn1 = tkinter.Button(root,text = '1',fg = ('#4F4F4F'),bd = 0.5,command =
        lambda : pressNum('1'))
btn1.place(x = 0,y = 395,width = 70,height = 55)
btn2 = tkinter.Button(root,text = '2',fg = ('#4F4F4F'),bd = 0.5,command =
        lambda : pressNum('2'))
btn2.place(x = 70,y = 395,width = 70,height = 55)
btn3 = tkinter.Button(root,text = '3',fg = ('#4F4F4F'),bd = 0.5,command =
        lambda : pressNum('3'))
btn3.place(x = 140,y = 395,width = 70,height = 55)
btn0 = tkinter.Button(root,text = '0',fg = ('#4F4F4F'),bd = 0.5,command =
        lambda : pressNum('0'))
btn0.place(x = 70,y = 450,width = 70,height = 55)

# 运算符号按钮
btnac = tkinter.Button(root,text = 'AC',bd = 0.5,fg = 'purple',command =
         lambda :pressCompute('AC'))
btnac.place(x = 0,y = 230,width = 70,height = 55)
btnback = tkinter.Button(root,text = '←',fg = '#4F4F4F',bd = 0.5,command =
            lambda:pressCompute('b'))
btnback.place(x = 70,y = 230,width = 70,height = 55)
btndivi = tkinter.Button(root,text = '÷',fg = '#4F4F4F',bd = 0.5,command =
            lambda:pressCompute('/'))
btndivi.place(x = 140,y = 230,width = 70,height = 55)
btnmul = tkinter.Button(root,text ='×',fg = "#4F4F4F",bd = 0.5,command =
            lambda:pressCompute('*'))
btnmul.place(x = 210,y = 230,width = 70,height = 55)
btnsub = tkinter.Button(root,text = '-',fg = ('#4F4F4F'),bd = 0.5,command =
            lambda:pressCompute('-'))
btnsub.place(x = 210,y = 285,width = 70,height = 55)
btnadd = tkinter.Button(root,text = '+',fg = ('#4F4F4F'),bd = 0.5,command =
            lambda:pressCompute('+'))
btnadd.place(x = 210,y = 340,width = 70,height = 55)
btnequ = tkinter.Button(root,text = '=',bg = 'orange',fg = ('#4F4F4F'),bd =
           0.5,command = lambda :pressEqual())
btnequ.place(x = 210,y = 395,width = 70,height = 110)
btnper = tkinter.Button(root,text = '%',fg = ('#4F4F4F'),bd = 0.5,command =
            lambda:pressCompute('%'))
btnper.place(x = 0,y = 450,width = 70,height = 55)
btnpoint = tkinter.Button(root,text = '.',fg = ('#4F4F4F'),bd = 0.5,command =
            lambda:pressCompute('.'))
btnpoint.place(x = 140,y = 450,width = 70,height = 55)
```

```python
# 操作函数
lists = []                          # 设置一个变量，用于保存运算数字和符号的列表
isPressSign = False    # 添加一个判断是否按下运算符号的标志，假设默认没有按下按钮
isPressNum = False
# 数字函数
def pressNum(num):     # 设置一个数字函数，判断是否按下数字，并获取数字，将数字输出到显示板上
    global lists                    # 全局化 lists 和按钮状态 isPressSign
    global isPressSign
    if isPressSign == False:
        pass
    else:                           # 重新将运算符号状态设置为否
        result.set(0)
        isPressSign = False

    # 判断界面的数字是否为 0
    oldnum = result.get()           # 第一步
    if oldnum =='0':                # 如果界面上数字为 0，则获取按下的数字
        result.set(num)
    else:                           # 如果界面上的数字不是 0，则链接新按下的数字
        newnum = oldnum + num
        result.set(newnum)          # 将按下的数字显示到面板中


# 运算函数
def pressCompute(sign):
    global lists
    global isPressSign
    num = result.get()              # 获取界面数字
    lists.append(num)               # 保存界面获取的数字到列表中

    lists.append(sign)              # 将按下的运算符号保存到列表中
    isPressSign = True

    if sign =='AC':    # 如果按下 "AC" 键，则清空列表内容，将屏幕上的数字键设置为默认值 0
        lists.clear()
        result.set(0)
    if sign =='b':                  # 如果按下的是退格键 "←"，则选取当前数字第一位到倒数第二位
        a = num[0:-1]
        lists.clear()
        result.set(a)


# 获取运算结果函数
def pressEqual():
    global lists
    global isPressSign
    curnum = result.get()           # 获取当前数字保存到变量
    lists.append(curnum)            # 将当前数字添加到列表

    computrStr = ''.join(lists)     # 将列表中的字符串用 join 命令连接起来
    endNum = eval(computrStr)       # 用 eval 命令运算字符串中的内容
```

```
        result.set(endNum)           # 将运算结果显示到屏幕 1
        result2.set(computrStr)      # 将运算过程显示到屏幕 2
        lists.clear()                # 清空列表内容
root.mainloop()
```

将代码清单 9-7 中的代码保存到 calculator.py 文件中,然后运行 python calculator.py,启动计算器,会得到图 9-2 所示的图形界面,直接操作鼠标就可以进行数字运算,比命令行操作更加直观。

9.3 电影推荐模型

推荐通过给用户呈现可能的选择,帮助用户从繁多的产品和服务中缩小选择范围,从而节省用户时间。这里我们结合用于电影推荐的 MovieLens 100k 数据集(下载地址为 http://files.grouplens.org/datasets/movielens/ml-100k.zip),介绍基于用户相似度和基于物品相似度的推荐算法原理及其实现方法。

9.3.1 基于用户相似度的推荐算法 UserCF

1. 评分矩阵

该程序所用的数据是 943 名用户对 1682 部电影的评分数据,共 100 000 条评分数据,每名用户都对至少 20 部电影进行了评价。评分矩阵是一个矩阵 M_{m*n},其中 m=943,对应用户数;n=1682,对应电影数;M_{ij} 是用户 i 对电影 j 的评分。如果用户 i 没有观看电影 j,则 M_{ij} 为 0。评分矩阵 M 的第 i 行称为用户 i 的行为向量。

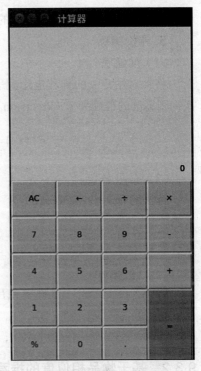

图 9-2　计算器图形界面

2. 余弦相似度

这里利用余弦相似度计算用户之间的相似性。假设用户 i 和用户 j 对应的行为向量为 $\vec{x_i}$ 和 $\vec{x_j}$,则两向量的夹角余弦值即为余弦相似度:

$$\cos(i,j) = \frac{\vec{x_i} \cdot \vec{x_j}}{|\vec{x_i}| \cdot |\vec{x_j}|} \tag{9-1}$$

3. 余弦相关矩阵

余弦相关矩阵 C_{m*m}(m=943)中,元素 C_{ij} 为用户 i 与用户 j 的余弦相似度。由计算余弦相似度的方法可知,对于评分矩阵 M 的每一行分别作 L2 范数单位化后得到矩阵 H,基于 H 可直接计算 C:

$$C = HH^T \tag{9-2}$$

4. top-k 推荐

得到余弦相关矩阵之后，对于用户 i，选出与用户 i 余弦相似度最大的 k 名其他用户，该集合记为 $S(i,k)$。将该集合中用户评过分的电影全部取出，记作集合 $M(i,k)$，则对于电影 $m \in M(i,k)$，按加权和方式预测用户 i 对电影 m 的感兴趣程度：

$$I(i,m) = \Sigma_{j \in N(m)} C_{ij} M_{jm} \tag{9-3}$$

其中，C_{ij} 为用户 i 与用户 j 的余弦相似度，M_{jm} 为用户 j 对电影 m 的评分。

5. 评价指标

（1）准确率

将针对用户 u 的推荐电影列表记为 L_u，将测试集中用户 u 实际评分的电影列表记为 B_u，则算法的准确率 P（Precision）为

$$P^*(L_u) = \frac{\sum_{m \in L_u \cap B_u} M_{um}}{\sum_{m \in L_u \cap B_u} M_{um} + \left| L_u \setminus (L_u \cap B_u) \right|} \tag{9-4}$$

（2）召回率

算法的召回率 R（Recall）为

$$R^*(L_u) = \frac{\sum_{m \in L_u \cap B_u} M_{um}}{\sum_{m \in B_u} M_{um}} \tag{9-5}$$

（3）F_1-Score

F_1-Score 是结合了准确率和召回率的综合指标：

$$F_1\text{-Score} = \frac{2PR}{P+R}$$

9.3.2 基于物品相似度的推荐算法 ItemCF

ItemCF 与 UserCF 类似，只是在评分矩阵 M_{n*m} 中，n=1682，对应电影数，m=943，对应用户数。其他计算方法都相同。

9.3.3 算法实现

代码清单 9-8 中给出了电影推荐模型的完整实现代码。

代码清单 9-8　推荐算法的完整实现代码（main.py）

```
# -*- coding: utf-8 -*-
"""Movie Recommend System
Usage:
    recom --train [-m <model>]
    recom --test [-m <model>]
    recom -u <user>
    recom -i <item>
This is a model for movie recommendation system with two simple parts(UserCF,
ItemCF).
Arguments:
    model          the model you want to use[can only choose one between
```

```
    usercf(or u) and itemcf(or i)]
        user        the number of a user in the original data
        item        the number of a item in the original data
    Options:
        -h, --help  Show this screen
        --train     Train phase, to prepare for recommendation
        -m          To choose a model
        --test      Test phase, to get precision of the model
        -u          Recommend items for one user
        -i          Recommend users for one item
    Examples:
        recom --train
        recom --train -m usercf
        recom --test
        recom --test -m itemcf
        recom -u 943
        recom -i 1682
"""
from docopt import docopt
import numpy as np
import pandas as pd
import os
USER_NUMBER = 943
ITEM_NUMBER = 1682
# 读取数据文件，返回一个字典。
# 若 mode 是 'u'，返回 {user1:{item1: rate1, item2: rate2, ...}, user2:{...}...}
# 的形式
# 若 mode 不是 'u'，则返回类似的字典 {item1:{user1:rate1, ...}, item2:{...}...}
# 与下面的矩阵 M 不一样，为了节省空间，该函数仅保留了非零的值，而且能很方便地取出每一行非零的值
def get_vector_dict(filename, mode):
    with open('./ml-100k/' + filename, 'r') as f:
        if mode == 'u':
            user_vector_dict = {}
            for line in f:
                split_line = line.split('\t')
                userid, itemid, rate = list(map(int, split_line[:3]))
                if not userid in user_vector_dict:
                    user_vector_dict[userid] = {itemid: rate}
                else:
                    user_vector_dict[userid][itemid] = rate
            return user_vector_dict
        else:
            item_vector_dict = {}
            for line in f:
                split_line = line.split('\t')
                userid, itemid, rate = list(map(int, split_line[:3]))
                if not itemid in item_vector_dict:
                    item_vector_dict[itemid] = {userid: rate}
                else:
                    item_vector_dict[itemid][userid] = rate
```

```python
        return item_vector_dict

# 返回评分矩阵 M, 若 mode 是 'u', 则矩阵 M 的 i 行 j 列表示 userid 为 i 的用户对 itemid
# 为 j 的电影的评分, 若评分不存在则为 0
# 若 mode 不是 'u', 则返回上述矩阵的转置
def get_ui_matrix(filename, mode):
    print('Getting rating matrix...')
    ui_matrix = np.zeros((USER_NUMBER, ITEM_NUMBER))
    vector_dict = get_vector_dict(filename, 'u')
    for userid in vector_dict:
        ui_vector = vector_dict[userid]
        for itemid in ui_vector:
            ui_matrix[userid - 1][itemid - 1] = ui_vector[itemid]
    if mode == 'u':
        return ui_matrix
    else:
        return ui_matrix.transpose()


# 获取用户或者电影（根据传入的 ui_matrix ）之间的余弦相似性矩阵
# 获取评分矩阵 M 中每一行的 L2 范数, 使 M 的每一行变为单位向量, M(M^T) 即为余弦相似性矩阵
def get_cos_correlation(ui_matrix):
    print('Getting cos correlation matrix...')
    row_norm2 = list(map(np.linalg.norm, ui_matrix))
    for i in range(len(row_norm2)):
        if not row_norm2[i] == 0:
            ui_matrix[i] /= row_norm2[i]
    cos_correlation = np.dot(ui_matrix, ui_matrix.transpose())
    return cos_correlation


def train(model):
    # 训练 usercf 模型（获取用户间的余弦相似度矩阵）
    # 分别读取 5 个划分好的训练集, 分别进行训练, 并写到文件中
    if model == 'usercf' or model == 'u':
        for i in range(5):
            print('Training set%s' % (i+1) + ' of model usercf...')
            ui_matrix = get_ui_matrix('u' + str(i + 1) + '.base', mode='u')
            user_cos_correlation = get_cos_correlation(ui_matrix)
            with open('./user_matrices/user_cor_matrix'+str(i+1), 'w') as f:
                for row in user_cos_correlation:
                    row_ = list(map(round, row, [8] * len(row)))
                    f.write('\t'.join(map(str,row_)) + '\n')

    # 训练 itemcf 模型（获取电影间的余弦相似度矩阵）
    # 分别读取 5 个划分好的训练集, 分别进行训练, 并写到文件中
    elif model == 'itemcf' or model == 'i':
        for i in range(5):
            print('Training set%s' % (i + 1) + ' of model itemcf...')
            ui_matrix = get_ui_matrix('u' + str(i + 1) + '.base', mode='i')
            item_cos_correlation = get_cos_correlation(ui_matrix)
            with open('./item_matrices/item_cor_matrix'+str(i+1), 'w') as f:
```

```python
            for row in item_cos_correlation:
                row_ = list(map(round, row, [8]*len(row)))
                f.write('\t'.join(map(str,row_)) + '\n')
    else:
        print("Argument -m <model> error! Training interrupt.")
        exit()

# 读取由训练获得的用户（或电影）的余弦相似性矩阵的文件
def load_cos_correlation(filename, mode):
    print('Getting cos correlation matrix...')
    cos_correlation = []
    if mode == 'u':
        f = open('./user_matrices/' + filename, 'r')
    else:
        f = open('./item_matrices/' + filename, 'r')
    for line in f:
        cos_correlation.append(list(map(float, line.split('\t'))))
    f.close()
    return np.array(cos_correlation)

# 选出与用户 id_（或电影 id_）最相似的（即余弦相似度最大的，且非 0）k 位用户（或电影）
# 是用户还是电影由传入的 cos_correlation 决定
def choose_k_ids(cos_correlation, id_, k):
    id_cor = cos_correlation[id_ - 1]
    # 此处转为 pd.Series 的形式是为了方便取出最大的 k 个用户（电影）的 index(id) 与对应
    # 余弦相似性的值
    id_cor_series = pd.Series(id_cor)
    k_ids_series = id_cor_series.sort_values(ascending=False)[:k]
    k_ids_series = k_ids_series[k_ids_series > 0]
    k_ids_series.index += 1
    k_ids_dict = dict(k_ids_series)
    # 除去用户（电影）自身
    if k_ids_dict:
        k_ids_dict.pop(id_)
    return k_ids_dict

# 选出最值得推荐的前 n 个用户或电影，train_vector_dict 由函数 get_vector_dict 获取
# 取出训练集中用户的评分作为权重令余弦相似性值作加权和，将和值作为推荐系数（即根据该值大小进行推荐）
# 例如电影 1 被用户 1 和用户 2 评分分别为 3 和 4
# 而用户 3 与用户 1 和用户 2 的余弦相似性分别为 0.2 和 0.5
# 则电影 1 推荐给用户 3 的推荐系数为 3 * 0.2 + 4 * 0.5 = 2.6
# 把用户推荐给电影道理相同
def get_topn_recom_list(n, k_ids_dict, train_vector_dict):
    recom_dict = {}
    for id1 in k_ids_dict:
        if id1 in train_vector_dict:
            id1_vector_dict = train_vector_dict[id1]
            for id2 in id1_vector_dict:
                if not id2 in recom_dict:
                    recom_dict[id2] = k_ids_dict[id1] * id1_vector_dict[id2]
```

```python
                else:
                    recom_dict[id2] += k_ids_dict[id1] * id1_vector_dict[id2]
    recom_list = [[itemid, recom_dict[itemid]] for itemid in recom_dict]
    recom_list = sorted(recom_list, key=lambda x: x[1], reverse=True)
    recom_list = recom_list[:n]
    recom_list = [i[0] for i in recom_list]
    return recom_list

# 计算测试算法的指标 precision, recall, F1-score
def get_prf(i, mode):
    k = 100
    if mode == 'u':
        print('Testing Usercf. Getting train/test-set%s' % i + "'s evaluating scores...Please wait a minute.")
        n = 20
        matrix_filename = 'user_cor_matrix' + str(i)
    else:
        print('Testing Itemcf. Getting train/test-set%s' % i + "'s evaluating scores...Please wait a minute.")
        n = 10
        matrix_filename = 'item_cor_matrix' + str(i)
    train_filename = 'u' + str(i) + '.base'
    test_filename = 'u' + str(i) + '.test'
    train_vector_dict = get_vector_dict(train_filename, mode)
    test_vector_dict = get_vector_dict(test_filename, mode)
    cos_correlation = load_cos_correlation(matrix_filename, mode)
    # 由于划分数据集的原因，只有同时在训练集和测试集的 id 才能够用于推荐，故取交集
    can_recom_ids = sorted(list(set(train_vector_dict) & set(test_vector_dict)))
    pres = []
    recs = []
    fs = []
    # 对可以推荐的每个用户（电影）算出推荐列表后，根据推荐列表与测试列表的情况计算出
    # precision 与 recall
    for id_ in can_recom_ids:
        k_ids_dict = choose_k_ids(cos_correlation, id_, k)
        recom_list = get_topn_recom_list(n, k_ids_dict, train_vector_dict)
        have_dict = test_vector_dict[id_]
        int_num = 0
        recom_num = 0
        have_num = 0
        for id_ in recom_list:
            if id_ in have_dict:
                int_num += have_dict[id_]
                recom_num += have_dict[id_]
            else:
                recom_num += 1
        for id_ in have_dict:
            have_num += have_dict[id_]
        pre = int_num / recom_num
```

```python
            rec = int_num / have_num
            pres.append(pre)
            recs.append(rec)
            if pre == 0 and rec == 0:
                fs.append(0)
            else:
                fs.append(2 * pre * rec / (pre + rec))
    return pres, recs, fs

# 记录计算出来的指标
def write_prf(i, mode):
    prf = get_prf(i, mode)
    max_prf_ = list(map(max, prf))
    average_prf_ = list(map(np.mean, prf))
    max_prf = list(map(str, max_prf_))
    average_prf = list(map(str, average_prf_))
    if mode == 'u':
        f = open('./usercf_test/user_test' + str(i) + '_conclusion', 'w')
    else:
        f = open('./itemcf_test/item_test' + str(i) + '_conclusion', 'w')
    f.write('precision_max: ' + max_prf[0] + '\n')
    f.write('precision_average: ' + average_prf[0] + '\n')
    f.write('recall_max: ' + max_prf[1] + '\n')
    f.write('recall_average: ' + average_prf[1] + '\n')
    f.write('f1_score_max: ' + max_prf[2] + '\n')
    f.write('f1_score_mean: ' + average_prf[2])
    f.close()
    return max_prf_, average_prf_

# 由 m 种划分数据的方法分别计算出各指标后,求出平均值作为整个模型的评估,叫作交叉验证
def cross_valid(prfs, mode):
    print('Calculating cross validation...')
    max_pre = []
    mean_pre = []
    max_rec = []
    mean_rec = []
    max_f = []
    mean_f = []
    # 记录 5 种划分方法得到的各个指标,之后用 np.mean 求出下面每一个列表平均值记录到文件中
    for i in range(5):
        max_pre.append(prfs[i][0][0])
        max_rec.append(prfs[i][0][1])
        max_f.append(prfs[i][0][2])
        mean_pre.append(prfs[i][1][0])
        mean_rec.append(prfs[i][1][1])
        mean_f.append(prfs[i][1][2])
    if mode == 'u':
        f = open('./usercf_test/user_cross_valid', 'w')
    else:
        f = open('./itemcf_test/item_cross_valid', 'w')
```

```python
            f.write('precision_max: ' + str(np.mean(max_pre)) + '\n')
            f.write('precision_average: ' + str(np.mean(mean_pre)) + '\n')
            f.write('recall_max: ' + str(np.mean(max_rec)) + '\n')
            f.write('recall_average: ' + str(np.mean(mean_rec)) + '\n')
            f.write('f1_score_max: ' + str(np.mean(max_f)) + '\n')
            f.write('f1_score_mean: ' + str(np.mean(mean_f)))
            f.close()

    def test(model):
        # 测试 usercf 模型
        if model == 'usercf' or model == 'u':
            prfs = []
            for i in range(1,6):
                prfs.append(write_prf(i, 'u'))
            cross_valid(prfs, 'u')

        # 测试 itemcf 模型
        elif model == 'itemcf' or model == 'i':
            prfs = []
            for i in range(1,6):
                prfs.append(write_prf(i, 'i'))
            cross_valid(prfs, 'i')
        else:
            print("Argument -m <model> error! Training interrupt.")

# 根据用户 id 来给出推荐的电影 id 列表,或根据电影 id 来给出推荐的用户 id 列表,用的是
get_topn_recom_list() 函数
    def recommend(id_, model):
        if model == 'user':
            try:
                id_ = int(id_)
            except:
                print('Please input valid user id!')
                exit()
            if not 1 <= id_ <= USER_NUMBER:
                print('User with id_ %s'% id_ + ' does not exist!')
                exit()
            # 跟训练(目的是调整 n 和 k 等参数)不同的是,推荐用的是全部数据,故需要得到所有数据
            # 对应的余弦相似矩阵
            if not os.path.exists('./user_matrices/all_user_cor_matrix'):
                print("Getting all users' cos correlation matrix...Please wait a minute.")
                ui_matrix = get_ui_matrix('u.data', mode='u')
                cos_correlation = get_cos_correlation(ui_matrix)
                with open('./user_matrices/all_user_cor_matrix', 'w') as f:
                    for row in cos_correlation:
                        row_ = list(map(round, row, [8] * len(row)))
                        f.write('\t'.join(map(str, row_)) + '\n')
            n = 20
            k = 100
```

```python
            user_cor_matrix = load_cos_correlation('all_user_cor_matrix', mode='u')
            train_vector_dict = get_vector_dict('u.data', mode='u')
            k_ids = choose_k_ids(user_cor_matrix, id_, k)
            recom_list = get_topn_recom_list(n, k_ids, train_vector_dict)
            print('Recommend movies to the user with id %s' % id_ + ':')
            print(recom_list)

    if model == 'item':
        try:
            id_ = int(id_)
        except:
            print('Please input valid movie id!')
            exit()
        if not 1 <= id_ <= ITEM_NUMBER:
            print('User with id %s'% id_ + ' does not exist!')
            exit()
        if not os.path.exists('./item_matrices/all_item_cor_matrix'):
            print("Getting all items' cos correlation matrix...Please wait a minute.")
            ui_matrix = get_ui_matrix('u.data', mode='i')
            cos_correlation = get_cos_correlation(ui_matrix)
            with open('./item_matrices/all_item_cor_matrix', 'w') as f:
                for row in cos_correlation:
                    row_ = list(map(round, row, [8] * len(row)))
                    f.write('\t'.join(map(str, row_)) + '\n')
        n = 10
        k = 100
        user_cor_matrix = load_cos_correlation('all_item_cor_matrix', mode='i')
        train_vector_dict = get_vector_dict('u.data', mode='i')
        k_ids = choose_k_ids(user_cor_matrix, id_, k)
        recom_list = get_topn_recom_list(n, k_ids, train_vector_dict)
        print('Recommend users to the movie with id %s' % id_ + ':')
        print(recom_list)

def main():
    args = docopt(__doc__)
    if args['--train']:
        if args['-m']:
            train(args['<model>'])
        else:
            train('usercf')
            train('itemcf')
    if args['--test']:
        if args['-m']:
            test(args['<model>'])
        else:
            test('usercf')
            test('itemcf')
    if args['-u']:
        recommend(args['<user>'], 'user')
```

```
        if args['-i']:
            recommend(args['<item>'], 'item')

if __name__ == '__main__':
    main()
```

9.3.4 实验过程及结果

1. 实验过程

下载 Movie Lens100k 数据集并解压到 ml-100k 文件夹,将 ml-100k 与 main.py 放在同一个目录下。操作方法如下:

- 帮助:输入 python main.py -h 或者 python main.py --help 可以看到帮助菜单。
- 训练:python main.py --train。
- 测试:python main.py --test。
- 根据用户 id 推荐电影 id:python main.py -u <userid>。例如,python main.py -u 3 即表示 id 为 3 的用户推荐电影。
- 根据电影 id 推荐用户 id:python main.py -i <itemid>,即推荐可能看该电影的用户。
- 训练和测试均可指定模型:如 python main.py --train -m usercf,即指定训练 usercf 模型。

2. 实验结果

采用 MovieLens 100k 数据集提供的 5 种训练集和测试集划分结果测试推荐算法的性能。对于 UserCF 算法,为每名用户推荐 20 个其最可能观看的电影;对于 ItemCF 算法,为每个电影推荐 10 名最可能来观看的用户。表 9-3 和表 9-4 分别是 UserCF 算法和 ItemCF 算法的评测结果。

表 9-3 UserCF 算法评测结果

指标	值
准确率	0.348 578
召回率	0.190 784
F_1-Score	0.205 890

表 9-4 ItemCF 算法评测结果

指标	值
准确率	0.083 497
召回率	0.054 028
F_1-Score	0.046 656

9.4 本章小结

本章综合运用前 8 章学习到的 Python 编程知识,实现了图书管理系统、图形化界面计算器和电影推荐模型 3 个实例。读者可根据自己的需求和兴趣,针对一个实际问题设计并实现一个完整的系统或算法模型,以更好地掌握和巩固前 8 章所学习的基础编程知识。

第 10 章 Python 常用库

Python 被设计成一种可扩展的语言，并非所有的特性和功能都集成到语言核心。在我们安装 Python 时，Python 的标准库（standard library）被默认安装到了本地计算机上，标准库可以帮助我们完成常见的开发任务。我们还可以安装第三方库来支持特殊的任务。

本章首先给出了 Python 绘制图像的模块（turtle）和获取随机数的模块（random）这两个库的简介及使用方法，然后介绍 Python 常用的内置函数功能。在本章最后，介绍了一些流行的第三方库的功能、安装及使用方法。在 https://pypi.org 网站上有海量的 Python 第三方库，读者可以根据自己的需要，使用工具 easy_install 和 pip，自动下载和安装第三方库到本地计算机上。

10.1 Python 标准库

Python 语言的核心只包含数字、字符串、列表、字典、文件等常见类型和函数，Python 标准库提供了系统管理、网络通信、文本处理、数据库接口、图形系统、XML 处理等功能，例如在前面的章节中已经用到的 os、math、multiprocessing 等都是标准库。标准库在 Python 安装时就默认安装到了本地计算机上，不需要额外配置就可以通过 import 的方式使用。

10.1.1 turtle 模块

turtle 是 Python 语言中一个绘制图像的函数库。使用 turtle 绘制图像是一个生动有趣的过程。turtle 包括画布、画笔和绘图命令三部分。

画布是 turtle 在屏幕上绘制图像的区域，可以使用 screensize() 和 setup() 设置画布的大小和初始位置，具体参见代码清单 10-1 和代码清单 10-2。

代码清单 10-1 turtle 的 screensize() 函数使用示例

```
import turtle
#turtle.screensize(canvwidth = None, canvheight = None, bg = None)
#canvwidth 为画布的宽度，canvheight 为画布的高度，bg 为画布的背景色
# 宽度、高度均为单位像素
turtle.screensize(800, 600, "green")      # 设置宽度为 800 像素、高度为 600 像素、背景色为绿色的画布
```

提示 如果没有参数，screensize() 将生成一块宽度为 400 像素、高度为 300 像素的画布。

代码清单 10-2　turtle 的 setup() 函数使用示例

```
#turtle.setup(width = 0.5, height = 0.5, startx = None, starty = None)
#width 和 height 为整数时表示像素，为小数时表示占据屏幕大小的比例
#startx 和 starty 表示矩形画布左上角顶点的位置，默认在屏幕中心
turtle.setup(width = 0.8, height = 0.8)
turtle.setup(width = 0.8, height = 0.8, startx = 100, starty = 100)
```

提示　screensize() 和 setup() 都可以设置画布尺寸，在开始你的艺术大作之前，要先准备好画布，在画布显示出来后，我们也可以拖动它的窗口来自由修改尺寸。

用 turtle 绘制图像时，通过位置和方向描述画笔的状态。pencolor()、pensize()、speed() 分别用来控制画笔的颜色、粗细和移动速度。代码清单 10-3 中给出了 turtle 画笔使用示例。

代码清单 10-3　turtle 画笔使用示例

```
turtle.pencolor()                    # 没有传入参数时，返回当前画笔的颜色
turtle.pencolor("red")               # 参数可以是 "red"、"brown" 等字符串
turtle.pencolor((0.2, 0.8, 0.5))     # 参数也可以是 RGB 三元组
turtle.pensize()                     # 没有传入参数时，返回画笔当前的粗细
turtle.pensize(3)                    # 参数必须是一个正数，设置画笔的粗细
turtle.speed()                       # 没有传入参数时，返回画笔当前的速度
turtle.speed(5)                      # 参数是 [0,10] 范围内的整数，设置画笔的速度
```

turtle 有很多绘图命令，包括运动命令、画笔控制命令和全局控制命令。表 10-1 中列出了一些常用绘图命令，可以访问 turtle 的网站（https://docs.python.org/3.7/library/turtle.html）来查阅全部内容。

表 10-1　turtle 常用绘图命令

命令	说明
turtle.forward(distance)	向当前画笔方向移动 distance 像素长度
turtle.backward(distance)	向当前画笔相反方向移动 distance 像素长度
turtle.right(degree)	画笔方向顺时针转动 degree 度
turtle.left(degree)	画笔方向逆时针转动 degree 度
turtle.goto(x, y)	画笔移动到坐标 (x, y) 位置
turtle.pendown()	在移动画笔时绘制图形
turtle.penup()	在移动画笔时不绘制图形
turtle.circle(n)	绘制圆形，参数为半径
turtle.pensize(width)	设置画笔绘制图形的宽度
turtle.pencolor()	设置画笔颜色
turtle.fillcolor(colorString)	设置图形填充颜色为 colorString
turtle.begin_fill()	准备开始填充图形
turtle.end_fill()	完成图形颜色填充
turtle.hideturtle()	隐藏画笔的箭头
turtle.clear()	擦除画布，不改变位置和尺寸

命 令	说 明
turtle.reset()	重置画布
turtle.undo()	撤销上一个绘制动作
turtle.write(string)	在画布上写入内容 string

10.1.2 random 模块

random 模块提供生成伪随机数的函数。需要强调的是，虽然 random 模块生成的数字看起来是"随机"的，但并不是真正的随机数，当开发与加密或安全相关的功能时，请谨慎使用 random 模块。

random 模块的函数十分丰富，下面列出了一些常用的随机函数，详细的函数列表可以查阅 Python 的官方文档，网址为 https://docs.python.org/3.7/library/random.html。

random.random() 函数是 random 最基本的随机函数之一，返回一个 [0.0，1.0) 之间的伪随机数，下面是 random.random() 函数使用示例。

```
>>> import random
>>> print (random.random())
0.6531814285242555
```

random.uniform() 函数在指定范围内生成随机数，使用时输入两个参数限定范围的下限和上限，函数应用示例如下：

```
>>> import random
>>> print (random.uniform(1,10))
2.825753103287555
>>> print (random.uniform(1,5))
2.159253721888768
>>> print (random.uniform(1,2.5))
1.3156983520075765
```

random.randint() 函数可以随机生成指定范围内的整数，用两个参数指定范围的上限和下限，函数应用示例如下：

```
>>> import random
>>> print (random.randint(10,20))
19
>>> print (random.randint(10,20))
18
>>> print (random.randint(10,20))
12
```

random.choice() 函数可以从序列中获取一个随机元素，函数应用示例如下：

```
>>> import random
>>> print (random.choice("Nankai University"))
i
```

```
>>> print (random.choice("Nankai University"))
v
>>> print (random.choice([1,2,3,4,5,6]))
5
>>> print (random.choice([1,2,3,4,5,6]))
4
```

random.shuffle() 函数可以将一个列表中的元素顺序打乱，随机排列，下面是具体用法：

```
>>> import random
>>> a=[1,2,3,4,5,6]
>>> random.shuffle(a)
>>> print(a)
[6, 3, 2, 4, 1, 5]
```

random.sample() 函数可以从一个序列中获取指定个数的随机元素，第一个参数为指定序列，第二个参数为要获取的元素数量，下面是具体用法：

```
>>> import random
>>> random.sample("I love Nankai University",6)
['n', ' ', 'e', 'o', 'i', 'v']
>>> random.sample([1,2,3,4,5,6],2)
[4, 5]
```

10.2　常用的 Python 内置函数

内置函数是 Python 代码中能够直接使用的函数，例如 print() 就是一个内置函数。熟悉 Python 的内置函数，可以帮助我们更高效地完成任务。

10.2.1　数学内置函数

abs() 函数返回给定参数的绝对值。

```
>>> abs(6.6)
6.6
>>> abs(-3.4)
3.4
```

divmod() 函数把除法和取余运算结合起来，返回一个包含商和余数的元组。

```
>>> divmod(100,6)
(16, 4)
>>> divmod(45.3,7)
(6.0, 3.299999999999997)
```

max() 函数返回输入序列的最大值或者所有参数的最大值。

```
>>> max(-6,3,0,-2,1)          #传入多个参数，取其中最大的值
3
```

```
>>> max("123456")          # 传入一个可迭代对象,取其最大元素值
'6'
>>> max(-4,2,key=abs)      # 传入了求绝对值函数,则参数都会进行求绝对值后再取最大值
-4
```

min() 函数返回输入序列的最小值或者所有参数的最小值。

```
>>> min(-6,3,0,-2,1)       # 传入多个参数,取其中最小的值
-6
>>> min("123456")          # 传入一个可迭代对象,取其最小元素值
'1'
```

pow() 函数和双星号(**)操作符都是用来进行指数运算的。

pow(x, y) 返回 x^y (x 的 y 次方),pow(x, y, z) 返回 x^y mod z (x 的 y 次方和 z 进行取余运算)。

```
>>> pow(2,3)               #2**3
8
>>> pow(3,4,5)             #(3**4)%5
1
```

round() 函数用于对浮点数进行四舍五入运算。round() 提供一个可选的小数位数参数,如果没有提供该参数,将返回与参数最接近的整数(但仍然是浮点型)。第二个参数告诉 round() 函数将结果精确到小数点后指定位数。

```
>>> round(6)
6
>>> round(6.45)
6
>>> round(6.49999999)
6
>>> round(6.49999999,1)
6.5
```

sum() 函数对可迭代对象中的每个元素求和。

```
>>> sum([-1,1,3,5])
8
>>> sum((-1,1,3,5))
8
```

10.2.2 数据类型转换

bool() 函数根据传入的参数的逻辑值创建一个新的布尔值。

```
>>> bool()
False
>>> bool(0)
False
>>> bool(1)
True
```

```
>>> bool('I love Nankai')
True
```

int() 函数根据传入的参数创建一个新的整数。

```
>>> int(6)
6
>>> int(6.6)
6
>>> int("66")
66
```

float() 函数根据传入的参数创建一个新的浮点数。

```
>>> float(6)
6.0
>>> float("34")
34.0
```

complex() 函数根据传入的参数创建一个新的复数。

```
>>> complex(5,6)
(5+6j)
>>> complex("2-4j")
(2-4j)
```

str() 函数返回参数的字符串类型。

```
>>> str()
''
>>> str(None)
'None'
>>> str(34.5)
'34.5'
```

ord() 函数返回 Unicode 字符对应的整数。

```
>>> ord('a')
97
```

chr() 函数返回整数所对应的 Unicode 字符。

```
>>> chr(97)
'a'
```

oct() 函数将整数转化成八进制字符串。

```
>>> oct(10)
'012'
```

hex() 函数将整数转化成十六进制字符串。

```
>>> hex(10)
```

```
'0xa'
```

tuple() 函数根据传入的参数创建一个新的元组。

```
>>> tuple()
()
>>> tuple('Nankai University')
('N', 'a', 'n', 'k', 'a', 'i', ' ', 'U', 'n', 'i', 'v', 'e', 'r', 's', 'i', 't', 'y')
```

list() 函数根据传入的参数创建一个新列表。

```
>>> list()
[]
>>> list('Nankai University')
['N', 'a', 'n', 'k', 'a', 'i', ' ', 'U', 'n', 'i', 'v', 'e', 'r', 's', 'i', 't', 'y']
```

dict() 函数根据传入的参数创建一个新的字典。

```
>>> dict()
{}
>>> dict(a = 1,b = 2)
{'a': 1, 'b': 2}
>>> dict((('a',1),('b',2)))
{'a': 1, 'b': 2}
```

set() 函数根据传入的参数创建一个新的集合。

```
>>> set()
set()
>>> a=set([1,1,2,2,3,4,5])
>>> a
{1, 2, 3, 4, 5}
```

range() 函数根据传入的参数创建新的 range() 对象。

```
>>> a = range(10)
>>> b = range(1,10)
>>> c = range(1,10,3)
>>> list(a),list(b),list(c)
([0, 1, 2, 3, 4, 5, 6, 7, 8, 9], [1, 2, 3, 4, 5, 6, 7, 8, 9], [1, 4, 7])
>>> a,b,c
(range(0, 10), range(1, 10), range(1, 10, 3))
```

enumerate() 函数根据可迭代对象创建枚举对象。

```
>>> lessones=['C','C++','JAVA','Python','Go']
>>> list(enumerate(lessones))
[(0, 'C'), (1, 'C++'), (2, 'JAVA'), (3, 'Python'), (4, 'Go')]
>>> list(enumerate(lessones, start=1))           #指定起始值
[(1, 'C'), (2, 'C++'), (3, 'JAVA'), (4, 'Python'), (5, 'Go')]
```

10.2.3 序列操作

all() 函数判断可迭代对象的每个元素是否都为 True 值。

```
>>> all([1,2]) #列表中每个元素逻辑值均为True，返回True
True
>>> all([0,1,2,3]) #列表中0的逻辑值为False，返回False
False
>>> all(()) #空元组
True
>>> all({}) #空字典
True
```

any() 函数判断可迭代对象的元素是否有为 True 值的元素。

```
>>> any([0,1,2]) #列表元素有一个为True，则返回True
True
>>> any([0,0]) #列表元素全部为False，则返回False
False
>>> any([]) #空列表
False
>>> any({}) #空字典
False
```

filter() 函数使用指定方法过滤可迭代对象的元素。

```
>>> a=list('N1a2n3k4a5i6')
>>> def is_letter(x):              #判断是否是英文字母
...     return x.isalpha()
>>> list(filter(is_letter,a))
['N', 'a', 'n', 'k', 'a', 'i']
```

map() 函数使用指定方法作用于传入的每个可迭代对象的元素，生成新的可迭代对象。

```
>>> a = map(ord,'Nankai')
>>> a
<map object at 0x7f3e2b7e2208>
>>> list(a)
[78, 97, 110, 107, 97, 105]
```

next() 函数返回可迭代对象中的下一个元素值。

```
>>> a=iter(("C","C++","JAVA","Python","JavaScript"))
>>> next(a)
'C'
>>> next(a)
'C++'
>>> next(a)
'JAVA'
>>> next(a)
'Python'
```

reversed() 函数反转序列生成新的可迭代对象。

```
>>> a=[1,2,3,4,5,6]
>>> b=reversed(a)
>>> list(b)
[6, 5, 4, 3, 2, 1]
```

sorted() 函数对可迭代对象进行排序，返回一个新的列表。

```
>>> a=[1,3,-2,2,7,6]
>>> sorted(a)
[-2, 1, 2, 3, 6, 7]
>>> b="Nankai"
>>> sorted(b)                    #默认按字符的 ASCII 码排序
['N', 'a', 'a', 'i', 'k', 'n']
```

10.2.4 对象操作

help() 函数返回对象的帮助信息。

```
>>> help(str)
Help on class str in module builtins:

class str(object)
 |  str(object='') -> str
 |  str(bytes_or_buffer[, encoding[, errors]]) -> str
 |
 |  Create a new string object from the given object. If encoding or
 |  errors is specified, then the object must expose a data buffer
 |  that will be decoded using the given encoding and error handler.
 |  Otherwise, returns the result of object.__str__() (if defined)
 |  or repr(object).
 |  encoding defaults to sys.getdefaultencoding().
 |  errors defaults to 'strict'.
 |
 |  Methods defined here:
 |
 |  __add__(self, value, /)
 |      Return self+value.
 |
 ***************************
```

dir() 函数返回对象或者当前作用域内的属性列表。

```
>>> import math
>>> math
<module 'math' (built-in)>
>>> dir(math)
['__doc__', '__loader__', '__name__', '__package__', '__spec__', 'acos',
'acosh', 'asin', 'asinh', 'atan', 'atan2', 'atanh', 'ceil', 'copysign', 'cos',
'cosh', 'degrees', 'e', 'erf', 'erfc', 'exp', 'expm1', 'fabs', 'factorial',
```

```
'floor', 'fmod', 'frexp', 'fsum', 'gamma', 'gcd', 'hypot', 'inf', 'isclose',
'isfinite', 'isinf', 'isnan', 'ldexp', 'lgamma', 'log', 'log10', 'log1p', 'log2',
'modf', 'nan', 'pi', 'pow', 'radians', 'sin', 'sinh', 'sqrt', 'tan', 'tanh',
'trunc']
```

id() 函数返回对象的唯一标识符。

```
>>> a = 'hello'
>>> id(a)
69228568
```

hash() 函数获取对象的哈希值。

```
>>> hash('good good study')
1032709256
```

type() 函数返回对象的类型。

```
>>> type("Nankai")
<class 'str'>
>>> type(1919)
<class 'int'>
```

len() 函数返回对象的长度。

```
>>> len('abcd')  # 字符串
>>> len(bytes('abcd','utf-8'))  # 字节数组
>>> len((1,2,3,4))  # 元组
>>> len([1,2,3,4])  # 列表
>>> len(range(1,5))  # range 对象
>>> len({'a':1,'b':2,'c':3,'d':4})  # 字典
>>> len({'a','b','c','d'})  # 集合
>>> len(frozenset('abcd'))  # 不可变集合
```

format() 函数格式化显示值。

```
# 字符串可以提供的参数有 's' 或 None
>>> format('some string','s')
'some string'
>>> format('some string')
'some string'

# 整型数值可以提供的参数有 'b' 'c' 'd' 'o' 'x' 'X' 'n' 或 None
>>> format(3,'b')  # 转换成二进制
'11'
>>> format(97,'c')  # 转换成 Unicode 字符
'a'
>>> format(11,'d')  # 转换成十进制
'11'
>>> format(11,'o')  # 转换成八进制
'13'
>>> format(11,'x')  # 转换成十六进制，小写字母表示
```

```
'b'
>>> format(11,'X')  # 转换成十六进制，大写字母表示
'B'
>>> format(11,'n')  # 和d一样
'11'
>>> format(11)  # 默认和d一样
'11'

# 浮点数可以提供的参数有 'e' 'E' 'f' 'F' 'g' 'G' 'n' '%' 或 None
>>> format(314159267,'e')  # 科学计数法，默认保留6位小数
'3.141593e+08'
>>> format(314159267,'0.2e')  # 科学计数法，指定保留2位小数
'3.14e+08'
>>> format(314159267,'0.2E')  # 科学计数法，指定保留2位小数，采用大写E表示
'3.14E+08'
>>> format(314159267,'f')  # 小数点计数法，默认保留6位小数
'314159267.000000'
>>> format(3.14159267000,'f')  # 小数点计数法，默认保留6位小数
'3.141593'
>>> format(3.14159267000,'0.8f')  # 小数点计数法，指定保留8位小数
'3.14159267'
>>> format(3.14159267000,'0.10f')  # 小数点计数法，指定保留10位小数
'3.1415926700'
>>> format(3.14e+1000000,'F')  # 小数点计数法，无穷大转换成大写字母
'INF'
```

10.2.5 反射操作

isinstance() 函数判断对象是否是类或者类型元组中任意类元素的实例。

```
>>> isinstance(1,int)
True
>>> isinstance(1,str)
False
>>> isinstance(1,(int,str))
True
```

issubclass() 函数判断类是否是另外一个类或者类型元组中任意类元素的子类。

```
>>> issubclass(bool,int)
True
>>> issubclass(bool,str)
False
>>> issubclass(bool,(str,int))
True
```

hasattr() 函数检查对象是否含有属性。

```
>>> class Student:
    def __init__(self,name):
        self.name = name
```

```
>>> s = Student('Aim')
>>> hasattr(s,'name')  #s 含有 name 属性
True
>>> hasattr(s,'age')  #s 不含有 age 属性
False
```

getattr() 函数获取对象的属性值。

```
# 定义类 Student
>>> class Student:
    def __init__(self,name):
        self.name = name
>>> getattr(s,'name')  # 存在属性 name
'Aim'
>>> getattr(s,'age',6)  # 不存在属性 age, 但提供了默认值, 返回默认值

>>> getattr(s,'age')  # 不存在属性 age, 未提供默认值, 调用报错
Traceback (most recent call last):
  File "<pyshell#17>", line 1, in <module>
    getattr(s,'age')
AttributeError: 'Stduent' object has no attribute 'age'
```

setattr() 函数设置对象的属性值。

```
>>> class Student:
    def __init__(self,name):
        self.name = name


>>> a = Student('Kim')
>>> a.name
'Kim'
>>> setattr(a,'name','Bob')
>>> a.name
'Bob'
```

delattr() 函数删除对象的属性。

```
# 定义类 A
>>> class A:
    def __init__(self,name):
        self.name = name
    def sayHello(self):
        print('hello',self.name)
# 测试属性和方法
>>> a.name
'小麦'
>>> a.sayHello()
hello 小麦
# 删除属性
>>> delattr(a,'name')
```

```
>>> a.name
Traceback (most recent call last):
  File "<pyshell#47>", line 1, in <module>
    a.name
AttributeError: 'A' object has no attribute 'name'
```

callable() 函数检测对象是否可被调用。

```
>>> class B:  #定义类B
    def __call__(self):
        print('instances are callable now.')
>>> callable(B)  #类B是可调用对象
True
>>> b = B()  #调用类B
>>> callable(b)  #实例b是可调用对象
True
>>> b()  #调用实例b成功
instances are callable now.
```

10.2.6 变量操作

globals() 函数返回当前作用域内的全局变量和其值组成的字典。

```
>>> globals()
{'__spec__': None, '__package__': None, '__builtins__': <module 'builtins' (built-in)>, '__name__': '__main__', '__doc__': None, '__loader__': <class '_frozen_importlib.BuiltinImporter'>}
>>> a = 1
>>> globals()  #多了一个a
{'__spec__': None, '__package__': None, '__builtins__': <module 'builtins' (built-in)>, 'a': 1, '__name__': '__main__', '__doc__': None, '__loader__': <class '_frozen_importlib.BuiltinImporter'>}
```

locals() 函数返回当前作用域内的局部变量和其值组成的字典。

```
>>> def f():
    print('before define a ')
    print(locals())  #作用域内无变量
    a = 1
    print('after define a')
    print(locals())  #作用域内有一个变量a, 值为1
>>> f
<function f at 0x03D40588>
>>> f()
before define a
{}
after define a
{'a': 1}
```

10.2.7 编译执行

eval() 执行动态表达式求值。

```
>>> eval('1+2+3+4')
10
```

exec() 执行动态语句。

```
>>> exec('a=1+2')  # 执行语句
>>> a
3
```

repr() 返回一个对象的字符串表现形式（给 Python 解释器）。

```
>>> a = 'some text'
>>> str(a)
'some text'
>>> repr(a)
"'some text'"
```

10.3 第三方库

如果说强大的标准库奠定了 Python 发展的基石，那么丰富的第三方库则是 Python 不断发展的保证。随着 Python 不断发展，一些实用并且稳定的第三方库也逐渐被加入到标准库中。

第三方库需要我们手动下载安装，但调用方式和标准库相同，使用 import 语句调用。我们在这里介绍几个常用第三方库的使用方法，读者可以在 https://pypi.org/ 中浏览热门的第三方库。

10.3.1 安装第三方库

在 Python 中，第三方库的安装是通过 setuptools 工具完成的。Python 有两个封装了 setuptools 的包管理工具：easy_install 和 pip。使用 pip 工具安装 Python 第三方库是流行的方式。

Mac OS 和 Linux 操作系统自带 pip 安装工具。Windows 操作系统中，在安装 Python 语言环境时需要选中 pip 和 Add Python to environment variables 复选框（可以回顾第 1 章）。在 Windows 命令行窗口运行 pip 命令，如果提示未找到命令，可以重新运行 Python 安装程序添加 pip 工具。

安装好 pip 工具后，使用 pip install package_name 命令安装第三方库，将 package_name 用要安装的第三方库的名字替换即可。

10.3.2 PyInstaller

Python 脚本（通常是后缀为 .py 的文件）必须在装有 Python 解释器的环境下运行，而且要求脚本使用的库文件齐全。这对我们将 Python 脚本复制到其他计算机上执行是不友好的，除了在新环境中安装 Python 解释器和相应的库文件外，我们还可以将 Python 脚本打包成一个可执行文件来解决这个问题。

注意 庞大的 Python 脚本通常导入了很多第三方库,安装和配置这些第三方库有时并不是一件容易的事,尤其是脚本对库版本要求十分苛刻的时候,最简单的方式就是提供一个可执行文件。

PyInstaller(https://www.pyinstaller.org/)能够在 Windows、Linux、Mac OS X 等操作系统下将 Python 脚本打包成独立的可执行程序。打包后的程序可以在没有安装 Python 解释器的系统中作为一个独立的程序运行,也不需要安装 Python 脚本所依赖的第三方库,方便传递和管理。

需要注意的是,PyInstaller 打包生成的可执行文件,只能在和打包机器同样的操作系统上运行。也就是说,这个可执行程序不能够跨平台执行,若需要在不同的操作系统上运行,就必须针对不同的操作系统打包 Python 脚本。

使用 pip 安装 PyInstaller,在 Windows 命令行窗口或者 Linux 和 Mac OS 的终端上执行命令。

推荐使用 pip 安装需要的第三方库,pip 是 easy_install 的改进版,能够提供更多的功能。通过 pip 安装 PyInstaller 的命令如下:

```
pip install PyInstaller
```

接下来将演示如何使用 PyInstaller 打包 Python 程序。先编写一个 Python 程序,使用 turtle 库绘制一个圆形,之后使用 PyInstaller 将这个 Python 程序打包成一个独立的可执行文件。

使用 turtle 绘制圆形的 Python 程序 pyTest.py 如代码清单 10-4 所示。

代码清单 10-4 绘制圆形的 Python 程序

```python
import turtle
def square(t,n,len):
    angle = 360 / n
    for i in range(n):
        t.fd(len)
        t.lt(angle)
bob = turtle.Turtle()
square(bob,360,1)
turtle.mainloop()
```

使用 python pyTest.py 命令运行代码清单 10-4,它在屏幕上绘制出圆形,如图 10-1 所示。

然后使用 pyinstaller 命令把 pyTest.py 打包成可执行文件,如下所示。

```
pyinstaller -F pyTest.py
```

添加 -F 参数可以将 pyTest.py 打包成一个独立的可执行文件,Python 程序所需的库文件也会被打包进这个可执行文件中。

PyInstaller 打包成功后,会生成两个文件夹:build 和 dist。可以在 dist 文件夹中找到打包操作生成的 pyTest 可执行程序，该程序可以在没有 Python 解释器的环境上运行，但是要保证操作系统的一致。

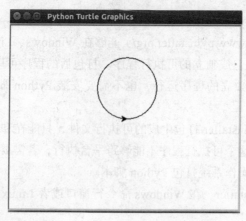

图 10-1　代码清单 10-4 的运行结果

在使用 PyInstaller 打包 Python 程序时，我们可以根据需要添加一些参数，常用的参数如表 10-2 所示。

表 10-2　PyInstaller 常用参数

参　　数	说　　明
-v	显示 PyInstaller 的版本
-h	显示帮助
-D	将 Python 程序打包进一个文件夹，相关的库文件、资源和可执行文件都存储在这个文件夹下
-F	将 Python 程序打包进一个可执行文件，相关的库文件、资源和代码都被打包进这个文件内
-p	指定额外的 import 路径
-exclude-module	指定需要排除的模块（module）
-add-data	打包额外的资源
-add-binary	打包额外的代码，会将引用文件也一并打包

10.3.3　jieba

jieba（https://pypi.org/project/jieba/）是一个用 Python 开发的分词库，对中文有着很强大的分词能力，在自然语言处理中表现得很高效。

可以通过 pip 或 easy_install 安装 jieba，命令如下：

```
pip install jieba
```

或

```
easy_install jieba
```

jieba 拥有 3 种分词模式，分别是精确模式、全模式和搜索引擎模式，能够满足很多中文自然语言处理的分词需求。
- 精确模式：试图将句子最精确地切开，适合文本分析。
- 全模式：把句子中所有的可以成词的词语都扫描出来，速度非常快，但是不能处理歧义。
- 搜索引擎模式：在精确模式的基础上，对长词再次切分，提高召回率，适用于搜索引擎分词。

同时，jieba 还支持繁体分词和自定义分词。

编写一个使用 jieba 进行中文分词的 Python 程序（如代码清单 10-5 所示），使用 3 种分词模式对同一个字符串分词，可以从输出中看到 3 种模式的区别。

代码清单 10-5　使用 jieba 进行中文分词

```
import jieba

string = "作育英才，传承文明，泱泱学府北辰。2019 年 10 月 17 日，南开大学将迎来建校 100 周年华诞。"
seg_list = jieba.cut(string, cut_all=True) # 全模式
print("Full Mode: " + "/ ".join(seg_list))
seg_list = jieba.cut(string, cut_all=False) # 精确模式
print("Default Mode: " + "/ ".join(seg_list))
seg_list = jieba.cut_for_search(string) # 搜索引擎模式
print("Search Mode: " + "/ ".join(seg_list))
```

代码清单 10-5 的输出结果如下：

```
Full Mode：作/ 育英/ 英才/ / / 传承/ 传承文明/ 文明/ / / 泱泱/ 学府/ 北辰/ /
2019/ 年/ 10/ 月/ 17/ 日/ / 南开/ 南开大学/ 开大/ 大学/ 将/ 迎来/ 建校/ 100/ 周年/
年华/ 华诞/ /
Default Mode：作/ 育英/ 才/ ，/ 传承文明/ ，/ 泱泱/ 学府/ 北辰/ 。/ 2019/ 年/ 10/
月 /17/ 日/ ，/ 南开大学/ 将/ 迎来/ 建校/ 100/ 周年/ 华诞/ 。
Search Mode：作/ 育英/ 才/ ，/ 传承/ 文明/ 传承文明/ ，/ 泱泱/ 学府/ 北辰/ 。/
2019/ 年/ 10/ 月/ 17/ 日/ ，/ 南开/ 开大/ 大学/ 南开大学/ 将/ 迎来/ 建校/ 100/ 周年/
华诞/ 。
```

10.3.4　Scrapy

Scrapy（http://doc.scrapy.org）是一个为了爬取网站页面、提取结构性数据而编写的应用框架，可以应用在数据挖掘、信息处理或存储历史数据的程序中。其最初的设计目的就是爬取网页，也就是我们常说的"爬虫"。

通过 pip 安装 Scrapy，命令如下：

```
pip install scrapy
```

使用 Scrapy 爬取网页的示例代码如代码清单 10-6 所示。

代码清单 10-6　使用 Scrapy 爬取网页

```python
import scrapy

class MySpider(scrapy.Spider):
    name = "my_spider"
    allowed_domains = ["nankai.edu.cn"] # 限制爬取的域名
    # URL 初始列表
    start_urls = ["http://www.nankai.edu.cn"]

    def parse(self, response):
        filename = response.url.split("/")[-2]
        with open(filename, 'wb') as f:
            f.write(response.body)
```

Spider 是 Scrapy 提供的用于从单个网站爬取数据的类。start_urls 定义了一个用于爬取的初始 URL 列表，parse() 是 Spider 的一个方法，负责解析 URL 下载后获得的 response 数据，提取结构化的数据，以及生成需要进一步处理的 URL 的 Request 对象。

执行代码清单 10-6 中爬取 www.nankai.edu.cn 数据的 Scrapy 代码后，部分输出内容如下：

```
2018-10-20 09:45:48 [scrapy.utils.log] INFO: Scrapy 1.5.1 started (bot: tutorial)
2018-10-20 09:45:48 [scrapy.middleware] INFO: Enabled item pipelines:
[]
2018-10-20 09:45:48 [scrapy.core.engine] INFO: Spider opened
2018-10-20 09:45:48 [scrapy.extensions.logstats] INFO: Crawled 0 pages (at 0 pages/min), scraped 0 items (at 0 items/min)
2018-10-20 09:45:48 [scrapy.extensions.telnet] DEBUG: Telnet console listening on 127.0.0.1:6023
2018-10-20 09:45:48 [scrapy.core.engine] DEBUG: Crawled (404) <GET http://www.nankai.edu.cn/robots.txt> (referer: None)
2018-10-20 09:45:48 [scrapy.core.engine] DEBUG: Crawled (200) <GET http://www.nankai.edu.cn> (referer: None)
2018-10-20 09:45:49 [scrapy.core.engine] INFO: Closing spider (finished)
2018-10-20 09:45:49 [scrapy.statscollectors] INFO: Dumping Scrapy stats:
```

10.3.5　Django

Django 是用 Python 开发的一个开源的 Web 框架，可以用来快速搭建高性能、优雅的网站。Python 有很多 Web 框架，Django 是"重量级选手"中最具有代表性的一位，许多优秀的网站和 APP 都是基于 Django 开发的。有意思的是，这套框架是以比利时的吉普赛爵士吉他手 Django Reinhardt 来命名的。

Django 支持 pip 自动安装，命令如下：

```
pip install Django
```

接下来我们将介绍如何使用 Django 搭建一个简单的 Web 服务器。

（1）创建 HelloWorld 项目

安装 Django 之后，我们可以使用管理工具 django-admin.py 创建项目，让我们来创建第一个 Django 项目 HelloWorld。在命令行窗口或终端下输入以下命令：

```
django-admin.py startproject HelloWorld
```

在 Linux 下，我们可以使用 tree 工具查看项目的目录结构：

```
├── HelloWorld
│   ├── __init__.py
│   ├── settings.py
│   ├── urls.py
│   └── wsgi.py
└── manage.py
```

- HelloWorld：是存放项目的文件夹。
- HelloWorld/__init__.py：这是一个空文件，告诉 Python 这个目录是一个 Python 包。
- HelloWorld/settings.py：这是该 Django 项目的配置文件。
- HelloWorld/urls.py：存放 Django 项目的路由，也就是 URL 与视图函数的对应关系。
- HelloWorld/wsgi.py：一个 WSGI 兼容的 Web 服务器的入口。
- manage.py：Django 的启动管理程序。

（2）启动服务器

接下来我们进入 HelloWorld 目录输入以下命令，启动服务器：

```
python3 manage.py runserver 0.0.0.0:8000
```

ip 地址设置为 0.0.0.0 可以让其他计算机连接，8000 为端口号。如果没有指定端口号，那么将使用默认的 8000 端口。在浏览器中输入 0.0.0.0:8000，如果正常启动，输出结果如图 10-2 所示。

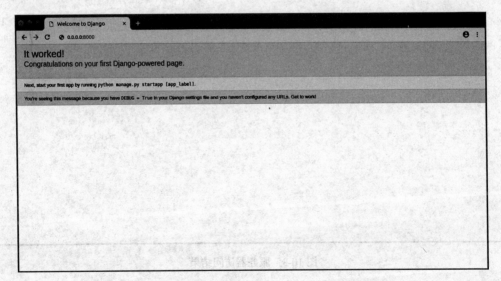

图 10-2　服务器正常启动界面

（3）配置视图和 URL

在 HelloWorld 目录下新建 view.py 文件，写入以下代码：

```
from django.http import HttpResponse
def hello(request):
    return HttpResponse("Nankai University,1919 ")
```

我们定义了一个视图函数 hello()，它返回字符串 "Nankai University,1919" 作为 Http 响应。

接着，我们需要将视图函数 hello() 与 URL 绑定，编辑 urls.py，用以下代码覆盖全部内容：

```
from django.conf.urls import url
from . import view
urlpatterns = [
    url('nankai', view.hello),
]
```

在上述代码里，我们将 URL "nankai" 与视图函数 hello() 绑定。

注意 如果在 Django 项目中有代码改动，服务器会自动监测代码的改动并自动重新载入，所以如果已经启动了服务器，则不需要再手动重启。

（4）访问 0.0.0.0:8000/nankai

在浏览器中访问 0.0.0.0:8000/nankai。访问 /nankai 会获得视图函数 hello() 的结果，返回字符串 "Nankai University,1919"，如图 10-3 所示。

图 10-3　服务器访问结果

到此为止，我们使用 Django 搭建了一个简单的服务器示例，可以通过拓展 view.py 中的视图函数绑定更多的 url 关系，来给这个小服务器增加更多的功能。也可以在 Django 项目中引入 HTML、CSS 和 JavaScript 代码来给网站增加可视化界面。

10.3.6 NumPy

NumPy（Numerical Python）是一个开源的 Python 科学计算库，常用作高性能科学计算和数据分析的基础库。NumPy 的常用功能如下：

- ndarray，一个高效率、节省内存、可以进行矢量算术运算的多维数组。
- 在不构造循环的前提下，对整组数据进行快速、标准的数学函数操作。
- 线性代数、随机数生成以及傅里叶变换。

通过 Python 的基础数据结构和强大的标准库，我们已经可以实现很多数学函数来对数据进行操作，为什么还要选择 NumPy？

到这里要说明一下 NumPy 的显著优势：

- 对于同样的数值计算任务，使用 NumPy 要比直接编写 Python 代码便捷得多，有时使用 NumPy 的几行代码就可以完成几十行纯 Python 代码的工作。
- NumPy 中数组的存储效率和输入/输出性能均远远优于 Python 中等价的基本数据结构，且其能够提升的性能是与数组中的元素成比例的。
- NumPy 的大部分代码都是用 C 语言编写的，其底层算法在设计时就有着优异的性能，这使得 NumPy 比纯 Python 代码高效得多。在数据量十分庞大时，使用 NumPy 进行数据运算是十分明智的选择。

（1）NumPy 的安装与导入

我们可以通过 pip 安装 NumPy，命令如下：

```
pip install numpy
```

导入 NumPy：

```
import numpy
```

在导入 NumPy 时，可以使用 import as 语句为其命名，例如：

```
import numpy as np      # 导入 NumPy 后，将其命名为 np
```

在后续对 NumPy 的引用就可以使用 np 替换。

> 提示　在 Python 中，如果 import 的语句比较长，导致后续引用不方便，可以使用 import as 语句来简化我们的输入。

（2）使用 NumPy 创建数组

下面给出使用 NumPy 创建数组的代码示例及对应运行结果。

```
>>> import numpy as np
>>> arr0 = np.array([1, 2, 3, 4])    # 通过列表创建一维数组
```

```
>>> print(arr0)
[1 2 3 4]
>>> arr1 = np.array([[1, 2], [3, 4]])    # 通过列表创建二维数组
>>> print(arr1)
[[1 2]
 [3 4]]
>>> arr2 = np.array([(2, 4.5, 6.0), (3.7, 6, 9.9)])    # 通过元组创建数组
>>> print(arr2)
[[2.  4.5 6. ]
 [3.7 6.  9.9]]
>>> arr3 = np.zeros((2, 3))    # 通过元组(2, 3)生成全零矩阵
>>> print(arr3)
[[0. 0. 0.]
 [0. 0. 0.]]
>>> arr4 = np.random.random(size=(2, 3))   # 生成每个元素都在[0,1]之间的2×3随机矩阵
>>> print(arr4)
[[0.15144799 0.43304662 0.17195006]
 [0.47871872 0.36570266 0.22586839]]
>>> arr5 = np.arange(6,30,5)    # 生成等距序列，参数为起点、终点、步长值。序列含起点值，不
#含终点值
>>> print(arr5)
[ 6 11 16 21 26]
>>> arr6 = np.linspace(6,30,5)   # 生成等距序列，参数为起点、终点、步长值。序列含起点值
#和终点值
>>> print(arr6)
[ 6. 12. 18. 24. 30.]
```

（3）查看数组的属性

下面给出使用 NumPy 查看数组属性的代码示例及对应运行结果。

```
>>> array7= np.array([(3.2, 4, 8.5), (2, 7, 1)])   # 通过元组创建数组
>>> print(array7.shape)    # 返回矩阵的规格
(2, 3)
>>> print(array7.size)  # 返回矩阵元素总数
6
>>> print(array7.dtype.name)   # 返回矩阵元素的数据类型
float64
>>> print(type(array7))    # 查看整个数组对象的类型
<type 'numpy.ndarray'>
>>> print(array7.ndim)    # 返回数组的秩
2
```

（4）NumPy 的数据类型

下面给出使用 NumPy 判断数据类型的代码示例及对应运行结果。

```
>>> print("float64(21)=", np.float64(21))
('float64(21)=', 21.0)
>>> print("int8(34.0)=", np.int8(34.0))
('int8(34.0)=', 34)
>>> print("bool(2)=", np.bool(2))
```

```
('bool(2)=', True)
>>> print("bool(0)=", np.bool(0))
('bool(0)=', False)
>>> print("bool(34.0)=", np.bool(34.0))
('bool(34.0)=', True)
>>> print("int8(True)=", np.int8(True))
('int8(True)=', 1)
>>> print("int8(False)=", np.int8(False))
('int8(False)=', 0)
>>> print("float(True)=", np.float(True))
('float(True)=', 1.0)
>>> print("float(False)=", np.float(False))
('float(False)=', 0.0)
>>> print("arange(7, dtype=uint16)=", np.arange(7, dtype=np.uint16))
('arange(7, dtype=uint16)=', array([0, 1, 2, 3, 4, 5, 6], dtype=uint16))
```

注意 NumPy 的 array() 函数要求所有元素必须是类型相同的。

（5）NumPy 的数组运算

下面给出使用 NumPy 进行数组运算的代码示例及对应运行结果。

```
>>> print(arr8 - arr9)          # 矩阵的减法
[[ 1 -1]
 [-2 -2]]
>>> print(arr8**2)              # 对矩阵的每个元素进行平方
[[4 1]
 [1 4]]
>>> print(3*arr9)               # 矩阵的数乘
[[ 3  6]
 [ 9 12]]
>>> print(arr8*arr9)            # 矩阵对应位置的元素相乘
[[2 2]
 [3 8]]
>>> print(np.dot(arr8,arr9))    # 矩阵与矩阵相乘
[[ 5  8]
 [ 7 10]]
>>> print(arr10.T)              # 矩阵转置
Traceback (most recent call last):
    File "<stdin>", line 1, in <module>
NameError: name 'arr10' is not defined
>>> print(np.linalg.inv(arr9))  # 计算逆矩阵
[[-2.   1. ]
 [ 1.5 -0.5]]
>>> print(arr8.sum())           # 数组元素求和
6
>>> print(arr9.max())           # 返回数组最大元素
4
```

（6）数组的索引与切片

在进行科学计算和数据分析时，我们需要频繁地访问数组元素，NumPy 提供索引、

切片方法可实现快速、灵活地访问数组。

下面给出使用 NumPy 进行数组索引和切片的代码示例及对应运行结果。

```
# 一维数组的索引和切片
>>> a = np.arange(15)
>>> print(a)
[ 0  1  2  3  4  5  6  7  8  9 10 11 12 13 14]
>>> print(a[3:11])
[ 3  4  5  6  7  8  9 10]
>>> print(a[:7:2])
[0 2 4 6]
>>> print(a[::-1])
[14 13 12 11 10  9  8  7  6  5  4  3  2  1  0]
>>> s = slice(3, 7, 2)
>>> print(a[s])
[3 5]
>>> s = slice(None, None, -1)
>>> print(a[s])
[14 13 12 11 10  9  8  7  6  5  4  3  2  1  0]
# 多维数组的索引和切片
>>> b = np.arange(24).reshape(2, 3, 4)
>>> print(b)
[[[ 0  1  2  3]
  [ 4  5  6  7]
  [ 8  9 10 11]]

 [[12 13 14 15]
  [16 17 18 19]
  [20 21 22 23]]]
>>> print(b.shape)
(2, 3, 4)
>>> print(b[0, 0, 0])
0
>>> print(b[:, 0, 0])
[ 0 12]
>>> print(b[0])
[[ 0  1  2  3]
 [ 4  5  6  7]
 [ 8  9 10 11]]
>>> print(b[0, :, :])
[[ 0  1  2  3]
 [ 4  5  6  7]
 [ 8  9 10 11]]
>>> print(b[0, ...])
[[ 0  1  2  3]
 [ 4  5  6  7]
 [ 8  9 10 11]]
>>> print(b[0, 1])
[4 5 6 7]
```

```
>>> print(b[0, 1, ::2])
[4 6]
>>> print(b[..., 1])
[[ 1  5  9]
 [13 17 21]]
>>> print(b[:, 1])
[[ 4  5  6  7]
 [16 17 18 19]]
>>> print(b[0, :, 1])
[1 5 9]
>>> print(b[0, :, -1])
[ 3  7 11]
>>> print(b[0, ::-1, -1])
[11  7  3]
>>> print(b[0, ::2, -1])
[ 3 11]
>>> print(b[::-1])
[[[12 13 14 15]
  [16 17 18 19]
  [20 21 22 23]]

 [[ 0  1  2  3]
  [ 4  5  6  7]
  [ 8  9 10 11]]]
>>> s = slice(None, None, -1)
>>> print(b[(s, s, s)])
[[[23 22 21 20]
  [19 18 17 16]
  [15 14 13 12]]

 [[11 10  9  8]
  [ 7  6  5  4]
  [ 3  2  1  0]]]
```

(7) 数组的合并、分割

下面给出使用 NumPy 进行数组合并和分割的代码示例及对应运行结果。

```
# 合并数组
>>> a = np.arange(9).reshape(3, 3)
>>> print(a)
[[0 1 2]
 [3 4 5]
 [6 7 8]]
>>> b = 2 * a
>>> print(b)
[[ 0  2  4]
 [ 6  8 10]
 [12 14 16]]
>>> print(np.vstack((a, b)))    # 纵向合并数组，由于与堆栈类似，故命名为 vstack
[[ 0  1  2]
```

```
  [ 3  4  5]
  [ 6  7  8]
  [ 0  2  4]
  [ 6  8 10]
  [12 14 16]]
>>> print(np.concatenate((a, b), axis=0))
[[ 0  1  2]
 [ 3  4  5]
 [ 6  7  8]
 [ 0  2  4]
 [ 6  8 10]
 [12 14 16]]
>>> print(np.hstack((a, b)))  # 横向合并数组
[[ 0  1  2  0  2  4]
 [ 3  4  5  6  8 10]
 [ 6  7  8 12 14 16]]
>>> print(np.concatenate((a, b), axis=1))
[[ 0  1  2  0  2  4]
 [ 3  4  5  6  8 10]
 [ 6  7  8 12 14 16]]
>>> print(np.dstack((a, b)))
[[[ 0  0]
  [ 1  2]
  [ 2  4]]

 [[ 3  6]
  [ 4  8]
  [ 5 10]]

 [[ 6 12]
  [ 7 14]
  [ 8 16]]]
# 分割数组
>>> a = np.arange(9).reshape(3, 3)
>>> print(a)
[[0 1 2]
 [3 4 5]
 [6 7 8]]
>>> print(np.hsplit(a, 3))  # 将数组横向分为3部分
[array([[0],
       [3],
       [6]]), array([[1],
       [4],
       [7]]), array([[2],
       [5],
       [8]])]
>>> print(np.vsplit(a, 3))  # 将数组纵向分为3部分
[array([[0, 1, 2]]), array([[3, 4, 5]]), array([[6, 7, 8]])]
```

10.3.7 Pandas

Pandas（https://pandas.pydata.org/）是基于 NumPy 的一个广受欢迎的数据分析库，提供了快速、简捷、易懂的数据结构，简化了数据分析的过程，非常适合应用于数据清洗、分析、建模和可视化。

Pandas 便于处理浮点及非浮点数据类型的缺失值（NaN）；DataFrame 和 Panel 的大小可变，可以删除或插入列；数据可以自动对齐，强大的分组功能简化了数据集的拆分和组合操作；其他格式的数据可以方便地转换为 Pandas 特有的 Series 或 DataFrame 的数据类型；支持索引，数据操作更加直观、方便。

下面给出使用 Pandas 进行数据索引的代码示例。

```
import numpy as np
import pandas as pd

n = np.array([1,2,3,4])
p = pd.Series([1,2,3,4], index=['a','b','c','d']) # 支持数据索引
print(n)
print(p)
```

程序的输出结果如下：

```
[1 2 3 4]
a    1
b    2
c    3
d    4
dtype: int64
```

10.3.8 Matplotlib

Matplotlib 是一个 Python 2D 绘图库，可以在各种平台上以各种硬拷贝格式和交互式环境生成具有出版品质的图形。Matplotlib 可生成直方图、功率谱、条形图、错误图、散点图等。

安装 Matplotlib 数据图形化工具的命令如下：

```
pip install matplotlib
```

安装完成后，即可使用 Matplotlib 进行图形绘制。下面给出几个例子说明具体绘制方法。

1. 绘制直线

代码清单 10-7 实现了绘制直线的功能：通过 NumPy 生成在直线 y = 5 * x + 5 上的一组数据，然后将其绘制在图表上。

代码清单 10-7　绘制直线的程序

```
import numpy as np
import matplotlib.pyplot as plt
```

```
x = np.linspace(1, 10, 10)
y = 5 * x + 5
plt.plot(x, y)
plt.show()
```

运行结果如图 10-4 所示。

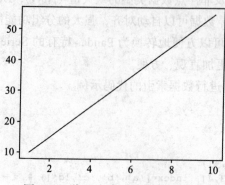

图 10-4　代码清单 10-7 绘制的直线

2. 绘制折线

代码清单 10-8 实现了绘制折线的功能：绘制折线图与绘制直线图时调用的 Matplotlib 方法一样，只是使用 NumPy 生成的数据不一样。

代码清单 10-8　绘制折线的程序

```
import numpy as np
import matplotlib.pyplot as plt
x = np.linspace(1,10,10)
y = np.random.normal(1,5,10)
plt.figure()
plt.plot(x,y)
plt.show()
```

运行结果如图 10-5 所示。

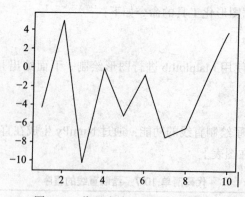

图 10-5　代码清单 10-8 绘制的折线

3. 绘制散点图

代码清单 10-9 实现了绘制散点图的功能：调用 scatter() 方法可以绘制散点图。

代码清单 10-9　绘制散点图的程序

```
import numpy as np
import matplotlib.pyplot as plt
x = np.linspace(1, 10, 10)
y = np.linspace(1, 10, 10)
plt.scatter(x, y)
plt.ylabel('y value')
plt.xlabel('x scale')
plt.title('Scatter Figure')
plt.show()
```

运行结果如图 10-6 所示。

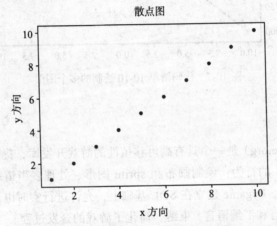

图 10-6　代码清单 10-9 绘制的散点图

4. 绘制多个图形元素

使用 plot() 方法可以同时绘制多个图形元素，并支持不同的图形元素采用不同的样式和颜色来显示。在代码清单 10-10 中，plot() 方法的参数，3 个为一组，共 3 组，每一组的参数分别为 x 轴坐标、y 轴坐标和样式。

样式的第一个字母表示颜色，支持的颜色有 r（red）、g（green）、b（blue）、c（cyan）、m（megenta）、y（yellow）、w（white）、k（black）。

样式的第二部分表示图线的填充符号，可以为 --（虚线）、+（加号）、^（向上的正三角形）、s（正方形）、o（圆形）等。还可以同时采用两种填充方式，如 "ro--" 表示用红色的虚线及实心圆来同时进行填充。

代码清单 10-10　绘制多个图形的程序

```
import numpy as np
import matplotlib.pyplot as plt
x = np.linspace(-10, 10, 100)
```

```
plt.plot(x, 100 * x, 'r--', x, 10 * x ** 2, 'g^', x, x ** 3, 'c+')
plt.show()
```

运行结果如图 10-7 所示。

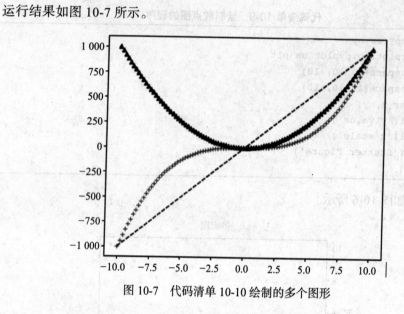

图 10-7 代码清单 10-10 绘制的多个图形

10.3.9 Pygame

Pygame（pygame.org）是一个具有高可移植性的游戏开发库，提供了一个方便的选项来处理许多面向 GUI 的行为：绘制画布和 sprite 图形、处理多声道声音、处理窗口和点击事件、碰撞检测等。Pygame 建立在 SDL 基础上，允许进行实时电子游戏研发而无须被低级语言（如机器语言和汇编语言）束缚，简化了游戏的开发过程。

10.4 本章小结

本章介绍了 Python 中常用的第三方库。读者在实际使用 Python 编写程序解决问题时，除了掌握本章介绍的这些第三方库的使用方法，还应能够根据自己的需求搜索其他合适的第三方库，通过充分利用 Python 第三方库提供的功能来提高工作效率。

参考文献

[1] 叶维忠. Python 编程从入门到精通 [M]. 北京：人民邮电出版社，2018.

[2] 刘瑜. Python 编程从零基础到项目实战 [M]. 北京：中国水利水电出版社，2018.

[3] Magnus L H. Python 基础教程：第 3 版 [M]. 袁国忠，译. 北京：人民邮电出版社，2018.

[4] 崔庆才. Python 3 网络爬虫开发实战 [M]. 北京：人民邮电出版社，2018.

[5] Wes M. 利用 Python 进行数据分析 [M]. 徐敬一，译. 北京：机械工业出版社，2018.

[6] Eric M. Python 编程从入门到实践 [M]. 袁国忠，译. 北京：人民邮电出版社，2016.

[7] Wesley C. Python 核心编程：第 3 版 [M]. 孙波翔，李斌，李晗，译. 北京：人民邮电出版社，2016.

[8] Mark L. Python 学习手册：第 4 版 [M]. 李军，刘红伟，等译. 北京：机械工业出版社，2011.

[9] 嵩天，礼欣，黄天羽. Python 语言程序设计基础 [M]. 2 版. 北京：高等教育出版社，2017.

[10] 董付国. Python 可以这样学 [M]. 北京：清华大学出版社，2017.

[11] AI S. Python 编程快速上手——让繁琐工作自动化 [M]. 王海鹏，译. 北京：人民邮电出版社，2017.

推荐阅读

算法导论（原书第3版）

作者：Thomas H.Cormen, Charles E.Leiserson, Ronald L.Rivest, Clifford Stein
译者：殷建平 徐云 王刚 等 ISBN：978-7-111-40701-0 定价：128.00元

MIT四大名师联手铸就，影响全球千万程序员的"算法圣经"！国内外千余所高校采用！

《算法导论》全书选材经典、内容丰富、结构合理、逻辑清晰，对本科生的数据结构课程和研究生的算法课程都是非常实用的教材，在IT专业人员的职业生涯中，本书也是一本案头必备的参考书或工程实践手册。

本书是算法领域的一部经典著作，书中系统、全面地介绍了现代算法：从最快算法和数据结构到用于看似难以解决问题的多项式时间算法；从图论中的经典算法到用于字符串匹配、计算几何学和数论的特殊算法。本书第3版尤其增加了两章专门讨论van Emde Boas树（最有用的数据结构之一）和多线程算法（日益重要的一个主题）。

—— Daniel Spielman，耶鲁大学计算机科学系教授

作为一个在算法领域有着近30年教育和研究经验的教育者和研究人员，我可以清楚明白地说这本书是我所见到的该领域最好的教材。它对算法给出了清晰透彻、百科全书式的阐述。我们将继续使用这本书的新版作为研究生和本科生的教材及参考书。

—— Gabriel Robins，弗吉尼亚大学计算机科学系教授

算法基础：打开算法之门

作者：Thomas H. Cormen 译者：王宏志 ISBN：978-7-111-52076-4 定价：59.00元

《算法导论》第一作者托马斯 H. 科尔曼面向大众读者的算法著作；理解计算机科学中关键算法的简明读本，帮助您开启算法之门。

算法是计算机科学的核心。这是唯一一本力图针对大众读者的算法书籍。它使一个抽象的主题变得简洁易懂，而没有过多拘泥于细节。本书具有深远的影响，还没有人能够比托马斯 H. 科尔曼更能胜任缩小算法专家和公众的差距这一工作。

—— Frank Dehne，卡尔顿大学计算机科学系教授

托马斯 H. 科尔曼写了一部关于基本算法的引人入胜的、简洁易读的调查报告。有一定计算机编程基础并富有进取精神的读者将会洞察到隐含在高效计算之下的关键的算法技术。

—— Phil Klein，布朗大学计算机科学系教授

托马斯 H. 科尔曼帮助读者广泛理解计算机科学中的关键算法。对于计算机科学专业的学生和从业者，本书对每个计算机科学家必须理解的关键算法都进行了很好的回顾。对于非专业人士，它确实打开了每天所使用的工具的核心——算法世界的大门。

—— G. Ayorkor Korsah，阿什西大学计算机科学系助理教授